U0296442

可再生能源系列

地热工程原理与应用

〔美〕 Arnold Watson 著

闫家泓 王社教 朱颖超 等译

石 油 工 业 出 版 社

内 容 提 要

本书在介绍全球地热资源的地质概况、地热资源勘探与开发技术进展的基础上，从地热基础知识，地热资源分类，地热资源勘查、评价与利用等方面，对开发地热资源所需的工程技术进行了详细介绍，涵盖工程原理、技术特点、适用范围、世界地热能技术领域的最新进展，并配有大量的实际案例。

本书可供从事地热资源研究的地质人员、开发工程人员及相关专业师生参考阅读。

图书在版编目（CIP）数据

地热工程原理与应用／（美）阿诺德·沃森
（Arnold Watson）著；闫家泓等译 . —北京：石
油工业出版社，2020.7
书名原文：Geothermal Engineering：Fundamentals
and Applications
ISBN 978-7-5183-3577-0

Ⅰ . ①地… Ⅱ . ①阿… ②闫… Ⅲ . ①地热能 Ⅳ .
①P314.2

中国版本图书馆 CIP 数据核字（2020）第 060897 号

First published in English under the title
Geothermal Engineering：Fundamentals and Applications
by Arnold Watson
Copyright © Springer Science+Business Media New York，2013
This edition has been translated and published under licence from Springer Science+Business
Media，LLC，part of Springer Nature.

本书经 Springer 授权石油工业出版社有限公司翻译出版。版权所有，侵权必究。
北京市版权局著作权合同登记号：01-2019-7486

出版发行：石油工业出版社有限公司
　　　　　（北京安定门外安华里 2 区 1 号　100011）
　　　　　网　址：www.petropub.com
　　　　　编辑部：（010）64523544
　　　　　图书营销中心：（010）64523633
经　　销：全国新华书店
印　　刷：北京中石油彩色印刷有限责任公司

2020 年 7 月第 1 版　2020 年 7 月第 1 次印刷
787×1092 毫米　开本：1/16　印张：15.25
字数：400 千字

定价：120.00 元
（如出现印装质量问题，我社图书营销中心负责调换）

前　　言

　　虽然有众多专业地热期刊和会议文章，但是这些文章大多偏向于地热工程的某个专题，读者无法系统学习地热工程的基本原理。因此，本书的出发点就是让读者对地热工程的重要内容有基本理解，这也让我重新审视自己对基本原理的理解。地热工程是一个跨多学科领域，几乎所有的研究方向都与能源领域主要学科发展相关并略有变化。挑选与地热工程完全融合并易于学习理解的专业书籍是一项非常困难的工作。本书包含了热流体的基本概念，并且进行了详尽的解释，这有助于地球科学家和工程师学习使用。然而，这本书是关于工程的，并没有涵盖地热工程师需要熟悉的所有相关地球科学主题。

　　能源技术兴衰更替。我们不知道目前是否处于地热利用的早期阶段，它能否顺利发展成为一个主要的能源工业，或者地热未来是否如某些能源经历的模式而只是短期存在。正是考虑了这些方面的原因，在本书写作过程中结合了历史观。

　　本书已经尽可能包括了地热论文的参考文献。为国际地热协会能在网上免费提供这些论文感到高兴，感兴趣的读者可以访问该网站。

　　我从核热流体的职业生涯中途进入地热工程领域，并于地热发展早期加入了奥克兰咨询公司 KRTA。在那里的 16 年时间里，我们形成了良好的企业精神并一直引领大家向前。之后，我在奥克兰大学地热研究所工作过一段较短的时间，在此期间，我很幸运地能与新西兰地方当局合作评估资源使用申请事宜。

　　感谢奥克兰大学给予我访问图书馆资源的权限。同时，还要感谢施普林格出版社和匿名评论者致力于帮助完善书稿。我从地热领域中的客户、同事、学生和朋友那里学到了很多东西，在这里我不敢冒险提及他们的名字以免挂一漏万。不过，我可以肯定地说，如果没有我妻子凯西的支持和鼓励，我就不可能写就这本书，凯西甚至把她的美术才能用于重绘书中的图件。

目　　录

1 绪 论

本章首先介绍了从 1950 年开始需要安装的地热发电设备持续增长，讨论了地热工业的多学科性质，以及从自然系统中获得预期结果的困难。随后介绍书中涵盖的内容和顺序安排，并列举了一个典型地热项目实例。历史回顾展示了从 18 世纪开始，地热需求增长的原因，并以此作为本章的结尾。

1.1 背景

批量发电的中央发电站是 20 世纪的产物。直到 20 世纪 40 年代末，几乎都是通过河流和化石能源来驱动水和蒸汽轮机。在 20 世纪 50 年代，开始使用核能。直到 20 世纪 70 年代，人类开始意识到并正式在全球范围内寻找替代能源。这些替代能源中就包括地热能源，于 60 年前或更早以前开始启动。

地热能源最早于 1912 年在意大利进行工业化规模应用，于 20 世纪 50 年代在新西兰采用，美国和日本于 20 世纪 60 年代开始使用，此后许多其他国家开始利用地热资源。20 世纪 70 年代装机发电量增长速度开始发生变化，并且从那时起开始趋于稳定，如图 1.1 所示。国际地热协会（2012）提供了各个国家的装机容量详细说明。平均增长幅度（作为单一项目安装的发电站规模）同时也呈增长趋势，显示了对该技术的信心。发电规模也保持稳定，可能正好反映出典型地热资源规模大小。

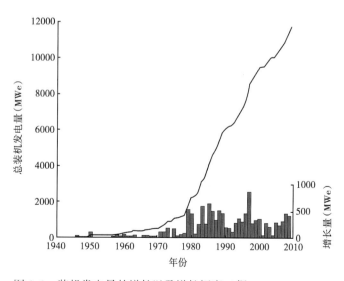

图 1.1 装机发电量的增长以及增长幅度（据 Rugerro Bertani）

本书描述了使用地热资源的发电系统工程，该系统包括发电站本身、从地热井产出的流体输送到发电站的管线、地热井，以及被称为地热资源或热储藏的本地地下环境的控制。任何特定资源开发的调查和规划顺序，必须首先从对资源的科学勘探开始，其可指导钻井，钻井又决定了发电厂建设。其次就是设计相互连接的管道和处理从地热井产出来的流体的处理设备的规格。整个操作自然受到经济因素的限制，几乎所有的事情都需要在一定程度上进行科学—工程—经济优化。将地热转化为电力的相关机械设备不能保证被顺利采购到。截至该书写作时的近 300 年时间里，热电厂一直得到持续发展；在过去约 120 年里，已能制造重型发电设备，但是它们通常不是现成的设备。

新西兰政府机构在 20 世纪 50 年代发展了针对其地下条件的，有别于意大利的钻井和完井方法。新西兰在完钻地层发现了蒸汽，实际上，钻井过程中还发现了热水。因此，需要采取新的方法进行钻井和处理地热井的流体。在钻井之前，根据地表测量资料，通过地质、地球化学和地球物理多学科综合研究，推断资源特征。需要采用新的方法对井进行测量，进行排量测试；并结合目前的地热热储工程课题，对地热区域的自然流体流动、如何改变这些流体流动得出认识并加以利用。发电厂内的工程设备和大型化学处理厂（造纸的木浆生产）很少出现这些基本问题。

使用地热能发电是一个多学科行为。与石油工程类似，地热工程与流体力学和热交换紧密相关，需要各学科的地球科学家紧密合作。但是，把地球科学和工程学结合起来存在根本上的困难。工程上的定义决定了其具有定量性，即在 25 年或更短的时间范围内，地热总的发电量必须有经济价值才值得去开发——25 年是发电站的标准寿命。与许多大型工程的企业类似，最后的结果必须是可预测的，这给地球科学家造成了困难。虽然可以将地下条件进行分类和归类，但是它们在一定程度上具有随机性，导致地球科学家用不确定的方法得出带有不确定性的定量结果；他们必然回到经验上来，以及利用尚未被完全支持的观点。在可钻深度，产生地热资源的地质过程是动态的；但是在人类看来，它是静态的——资源必须在找到后才进行处理和利用。了解它在过去几千年是如何产生的，对于使用其来发电的商业行为来说，其作用非常有限——它支持资源开发利用过程中的勘探工作部分。与更易于管理的整个设计和生产相比，根本困难是使用天然系统的结果。没有补救办法，除了对各种有关地下过程有清晰的理解，并尽量利用现场测量手段帮助分析。

1.2 本书内容和顺序安排

地热资源被认为是地壳能量中的一小部分，从地面延伸至地下 10km 或更深的深度，其体积为几百立方千米。不同地区的地热资源从地质和地球物理角度分析都是复杂且独特的，它们都是行星规模作用过程的结果，并在地球的大部分历史中不断发生。本书中讨论的能源类型均被与岩石反应的水溶液渗透。决定采用何种最佳方法来利用地热资源发电需要包括地质、地球物理、地球化学（统称"地球科学家"）和工程师在内的团队的共同努力。资源的详细情况在地热资源采出之前和采出过程中逐步揭示出来，团队必须相互合作，团队中的每一个成员必须知道其他学科的工作内容。也可以将工程原理部分从整个项目中独立出来，这也就形成了本书的内容范围。

希望地球科学家能够读懂其中的阐述，同时，本书并未尝试向工程师解释地球科学，不过第二章是例外，采用工程师容易理解的术语解释了地热资源的特征（即地热是如何产生的）。

第一章中的结尾部分描述了地热资源如何用于发电，随后将人类社会对热能日益增长的需求、地热工程发展的原因进行了简要历史回顾。地热的起源在第二章中有所论述。如果打地热井，会产生热水和蒸汽，所以必须了解相变知识，第三章非常必要地详细说明了水的热力学性质，第四章对流体流动和热交换的控制方程进行了介绍。第五章对地热钻井和井身设计进行了解释，第六章描述了在产出流体之前对井进行测量和解释，其中一节用于介绍流体生产的增产措施。产出的流体通常为两相，故在第七章中介绍了相变的相关背景和两相流动。第八章介绍了井产出量的测量方法，关于使用不稳定试井方法对产层物性进行测量主要借鉴石油工程。第九章介绍了地热工程的适用性。

项目的经济性评价对工程师和科学家来说称得上难题，通常将其重要性放在次要位置。在勘探阶段，科学家和工程师进行经济分析有助于项目决策，而不仅仅是银行家的职责，这些内容在第十章用表格计算方法进行了介绍。

地热发电厂并非孤立于其他发电类型的特殊分类，而是基于化石能源发电站一个世纪以来在蒸汽轮机方面发展的结果。第十一章首先阐述了它指导后者发展的基本原理，以及它们在地热蒸汽中的应用，这就是为什么采用有机 Rankine 循环轮机的原因。第十二章阐述了蒸汽田设计。第十三章讲述了项目设计、资源评价和环境影响评价处理方法，该章中包括热储藏数值模拟内容。第十四章包括解决资源开发利用和环境保护二者之间矛盾的解决方法，法律法规、科学和工程之间的相互作用，有三个新西兰的地热资源实例，分别为 Rotorua、Wairkei 和 Ngawha，但是这些基本原理具有国际适用性。

1.3 典型地热项目实例

开采的井生产出来的流体，地热资源有时候可以被分为两种类型，即蒸汽占主导地位、并有少量水的地热资源和以液体占主导地位的地热资源。这些资源通常被称为热储，但是这个术语没有被明确定义；油藏的定义更适用于石油工程中，其本身也起源于此。推荐定义为，资源为能延伸到的最大钻进深度；热储为钻遇体积，并且在其内部，流体的流动可以改变；但是，这里的热储和资源是同义词。储存在岩体中的热量是在一段时间内（有可能为几千年的较短时间）积累的，相对于生产井中的热流，从地热资源之下流入的热水流量通常较小。因此，地热资源的开发主要取决于热储中已经储存的热量，而不是依靠补给的流量，因为相对于几十到几百兆瓦电力输出所需要的速度和规模，这些资源在短期内是不可再生的。大约 90%的能量储存在岩石中，钻入热储中的井排出水或蒸汽，并维持储存热量的平衡。要从岩石中获取更多的热量，则需要向地层中补给水。

天然地热水含有溶解的化学物质，如钠、钙以及以氯化物、碳酸盐和硅酸盐形式存在的其他元素和溶解的气体，特别是硫化氢和二氧化碳。确切的化学组分会因地各异，但这些流体都会对动植物造成破坏。生产井通常排出水和蒸汽的混合物，溶解物在两种相态中都存在。图 1.2 显示了地热发电厂的基本构成设备，图中只显示了每种类型地热井中的一口井，而实际会有多口井。

从生产井产出的流体可被分离为水和蒸汽，后者提供给发电厂。注入（或回注）井把分离的水注入地下。从多口生产井出来的产出流体通常汇集到一起，并用两相管线（液态水和蒸汽两相一起流动）输送到分离器。分离器执行两方面的功能，一是降低混合物的压力，由于水的蒸发获得更多的蒸汽；二是混合物在分离器中旋转，使得汽液分离更容易。蒸汽涡轮机要求提供的蒸汽中尽量不含水，因为水滴会对涡轮机的叶片造成严重损害。蒸汽通

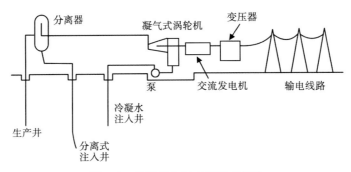

图 1.2　地热发电厂主要组成部分

过管道输送到发电站。生产井的分布范围通常很广，从分离器到发电站的距离通常为 1km 甚至更长，对于进一步提高蒸汽干度是有利的。分离器的工作压力通常高于大气压几帕，因此，如果需要的话，分离出来的水能够向上流动到注入井，从而回注到地热资源中。

发电站机械主要由蒸汽涡轮机组成，在涡轮机内，蒸汽轴向流过，驱动转子和外形上与喷气发动机开口处可见部分相似的叶片（但是工程设计不是这样）。蒸汽使涡轮机叶片和蜗杆高速旋转，并使与之相连的交流发电机轴一起旋转。交流发电机的速度决定了产生交流电的频率，因此，如果对所发的电进行分配，必须对涡轮机的转速进行精确控制，以确保频率不变。交流发电机产生的电，通过变压器提高电压，以便通过适度的电流电缆输送大量电量。在进行操作的地方，通常能见到一个电气开关站。图 1.2 显示了冷凝蒸汽涡轮机。在低于大气压的冷凝器内，必须将冷凝物收集起来并用泵输送到冷凝水处理井。其中溶解的固相相对较少，但是含有溶解气体，需要通过专用的注入井处理，不能将它与分离的水相混合。

注入有两个目的，一是对分离的水进行处理，二是维持地热资源中的流体量。地热排出井在没有对其他井进行注入的情况下，会导致热储压力下降，并且排量会越来越低。但是，分离出来的水的温度低于热储中流体的温度，因此注入的时候，不能距热流井太近；否则将会降低采出流体的温度，并降低发电潜力。采出和注入面积之间的距离通过现场测量和反复试验来确定。将分离水直接注入到产层下面，在理论上是可行的，因为冷水会自动下沉；但是，这不是一个标准的程序，通常也有将分离水注入到地热资源外围，甚至注入到其外部，远离热源区域。通常一个地区会同时存在浅层和深层渗透层（水体）；如果浅层含有可饮用水源，那么只能将分离水注入到深层，以避免对浅层水的污染。由于在分离器中发生蒸发，注入水中固相的浓度会高于热流井原始排放液的浓度；注入水同时也会对动植物造成破坏，并在管线和井中沉积化学垢。

现代地热资源管理依靠一套规范的地热田测量程序，并与热储数值模拟结合起来使用。在最近几十年，对环境保护的标准有所提高，确定环境影响的性质和范围，以及如何尽可能降低影响变得越来越重要。

1.4　热岩中产生的能量

现在人们普遍认识到能量可以几种相互转换的形式存在，并且能源变成了媒体的日常话题。虽然这体现了普通大众对能源的理解有所提高，但是它似乎掩盖了现代人类社会对连续供热依赖程度的认识，这反过来导致大众对热能的错误期望，即热能可以直接用机械能（如风力、潮汐和水力）取而代之。并非所有能量都具有同样价值的事实也可能被忽视。

社会对能量的依赖始于 1698 年，当时 Savery 建造并获得了将热能转化为机械能的专利装置（图 1.3）。

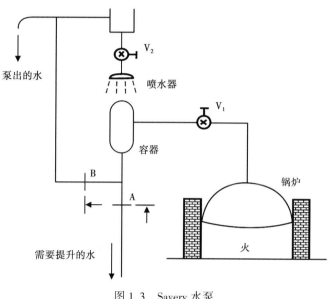

图 1.3　Savery 水泵

通过手动开关阀门 V_1 将容器充满蒸汽，锅炉内的压力略高于大气压；然后关闭阀门 V_1，并打开阀门 V_2，从容器上方的储存罐喷出冷水，冷凝蒸汽。标记为 A 和 B 的阀门为止回阀，这样，当压力高于上游压力时，流体就可以沿着箭头所示的方向流动，但绝不会向相反的方向流动。容器中产生的真空将使水从较低位置通过止回阀 A 提升上来，但是流体不会通过阀门 B。这时候关闭喷出的冷水，并打开阀门 V_1，让蒸汽压力驱动水通过阀门 B，并清空容器，在阀门 A 没有发生流动。必须见到在抽水出口管道出现蒸汽，这样才证明容器已经被清空，这时关闭阀门 V_1，并重复上述过程。只有人们在合适的时间，对阀门进行正确的开、关时，Savery 装置才能重复工作。虽然它还算不上严格意义上的机器，但是在当时，通过加热水来产生机械能用于泵送水还是非常有意义的。在这个革命性的发明以前，只能通过动物（包括人）、风力和水轮才能产生连续机械能。这个时期的风车仍可以在荷兰看到，输出功率约为 50kW（Singer 和 Raper，1978）。

Savery 的发明不是他突来的灵感。Della Porta 于 1606 年，Branca 于 1629 年在意大利进行了蒸汽实验；意大利人 Torricelli 于 1643 年确立了一个大气压可以支撑 10m 高的水柱理论；而 Guericke 在 1654 年证明真空的"马格德堡半球"用很多匹马也不能将其分开；Guericke 和荷兰天文学家 Huygens 在其实验中使用活塞在气缸中运动，这是开发引擎所需的必要部件，但是在那个时代很难用机械工具制造出来。Papin 是 Huygens 的科学助理，他也曾与 Boyle 和 Hook 工作过，用蒸汽进行实验，制造了第一个压力锅和一个基于同样原理、后来由 Savery 建立的全尺寸泵的工作模型。

第一台得到认可的蒸汽机引擎有一个活塞和气缸，但用的是游梁而不是曲柄，于 1712 年由 Newcomen 和 Calley 制造出来，用来排出矿井中的液体，如图 1.4 所示。

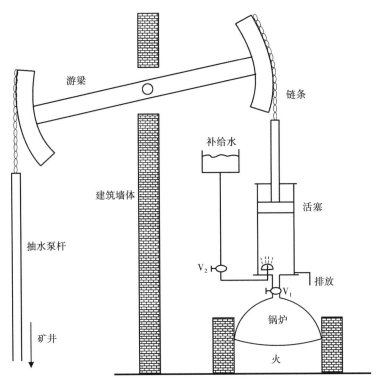

图 1.4 Newcomen 引擎示意图

它使用与 Savery 设备中相同的低压蒸汽原理，利用冷凝产生动力，但是在这个设备中，是利用气缸内的喷水器对蒸汽进行冷凝的，产生的力作用于另一个独立的机械泵上。在阀门可以实现自动打开以前，该机器刚开始也是手动操作。根据该设计，欧洲生产了几百套这样的设备，在 Watt 对其进行改进以前，这种设计持续了差不多 70 年的时间。更多详细的有关引领蒸汽机发展的历史和实验资料参见 Storer（1969）、van Riemsdyik 和 Brown（1980）。

贸易是热力发动机和不同热量需求发展的驱动因素。到 17 世纪后期，作为贸易商品的铁制品的生产已经很成熟。这就需要提供燃料产生能量来冶炼铁矿石，然后进行金属加工，将铸铁加工成锻铁。由于对木炭需求增加，欧洲的森林资源逐步枯竭，在当时，木炭被认为是唯一可作为生产金属的燃料。在英格兰，Abraham Darby 对煤炭的使用进行了实验，并于 1710 年发现，如果把煤炭先转换成焦炭，则可以用来冶炼铁矿石。铸铁开始用于建设大型项目，如桥梁、一些纽科门引擎的游梁和大型机械工具。制造工业平行发展，行业之间相互影响，并且都需要燃料和机械方面的努力。在 18 世纪后期，英国对煤炭的需求足以鼓励远离市场的矿业开发——跟今天的深水油田开发可以直接进行类比，因为陆上资源减少了。在一些地区，专门设计了运河系统，以便将煤炭投放到市场领域，也就是在这个阶段，地质科学有了开端。William Smith（1769—1839）开始着手阐述地层学原理，制作了第一张地质地貌图，并开始作为煤层制图人员和英国运河路线的测量员（Winchester，2002）。

从人类能量消耗角度来看，一个身心完全处于休息状态的 70kg 男人需要的能量为 80W，当进行围猎或进行原始的农业劳动时，将上升到 240W（Alexander，1999）。在欧洲，30000 年前以这种方式生活的人类，人口密度为 0.3 人/100km^2（Phillips，1980），而目前人口密度为 100 人/100km²。根据全球 70 亿人口计算（US Dept of Commerce，2012），全球的人均能源使用量或消耗量为 2.5kW（Energy Bulletin，2012），但在世界不同地方，能源消耗量存在很大差异。这说明人类在人口数量和工作方式方面存在差距，这主要是由贸易驱动造成的，自史前时代以来一直持续到现在。长远来看，如何加快地下热能的利用速度是一个值得探讨的问题，我们除了要改变能源消耗的速度，还要继续开发地热能，因为地热能的利用经济又环保。

参 考 文 献

Alexander RM（1999）. Energy for animal life. Oxford University Press，New York.

Energy Bulletin（2012）. http：//www. energybulletin. net.

International Geothermal Association（2012）. http：//www. geothermal-energy. org/226，installed_ generating_ capacity. html.

Phillips P（1980）The prehistory of Europe. Penguin Books，New York.

Singer CJ，Raper R（1978）A history of technology：vol IV，The industrial revolution. In：Ritson JAS（ed）Metal and coal mining. Clarendon，Oxford，pp 1750-1850，Chapter 3.

Storer JD（1969）A simple history of the steam engine. John Baker，London.

US Dept of Commerce（2012）. http：//www. census. gov.

van Riemsdyjk JT，Brown K（1980）The pictorial history of steam power. Octopus Books Ltd，London.

Winchester S（2002）The map that changed the world. Penguin Books，London.

2　地热来源

本章的主要目的是解释采出相对较浅的地热资源与地球动力学之间的关系，概括性地说明了地球内部结构。对发生在其边界上的构造板块和事件进行了说明，详细阐述了俯冲边界，并以岩浆侵入体的形式讨论了热能的起源。列举了可钻深度的地热资源实例。本章最后简要讨论了地热在地表采出的问题。

2.1　地球结构

地球是一个半径为 6400km 的球体，它形成于 45 亿年（4500Ma）以前。它的金属核半径为 3500km，组成物质为铁或铁镍合金，由于地球引力场的作用，它与周围其他物质处于分离状态。由此可见，地核的半径在地球寿命期内将不断增加，周围物质的化学成分也在不断发生变化。地核中心的金属被认为是固态，其压力和温度估计分别为 140×10^4bar 和 5000℃。地核外部半径处的温度估计在 3500~4500℃ 之间。在地核中的某个半径处，金属被认为是液态的，虽然这意味着其具有普通液态一样的性质，但用"塑性"能更为准确地对其进行描述。

围绕地核周围的物质为氧化硅及其他元素形成的完全熔融（塑性）层，它被称为地幔，厚度为 2900km；地幔本质上延伸到地表，但是它不是均质的。人们认为月球是在地球形成早期阶段，小行星撞击地球后，由逃离地球的地幔物质组成的。地幔性质的研究一直是大量研究的主要课题，包括对这个观点进行验证和关于行星早期形成的其他理论（Ohtani，2009）；一个主要的特征就是矿物混合物的复杂性，以及如果要对进化过程进行任何定量分析，则需要相图达到 20×10^4bar 的压力和 5000℃ 的温度。就广泛的物质称谓而论，地球仅由地核和地幔两部分组成，但是它通过相对较薄和透明的大气暴露于低温空间，结果使其表面温度低到足够其物质变成固体——地壳。因为地壳为固体且暴露于大气中，它经历物理和化学变化，使得地壳比漂浮于其上的塑性地幔具有更强的非均质性。

地震测量表明，地表以下 2900m 处地幔基底物质发生了变化，该变化指的是古登堡不整合面（Gutenberg discontinuity）。另外一个地震学界面为莫霍不连续面（Mohorovicic discontinuity），深度在地下 35km 处，将地幔和地壳分开。相应地，地壳可以分为两层，一层富含硅、镁，被称为玄武岩的较深层；另一层富含硅、铝，被称为花岗岩的上层（Whitten 和 Brookes，1972）。地壳之上为一薄层沉积岩，它是在表面与大气相互作用的结果。地壳在大洋底部最薄，在山脊底下最厚，其表面非常不光滑。以海平面作为平均地平面，则最高峰为 9kg，最深的海洋为 11kg，地面最大的起伏与厚度在一个数量级内。

因为地核物质的性质未知，因此不能对地核中含有的热量进行计算。但是，这并没有什么坏处。自地球形成至今，人类只在 4500Ma（45 亿年）中存在 2Ma（200 万年），因此，地核中不仅储存了天文数字级别的能量，并且其内部的状态可以被认为在人类历史范围内是固定不变的。从地球表面泄漏到大气中的热量总体平均量为 50mW/m²，与到达地球表面的太阳辐射能量 1.4kW/m² 相比,地热流量(通量)非常小。内部的净热量损失与储存的热量相比,是可以忽略的。但是,在一些地方,从地表逃逸的热通量远高于 50mW/m²,Cole 等(1995)估计新西兰 Taupo 火山地区的数值达到 800mW/m²(Hochstein 和 Regenauer-Lieb,1989)。

地球自转和两个主要层的塑性特征使得可以在地核和地幔之间进行循环流动。地幔流体物质处于不停运动中,其黏度和内部产生的热量共同作用压穿地壳并形成几个部分——构造板块运动。地热是由地幔中排出地核金属时的重力作用产生的,而地幔中放射性同位素的衰变为地幔保持熔化状态提供另外的热源。旋转产生的浮力和科里奥利力使其流动模式异常复杂,固体地壳受到力的作用,破碎成几大板块,并且由于它们漂浮在液体上,故在不同方向上缓慢移动。对地壳运动的研究被称为板块构造理论,而展现当前科学认识的论文可以在网络上查询到。

2.2　地壳中相互作用过程

地壳内部的变化过程受其组成物质的物理和化学性质、温度分布和板块运动控制。这些板块之间每年以 3~10mm 的平均速度作相对运动,尽管目前已经测量到几倍于该速度的值,热量则会到达一些板块边界的表面。如果把这些现象简单视为在裂隙处的渗漏,则过于简单化,本节的目的就是将其中涉及的物理学予以一定阐释。从地质地貌图可以清楚发现,在可识别的模式中,火山活动与俯冲边界相关,许多地热资源亦在火山地形中被发现,太平洋沿岸的火山带也许就是最好的例子。板块边界的作用过程吸引了大量的学术研究,但是感兴趣的区域深埋于地球表面以下,很不容易深入到,因此研究进展不可避免会缓慢。

这些板块可能沿着垂直于它们之间边界的方向相互移动产生重叠,或相互背离,或以剪切形式相互作用,或是它们的共同作用。在一些板块边缘,它们之间的相互作用模式可能在原地从一种形式转换为另一种形式。板块与板块之间的会合通常与地表热量释放相关,因此形成地热资源。Schellart 和 Rawlinson(2010)对交会板块的动力学进行了回顾,他们提供了大量参考文献,并定义了两种类型的会聚作用,即俯冲作用和碰撞作用。在描述边界相互作用之前,必须了解更多的地壳物理学方面知识。地壳包括两层,即外面刚性的岩石圈和内部塑性的软流圈。大陆上的地壳比海洋下面的地壳厚,所以大陆板块代表的厚度值是不准确的;然而,岩石圈的厚度可达 75km,而软流圈从岩石圈底部开始,厚度达到 200km。后述例子中描述的内容为:温度随着深度变化,从而导致物理性质发生变化,尤其是黏度。在讨论海洋地壳俯冲到大陆地壳以下时的俯冲边界实验室建模方面,Shemenda(1994)提出,按照深度顺序,上层为低强度脆性物质(清晰的岩石圈),然后是从脆性向具有一定弹性(能承受应力而不发生连续应变)的塑性材料性能过渡,它能使材料性质变得比第一层更强,在超出几十千米深度之后,表现为高黏度流体特征,地层物质的强度开始下降(清晰的软流圈)。

2.2.1　碰撞边界

碰撞边界定义为两个大陆板块碰撞边缘的地方。板块碰撞的结果是由变形和褶皱形成山脉,比如喜马拉雅山脉,如图 2.1 所示。

碰撞中包含的机械力将会在内部产生热量,如同一根金属丝反复弯曲或金属在车床上切割时,因塑性变形而变热的原理一样。位置就在板块边界,但是释放的热量与地幔的热量只

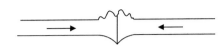

图 2.1　构造板块碰撞边界示意图

有间接关系，因为这是地球内部热量引起的运动而导致塑性变形的结果。Hochstein 和 Regenauer-Lieb（1998）建立了一个喜马拉雅山脉碰撞边界塑性变形产生热量的数学模型，他们认为那里存在一个平行于推断的板块边界的地热温泉带，并且将计算结果与实地温泉测量联系起来。通过这些工作，估计在喜马拉雅山脉所处的 3000km 长板块边界上，地面热量释放速度为 100MW/100km，至东端高达 300MW/100km；得出的结论为，塑性变形产生的热量可能是沿着特定板块边界、从地表释放的热通量高于平均热通量的原因。对于大规模地热发电开发来说，热通量低于 $1W/m^2$ 不具有足够吸引力。

2.2.2　俯冲边界

在俯冲边界，一个板块位于另一个板块之上，后者向下（俯冲）进入地幔（图 2.2）。两个重要的表面变化通常发生在板块边缘附近，火山活动沿着平行于上覆板块边缘和断层，以及离上覆板块一段距离的地幔塌陷区。Schellart 和 Rawlinson（2010）指出，在一些俯冲边界，伴随着俯冲过程，同时也存在 2.2.1 节中所说的碰撞过程的证据，特别提到了安第斯山脉，它就是板块会聚的结果，形成向东移动和俯冲的太平洋海床，并上覆在南美洲大陆板块之上，变形和隆起发生在俯冲边界附近。

Schemenda（1994）认为岩石圈和软流圈物质密度差异是影响俯冲过程的一个重要因素。俯冲板块受到循环的地幔拉力作用，该力作用于整个地区，并且是造成运动的原因。如果其密度大于漂移其上的流体密度，则它将俯冲下沉，产生一个力来补偿流体拉力——两个力垂直作用于板块边界，将俯冲板块拉向上覆板块。因为重力加速度随着深度增大，下沉板块的重力将增加，但是这一点可能微不足道，因为在相关的地球物理文献资料中没有考虑过这个因素。考虑到这些力的作用，令人惊讶的是，上覆板块的主要变形发生在靠近俯冲边界，但是距离边界一段距离的后方；更令人惊讶的是，变形的形式是与拉伸应力一致的局部拉伸，而不是图 2.2 中预期的压缩。因为地幔对流形成的流体拖曳力把上覆板块推向俯冲边界，俯冲板块形成的阻力将会立即产生压缩，并从边界处向上，所以要对图 2.2 中的预测进行调整。拉伸的、脆性的岩石圈受断层作用，地壳变薄消退。在一些发生俯冲的地方，被称为弧后裂谷。Schemenda（1994）引用的参考文献表明，有一种吸力将下沉的板块连接到上覆板块上，图 2.3 示意性说明了当俯冲板块下沉时可能出现的一种方式。

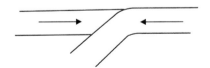

图 2.2　俯冲边界相对板块运动

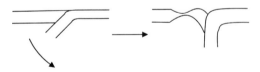

图 2.3　吸力产生弧后裂谷示意图

他也对上覆板块中已经变薄的地方发生裂谷作用的证据进行了回顾，可能涉及上面提到的俯冲带的另一主要特征——火山活动。火山通常沿着平行于俯冲边界线发生，但是离边界线的距离有变化，Shemenda（1994）提出，它们可能沿着薄弱的线带发生。另外，他提出，在两个板块形成的垂直楔形体中，由于地幔中涡流作用，板块的底部可能会被侵蚀（图 2.4）。

在上覆板块下表面和俯冲板块下表面之间的垂直楔形体是火山活动的岩浆源，有时简单归因于活动板块表面摩擦产生热量而形成的上升岩浆。对比进行恰当的解释需要进行更多的分析，但是目前其物质的性质却鲜为人知。如图 2.4 所示，A 平面表示板块下表面，标志地壳从固相转变为塑性的深度——实际上，这种变化是渐进式的，但是，在这里，一个简单的两层模式图已经足够了。在 A 平面以下，地幔物质是热

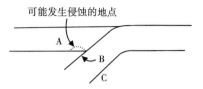

图 2.4　俯冲带楔形区域的识别

的、塑性且运动的。平面 C 与平面 A 类似，但是 B 表面是冷的、饱和水的地壳，它会冷却楔形体中的塑性物质。在 4.5 节中将提及，当厚度为 L 的板块的一边突然暴露在热源中时，温度在板块内部分布所需的时间为 L^2/κ，这里 κ 为热扩散系数，并且，知道俯冲板块的速度将能估计出熔融俯冲板块所需的时间。如果平面 A 下面的地幔物质能够向地面上升，由于其高温，它将向地表侵入或者喷发；然后，不管其离俯冲板块多近，它都能随时发生侵入或喷发。吸力、薄弱线和原地侵蚀都是对上覆板块变形机理的一些推断。更进一步的推断就是俯冲板块运动过程中释放的水改变了软流圈中物质的组分，因此，它沿着地壳中的熔融通道上升。Manning（2004）概述了有关化学变化，Gerya 和 Yuen（2003）对物理变化进行了说明。楔形体内的物质被冷却，直观地认为它将变成固体，但是化学变化会使它变成黏性液体，这就是使其向地面上升并可能到达地表和发生喷发的原因。

通常出现的画面就是周期性出现非常热的岩浆流体从俯冲板块和上覆板块之间的楔形体内部上升，并穿透上覆板块，因为它可能变薄或者变弱。事件发生的周期相对人类寿命而言，显然非常长，但是这些事件并不是很少发生。如果穿透很彻底，结果就是形成火山；如果是部分穿透，这种岩溶体即为深成岩或侵入岩。其地质描述不是十分重要——能将大量的热能带到近地表的地壳并形成地热资源，岩浆体的体积必须足够大。

有关该课题的许多文献都不是用数学科学语言写的，而是聚焦在化学变化方面，并且，这个问题通常用物理—数学术语来描述效果会非常差，但是，在充分描述该过程之前，试图进行数学分析是没有意义的。在可视为初步的小规模争论中，Norton 和 Knight（1977）通过设定传热、流体流动控制方程和求解这些方程的各种边界条件，建立了上升到地面的离散岩浆物质冷却过程模型，认为岩浆体周围或者之上可渗透岩石中的循环流体具有纯水性质，并呈现出温度和流体的循环等值图。

上述讨论中提出的一个直接问题就是，是否有直接钻井证据证明岩浆体就是以上面描述的方式出现。

2.2.3　可钻进深度范围内岩浆体证据

实际上，可钻深度远小于上述讨论中涉及的深度，它受钻遇温度和经济因素限制。结果表明，大多数以液体为主的地热资源井深度小于 4km。已经在几个案例中钻遇了岩浆体。

Stimac 等（2008）提供了印度尼西亚西部爪哇地区 Awibengkok 地热资源（又称 Salak）的一个横剖面（图 2.5）。这些数据资料来自 81 口井，其中一些井与地下约 2000m、被解释为大型侵入岩（岩浆）顶部的地层相交。图 2.6 是 Doi 等（1998）制作的日本本州北部 Kakkonda 地热资源地质剖面简化版本，显示了钻入岩浆体中六口井的轨迹。

另外有 Christenson 等（1997）给出的新西兰 Ngatamariki 的例子，但是在这个例子中，由于年代原因，侵入岩已经冷却，估计它的年龄为 0.7Ma。Hulen 和 Nielson（1996）在美国加利福尼亚间歇泉地热资源下发现间歇泉致密长石岩浆体，Reyes（1990）提及的发生在菲

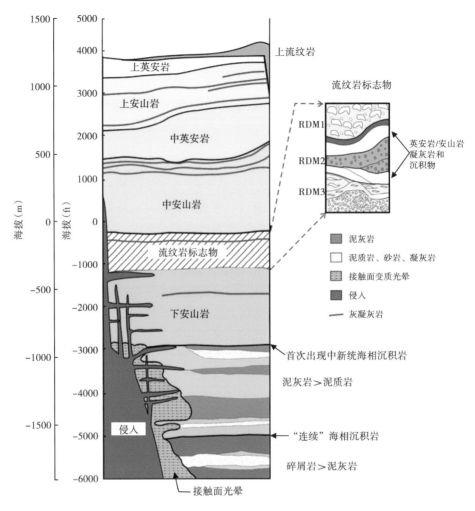

图 2.5　印度尼西亚 Awibengkok 火山岩侵入剖面示意图（据 Stimac 等，2008）

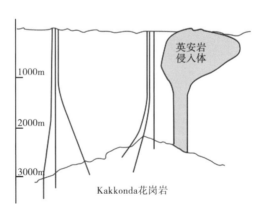

图 2.6　显示连井剖面的 Kakkonda 花岗岩体草图（据 Doi 等，1998）

律宾 Leyte 的 Tongonan 地热资源，认为岩浆的外表面层可能由于冷却过程中的热应力作用产生裂缝从而导致渗透增加，它通过羽状流的方式，改善了向地面对流，如图 2.7 所示。

新西兰 Taupo 火山带（TVZ）因为许多独立的、紧密结合在一起的地热资源而闻名，即独立的对流羽。描述由地热流体所渗透区域的常用方法就是测量其电阻，比如，因为地表的存在会使对流羽发生偏离。通过地热流体的对流作用，地面的电阻会因为化学反应和矿物沉积而降低。独立的对流羽既可以通过电阻率边界识别，也可以通过深部流体详细化学成分来表征。

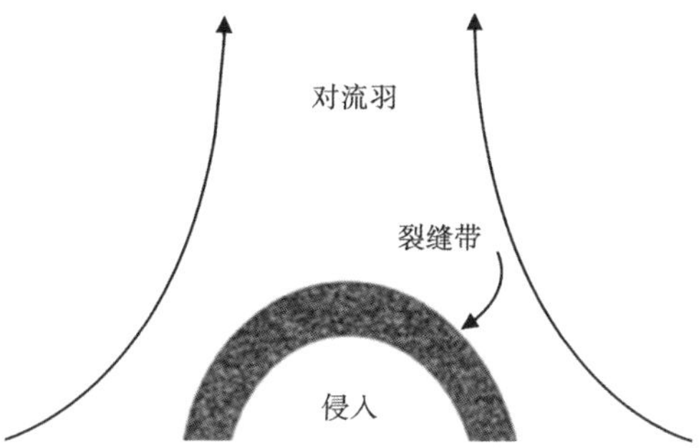

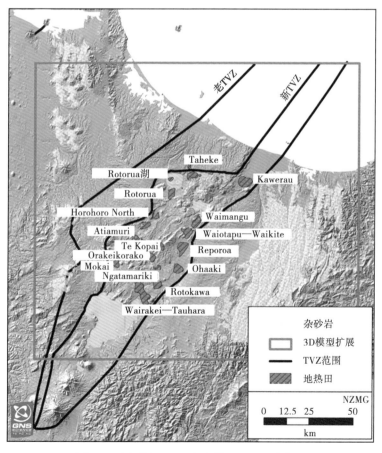

图 2.7　岩浆体对流羽草图

Alcaraz 等（2012）提出了 TVZ 地区从基岩往上的模型，图 2.8 就来自其模型。新西兰位于部分俯冲带的板块边界——相互作用的模式改变了 TVZ 的西南部，使问题变得更加复杂，它们正在俯冲的地方存在相对旋转的分量。该地区的热量输出值高——Hochstein 和 Regenauer-Lieb（1989）估计其值为 5000MW。针对导致 TVZ 形成的详细俯冲过程，存在各种不同的观点，目前这一问题也没有解决。McNabb（1992）提出，TVZ 的基底实际上是一块"热板"，即直接受到下面地幔加热的薄地壳。他用 Benard 蜂窝对流进行了类比，它是一种保持恒温的水平平板实验装置，形成一个含有浅

图 2.8　新西兰 Taupo 火山带（TVZ）分布图

显示根据电阻率边界确定的不同地热资源

13

层黏液的容器底部，该容器呈现出六角形自然对流单元模式，被称为 Benard 单元。事实上，Benard 单元形成一层有自由表面并有界面张力的流体，但可以在受限层中发生蜂窝式对流——见 Zarrouk（1999）。Hochstein 和 Regenauer-Lieb（1989）质疑 TVZ 是否为弧后裂谷盆地，但是 Cole 等（1995）是这样描述，并给出了该地区的平均热通量为 800mW/m²。他们指出，TVZ 地区火山活动发生在过去 2Ma 时间内。Dempsey 等（2012）制作了一个模型，用来说明对流羽上层密封的重复过程和断层是如何维持观察到的独立地热资源的。这些辩论仍在继续中。

根据 Forster 和 Forster（2000）的观点，在岩石圈内花岗岩形式的热源中，放射性同位素的衰变提供了热源，特别是钍和铀，但主要是后者，它最大的能量产生速度为 $4 \sim 10\mu W/m^3$。在固体内产生的热量导致离边界最远的地方温度升高，从而建立了热传导的温度梯度。能达到的最高温度取决于表面的边界条件，岩浆体的大小及其导热系数，将在 4.5 节中介绍。增强型地热系统（EGS）由内部能发热的没有裂缝的大型岩体组成，其中心温度上升至远高于大气表面温度。花岗岩的热传导率约为 2W/（m·K），外部温度为 25℃；如果采用上述的发热率并在忽略径向变化的情况下，当中心温度达到 100℃，则圆柱体的半径为 10km。建议提取地层热量的技术就是压裂岩石，并循环水或者二氧化碳，Stacey 等（2010）已经进行了验证。目前正在开发燃煤电厂二氧化碳捕集技术，并进行将其存储在稳定地层中的试验，因此，这两项技术的协同作用正在验证中。

2.3　地热在地表排放

热量在地球表面的自然排放无疑会引起人们的注意。地热释放产生的效果在全球大部分地区都很少见，从间歇泉、喷气孔到生长异常植被的热的彩色地面和热的溪流。图 2.7 中所示的地热流体上升的羽流由于地表的存在而变得水平，从而产生了上述的各种效应。

地面的地热活动能让地球科学家产生直接兴趣，因为它提供了认识资源特征及发生物理、化学变化过程的线索——例如 Hochstein 和 Browne（2000）对火山地热资源在地表释放情况进行了广泛的调查和分类（也就是本章中描述的类型）。对它的研究体现了地球科学家在地热开发方面的重要作用。相反，地表活动对地热工程师面临的问题几乎没有什么帮助。例如，如果有热量和水或蒸汽释放的地方要建造建筑物或者有管线穿过，这就可能产生土木工程问题，但这些都是相对较小的工程问题。浅层流体的流动不适用于常规的工程分析方法，包括解析方法和数值方法，主要原因在于热量和流体流经的物质具有随机性质，并且，控制流动阻力的物质性质变化非常大。间歇泉是一种独特且罕见的现象，也许是唯一例外。与可渗透岩石不同，它源于天然的地下通道和溶洞中的流动，有时候表现为在井中发生的流体流动类型。它们吸引了工程师和物理学家的注意，包括室内实验和分析；参见 Rinehart（1980）的文献综述和 Lu 等（2006）所做的工作。为了在地热资源勘探开发多学科活动中发挥应有的作用，地热工程师必须了解地面地热活动及其起源，但是这些信息并不构成地热工程研究本身的一部分。

然而，对地表排放进行调查的一个方面就是需要工程师的直接参与，其任务可以认为是帮助满足国家电力的需要，同时帮助开发任何特定的资源。在地热资源利用对自然环境潜在影响的事项中，地热地表特征的影响最为显著。吸引并告知地球科学家有可能存在可用地热资源的地表排放也通常具有旅游景点的价值，美学方面保留的特征有可能使其排名很高。尽管地热资源开发利用和保留其地表特征之间存在冲突，第一次出现至少在 70 年前的新西兰，但在这个问题上所做的科学工作甚少。充分认识到自然排放和通过监测来解释开发的影响在过去十多年或更长时间内发生着变化，但这仅仅是在资本投入到地热资源开发之后，这时已经太迟了，第 14 章中的例子将会对此进行说明。而所需要做的是，针对能尽早识别出的可能造成的影响展开研究，这就需要研究和发展预测或测试的方法；Leaver 等（2000）已经开始这方面的工作。

参 考 文 献

Alcaraz SA, Rattenbury MS, Soengkono S, Bignall G, Lane R（2012）A 3-D multi-disciplinary interpretation of the basement of the Taupo Volcanic Zone, New Zealand. In：Proceedings, 37th workshop on geothermal reservoir engineering, Stanford, CA.

British Geological Survey. http：//www. bgs. ac. uk.

Christenson BW, Mroczek EK, Wood CP, Arehart GB（1997）Magma-ambient production environments：PTX constraints for paleo-fluids associated with the Ngatamariki diorite intrusion. In：Proceedings of the NZ geothermal workshop, University of Auckland, Auckland.

Cole JW, Darby DJ, Stern TA（1995）Taupo Volcanic Zone and Central Volcanic Region：back arc structures of North Island, New Zealand. In：Taylor B（ed）Back arc basins：tectonics and magmatism. Plenum, New York.

Dempsey D, Rowland J, Archer R（2012）Modeling geothermal flow and silica deposition along an active fault. In：Proceedings thirty-seventh workshop on geothermal reservoir engineering, Stanford University, Stanford, CA, January 30-February 1, 2012.

Doi N, Kato O, Ikeuchi K, Omatsu R, Miyazaki S, Akaku K, Uchida T（1998）Genesis of the plutonic-hydrothermal system around quaternary granite in the Kakkonda geothermal system. Geothermics 27（5-6）：663-690.

Forster A, Forster HJ（2000）Crustal composition and mantle heat flow：implications from surface heat flow and radiogenic heat production in the Variscan Erzgebirge（Germany）. J Geophys Res 105：27917-27938.

Gerya TV, Yuen DA（2003）Rayleigh-Taylor instabilities from hydration and melting propel 'cold plumes' at subduction zones. Earth Planet Sci Lett 212：47-62.

Hochstein MP, Browne PRL（2000）Surface manifestations of geothermal systems with volcanic heat sources. In：Sigurdsson H（ed）Encyclopedia of volcanoes. Academic, San Diego, CA.

Hochstein MP, Regenauer-Lieb K（1989）Heat transfer in the Taupo Volcanic Zone（NZ）：role of volcanism and heating by plastic deformation. In：Proceedings of 11th New Zealand geothermal workshop.

Hochstein MP, Regenauer-Lieb K（1998）Heat generation associated with collision of two plates：the Himalayan geothermal belt. J Volcanol Geoth Res 83：75-92.

Hulen JB, Nielson DL（1996）The Geysers felsite. Geoth Res Countc Trans 20：295-306.

Institute of Geological and Nuclear Sciences, New Zeal. http：//www. gns. cri. govt. nz.

Leaver JD, Watson A, Timpany G, Ding J（2000）An examination of Signal Processing Methods for monitoring undisturbed geothermal resources. 25th Stanford University geothermal reservoir engineering workshop, January 2000, Stanford, CA.

Lu X, Watson A, Gorin AV, Deans J (2006) Experimental investigation and numerical modeling of transient two-phase flow in a geysering geothermal well. Geothermics 35: 409-427.

Manning CE (2004) The chemistry of subduction-zone fluids. Earth Planet Sci Lett 223: 1-6.

McNabb A (1992) The Taupo-Rotorua hot plate. In: Proceedings of the 14th New Zealand geothermal workshop, University of Auckland, Auckland.

Norton D, Knight J (1977) Transport phenomena in hydrothermal systems-cooling plutons. Am J Sci 277: 937-981.

Ohtani E (2009) Melting relations and the equation of state of magmas at high pressure: application to geodynamics. Chem Geol 265: 279-288.

Reyes AG (1990) Petrology of Philippines geothermal systems and he application of alteration mineralogy to their assessment. J Volcanol Geoth Res 43: 279-309.

Rinehart JS (1980) Geysers and geothermal energy. Springer, New York.

Schellart WP, Rawlinson N (2010) Convergent plate margin dynamics: new perspectives from structural geology, geophysics and geodynamic modeling. Tectonophysics 483: 4-19.

Shemenda AI (1994) Subduction: insights from physical modeling. Kluwer, New York.

Stacey R, Pistone S, Horne R (2010) CO_2 as an EGS working fluid- the effects of dynamic dissolution on CO_2-water multiphase flow. Geoth Res Council Trans 34: 443-450.

Stimac J, Nordquist G, Suminar A, Sirad-Azwar L (2008) An overview of the Awibengkok geothermal system, Indonesia. Geothermics 37 (3): 300-331.

US Geological Survey. http://www.usgs.cgov.

Whitten DGA, Brookes JRV (1972) The penguin dictionary of geology. Penguin, London.

Zarrouk SF, Watson A, Richards PJ (1999) The use of computational fluid dynamics (CFD) in the study of transport phenomena in porous media. In: Proceedings 21st geothermal workshop, The University of Auckland, Auckland, NZ.

3 热力学基础及水的性质

本章的目的就是解释本书中其他部分用到的热力学原理和计算过程。本章对参数的定义和热力学第一定律进行了介绍，其次是稳定流动能量方程，从中得出比焓的定义。接下来，基于对 Carnot 工作的解释，介绍了熵和绝对温度。对水的热力学性质和传输性质进行了描述，主要侧重于沿饱和线的性质，特别是由水和蒸汽性质国际协会（IAPWS）制定的标准。本章最后以检验静水压力和沸点与深度的曲线作为结尾。

3.1 热力学定义和第一定律

工程热力学倾向于把重点放在热转换为做功上，在热被认为是包含在物质内有限数量的一类流体之前，这个过程一直是谜。今天，能量以各种可以互相转换的形式出现的思想已经司空见惯；但是，首先必须对热力学推理所使用的专业术语进行精确定义。

当物质与周围的环境发生热和功交换时，这些变化就是热力学关注的焦点。一些作者（Pippard，1961）对经典热力学和现象热力学进行了区分。后者利用物理观察，如任何推理中物质的分子性质，而前者仅仅依赖于热力学定律和假设，不涉及更广泛的物理学。这里不需要做这样的区分，有时候仅要求简单的分子模型。

无论是热量还是功都不具有任何的物质形式，但两者都可以根据其对物质的影响进行量化。对一定数量物质内的热和质量交换效果进行定量分析的逻辑方法，首先要求对其进行定义，传统上，一定数量的物质被称为"系统"。选择的系统要与所进行的分析相符。所有热力学和热流体分析都基于守恒定律。如果关注的焦点是蒸气机气缸内发生的情况，这通常是工程热力学发展早期阶段，其系统则定义为气缸及其活塞包含的流体质量。为了研究晶体中的流体包裹体，该系统可能是流体包裹体本身。如果热量和（或）功在任一方向突破边界，则系统将发生变化，它可以通过某些物理学参数的变化来识别。

从历史观点来看，焦点就是包含未穿过边界的一定质量物质（通常为气体，如空气或蒸汽）的封闭系统，尽管发生了热交换和做功。更确切地说，最简单的系统是一个恒定质量的单组分均质流体，它不发生任何化学变化，被包含在一个明确界定的边界内。阀门关闭的充满气体的气缸符合该描述，有可移动活塞的内燃机阀门关闭时，情况也是如此；在这两种情况下，都定义了物质和系统边界，并且物质之间的热交换都必须跨越边界。通过移动的活塞，气缸中的流体可以进行功交换，功被定义为力与移动距离的乘积，但是封闭的气缸不可能自身做任何功。

填充系统的物质状态可以用两个参数来定义，即其压力（P）和温度（T）。物质包含的能量定义为 U，比内能的单位为 kJ/kg（比的含义即单位质量）；物质可能具有其他的能量形式，但是对于包含在简单边界内、没有发生任何化学变化和运动（动能）或引力（势能）的固定物质，U 即定义了其能量值。如果系统只是最近进行了热交换或做功，则可能存在内部温度梯度和内部运动。当这些消失之后，并且系统处于平衡时，P 和 T 足够定义出给定物质的能量 U。对于 U 和 P 为已知的特定情形，则其温度 T 至少是确定的，即使这个值不能测量得到。对于任何特定情形，如果三个参数中的两个已知，则系统的状态就是已知的，这里的"状态"指的是系统的能量水平。除 U 之外，还有其他参数与 P 或 T 一起用于定义系统的状态。它们与 U 有关，在工程热力学中被称为"状态方程"。

为了进行深入分析，必须对温度和压力进行定义。华氏在 18 世纪初发明了玻璃水银温度计及其温标；摄氏在同一时期介绍了他的温标，他的温标有时被称为"摄氏"，但因为它被分为 100 个单位，所以有时又被称为"摄氏度"。两位发明家使用不同的刻度和基准点，这一点众所周知。玻璃水银温度计中，固体的热膨胀、电阻随温度变化、在不同金属之间产生电压均成为温度测量仪器的理论基础。能量的损失和获取通常与温度变化相关，但是在发生相变时则是例外，将在后面进行讨论。

压力定义为物质作用在容器壁单位面积上的力。如果物质是固体，则它不需要容器。如果其边界表面一部分是平的，这样固体可以立在平面上，则地球对物质施加一个重力，而重力在平面上施加一个压力。通常需要进行热力学分析的物质是流体。流体被定义为没有其自身形状的物质——它的形状为占据的容器的形状。如果流体是气体且系统有封闭的边界，例如气缸，则不需要对该定义进行进一步调整。物质的分子充满整个容器，它们具有动能并通过与容器壁的碰撞在容器壁上施加压力，并且压力是单位面积上的力 [$kg \cdot m/(s^2 \cdot m^2)$ 或 Pa]。经典工程热力学研究是将气体充填到一端封闭的圆柱形容器中，另一端由可以作轴向运动的活塞组成。气体的压力 P 在活塞上施加力 F，活塞代表气体的受力面积 A。力的大小为 $F = P \cdot A$，单位为 $kg \cdot m/s^2$，也可用牛顿（N）表示。如果允许活塞移动轴向距离 dx，则气体在活塞上所做的功为 $P \cdot A \cdot dx$，或 $P \cdot dV$，其中 dV（m^3）是活塞移动的体积增量。活塞的运动方向必须与表达式中的力保持直角。一般来说，气体施加在容器壁上的压力与其表面垂直，因此，计算所涉及功交换的类似方法适用于有柔性外壳的气球的膨胀及许多其他类似情况。

如果流体是液体，其定义将不同于气体，因为处于重力场中的液体将始终处于容器的最低位置。静止时，液体的表面是水平的。压力计是一种利用这种现象的压力测量手段。如图 3.1a 所示，压力计自动测量相对于大气压的压力。它同样适用于图 3.1b 中的波登管，它仍然是一种受欢迎的测量仪器，其工作原理为弯曲管的确切形状由内部和外部压力差异决定，最终取决于压差大小。当压差发生变化时，管的端部位置发生变化；它通过细金属丝连接到鼓盘上，并且鼓盘和指针能相对旋转——鼓盘用弹簧加载。因为波登管测量的是相对于大气

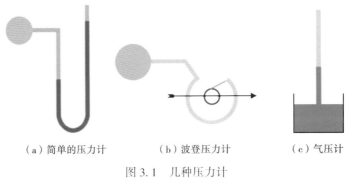

（a）简单的压力计　　　（b）波登压力计　　　（c）气压计

图 3.1　几种压力计

（a）、（b）用于测量管道内的压力

18

压的压力，因此引入"表压"这一术语，表压加上大气压才是绝对压力。本书中全部采用并推荐使用绝对压力。石英晶体压力计可用于电子压力记录，晶体的压缩产生电压。大气压力采用某种形式的气压计进行测量，图 3.1c 可能是最简单的一种，它大规模应用于一些冷凝器发生真空情形的发电站中。

热量是能量的一种形式，如果两个不同温度的系统接触，热量将会从温度高的系统流入另一个系统。热量的流动可以通过存在的温度梯度进行识别。因此，温度梯度有时必然在系统内部发生，而不是仅仅通过接触表面——通过与之接触从另一个系统到达的热量将在它到达的区域内形成更高的温度，这使得它能转移热量到系统的其他地方。在固体中，可以想象分子在固定位置上发生振动；而在流体中，分子可以自由移动。在固体中，可以设想振动的幅度与温度成正比，因此，固体热平衡的状态就是温度处处相同，所有分子振动程度也相同的一种机械平衡状态。固体中的热传递只有通过所谓的热传导过程进行。通过热传导进行热交换也发生在流体中，但是伴随其他交换过程。因为流体的分子可以自由移动，所以聚集的高温分子可以作为一个整体迁移到系统中流体温度较低的地方，在这里与它们的新邻居分享热量。当流体被搅拌时将发生这样一种过程，搅拌是产生均匀和等温条件的非常有效的方式。热传导被定义为没有发生运动的热交换方式，其也发生在运动的流体中，但是它不再是主要的传热方式。要使它成为充满流体的系统中唯一的热交换方式，就必须对系统进行特别设计以防止流体流动，例如家用双层玻璃。通常情况下，将流体运动时发生的热交换称为热对流。地球科学家有时使用"水平对流"这一术语对热量和（或）质量交换进行描述——它没有明确的、普遍接受的含义。

包含单相物质的系统中发生穿过边界的热交换时，则可以通过测量温差检测到。如果金属块暴露在火焰中，则它的温度会升高。系统中能量水平的增加可以在系统达到平衡时，通过其升高的温度进行量化，但是如果唯一可用的温度是华氏或摄氏温标，因为这两者是任意的温标，所以不能代表其绝对能量水平；"绝对温标"解决了这个问题。

根据上述定义和一般性讨论，可以总结如下。一种物质的状态一般来说是衡量其内能的量度，可以量化为 U（P，T），以及其他尚待引入的状态函数。能量可以在不同形式之间相互转换，也可以与功交换；能量是守恒的，也就是说，它不会简单地消失或被消耗掉——这里不考虑通过核反应的质量和能量等价性，并且也认为质量是守恒的。上面这些表述整合到一起，即为能量守恒方程：

$$dQ - dW = dU \qquad (3.1)$$

它被称为热力学第一定律。在这个方程中，只有 U 是状态的函数，并且这个方程表明了 dQ 和 dW 的净效应，它仅仅是能量的增加或减少，可以改变系统中物质的状态。有些人分别用 δQ 和 δW 代替方程中的 dQ 和 dW，提示一下，Q 和 W 不是状态的函数，因为很多热力学计算都依赖状态函数之间的一组微分关系［如麦克斯韦方程，见 Perrot（1998）］。比内能的绝对值没有出现在方程中，而只有能量水平变化值 dU。热和功这些术语的代数符号都是工程上使用的传统符号，因为热力学第一个重要应用就是"热力引擎"，将燃烧产生的热量转换为功的原动机。热总是不断添加到系统中，且功总是离开系统。因此，添加到系统中的热量是正的，而离开系统所做的功（也就是系统所做的功）也是正的。

最后必须指出的是，上述所有的解释都是建立在封闭系统的基础之上——带有活塞的气缸内，其中物质的质量是固定的。这种情况下的数学计算是最简单的，但是它不允许物质进入或离开这个系统——在新的边界条件下，必须遵守质量连续性规律。这是更普遍的情况，它对现在用它来分析地热资源中自然的和诱发的流动，以及在地面设备和发电站中的流动来说非常重要。必须设计计算过程来处理地热流体发电的连续流动，这被定义为做功的速度。

3.2 稳态流能量方程和比焓

许多需要热力学分析的大型工程流动为稳态流动，不随时间变化，稳态流动能量方程（SFEE）是许多热力学课本中常见的课题。稳定输出的发电站就是一个例子。考虑瞬态流动的更普遍形式的能量方程对分析非稳定条件来说是必要的，有时也出现在油藏工程分析中。SFEE 是与时间相关方程的一种限制形式，所以，逻辑顺序应该是首先得出通用形式，然后再简化为 SFEE。SFEE 使比焓的介绍和节流的解释变得简单（绝热减压），因此首先对它检验。现在需要引入流体密度，其被定义为 ρ（kg/m³），单位体积物质的质量，但是它经常以倒数的形式出现，即比容 V（m³/kg），这里 $V = 1/\rho$。比容是状态的函数，也就是说，如果 P、T、U 三个参数中的两个或者将要介绍的其他状态方程为已知，则它是确定的。

3.2.1 稳态流能量方程

图 3.2a 中显示了井把蒸汽提供给涡轮机的图形布置，并在图 3.2b 中展示了更合适的细节情况。对于物质穿过了边界的系统，需要建立一个等式，相当于式（3.1）的方程式。定义了系统的边界，但是它是一个示意性的边界而不是实际边界。最好称之为控制体积，即所有相关定律都适用的空间。

图 3.2a 中的井连续排放给涡轮机提供恒定质量流量的蒸汽，从而产生稳定的功率输出和稳定排放的蒸汽流。流体稳定流动，所以在控制体积内任何点都不随时间变化。根据 Rogers 和 Mayhew（1967）的观点，很多作者都采用通用的方法来推导方程；图 3.2b 中阴影区显示的是当一小部分流体随着它从井中进入控制体积，且相同质量通过涡轮机排气管离开的情形。小质量 δm 从井进入到控制体积。它具有比内能 U_1 和动能形式的能量 $1/2\rho_1 u_1^2$，以及相对某一参考深度 $z = 0$ 的势能 gz_1，目前无需进一步的定义。由于压差的作用，在 δt 时间内，它被推入到控制体积内，而等质量则以不同形式的能量分量 U_2、$1/2\rho_2 u_2^2$ 和 gz_2 从控制体积的另一端排出，因为涉及做功，必须对进入和离开的物质具体细节进行检查。假设控制

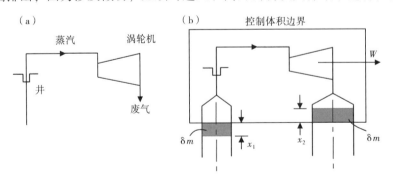

图 3.2 （a）包括井和涡轮机的系统图；（b）代表做功、井中流量增加，以及越过边界的涡轮机废气（阴影部分）的控制体积

体积在井的生产套管中结束，这样它正好包括阴影体积。套管的横截面积为 A_1。占据套管长度 x_1 的质量 δm_1 和它的体积 $A_1 x_1$ 可以写成 $\delta m_1 / \rho_1$。根据符号约定，在控制体积内所做的功为负，也就是：

$$\delta W_1 = P_1 \cdot A_1 \cdot x_1 = \frac{P_1}{\rho_1} \cdot \delta m \tag{3.2}$$

在出口，得到同样形式的 δW 表达式为：

$$\delta W_2 = P_2 \cdot A_2 \cdot x_2 = \frac{P_2}{\rho_2} \cdot \delta m \tag{3.3}$$

但是现在由系统所做的功将质量 δm 推出，所以它是正的。涡轮机上的系统也做了功，显示为 W，符号为正。现在已经考虑热力学第一定律，即式（3.1），并引入了功和能量。整个控制体积内的能量是一个整体，不包括 δm 增量，简称为 E。虽然流体在系统中流动并伴随流动发生变化，描述系统的所有变量在控制体积内任一点都不随时间变化，这是概念中重要的一部分，故 E 不随时间发生变化。

因此，式（3.1）的形式为：

$$dQ - dW = dU$$

可以采用新的项，则：

$$dW + \delta m \left(\frac{P_2}{\rho_2} - \frac{P_1}{\rho_1} \right) = \delta m \left(U_2 + \frac{u_2^2}{2} + gz_2 \right) - \delta m \left(U_1 + \frac{u_1^2}{2} + gz_1 \right) \tag{3.4}$$

控制体积内的能量 E 没有出现在方程中，因为它不受影响——根据定义，控制体积中任何点的变量都不随时间变化。在所呈现的设计中（图 3.2a），没有建立热交换，因此没有相当于 dQ 的项。为式（3.1）定义的热量和功交换的符号已被应用。涡轮机有持续的功率输出，这引出了功率单位为 J/s（瓦特）和功单位为 J。式中的单位是焦耳。

重新引入 dQ 以允许热交换产生，则得到一个更通用的方程，用比容 V 代替 $1/\rho$ 并重新整理后，得到：

$$\frac{dQ}{\delta m} - \frac{dW}{\delta m} = \left(U_2 + P_2 V_2 + \frac{u_2^2}{2} + gz_2 \right) - \left(U_1 + P_1 V_1 + \frac{u_1^2}{2} + gz_1 \right) \tag{3.5}$$

右边的项都是比值（每千克），左边的项取值也是采用每千克。输出功率为流经系统的每千克质量，所以再引入单位为千克/秒的质量流量，将能够计算出功率输出和热损失或获得的速度。虽然 PV 与 PdV 具有相同的单位，但后者是作用在一定面积上并移动一定距离的力所做的功，例如气缸中的活塞运动。式（3.5）中的 PV 与流体体积内的能量有关，因为它是处于压力 P 下的结果。在给定合理装置中，但不是必须的，PV 的变化可能做功，所以该项不能认为是做功项。

3.2.2 比焓

因为 U、P 和 V 都是状态的函数，所以 $U+PV$ 的组合项也就是通常所说的焓，在这个方程中，采用的是比焓（kJ/kg）。习惯上将稳态流动能量方程写为：

21

$$Q - W = (h_2 - h_1) + \frac{1}{2}(u_2^2 - u_1^2) + g(z_2 - z_1) \tag{3.6}$$

式中，Q 和 W 分别为单位质量流量的热量和功交换值（J/kg）。

知道方程中这些项的数量级和 h 的定义是有帮助的。

表 3.1 给出了水饱和条件的三个 T_s 值，涵盖了这里所关注的范围，以及 h 和其分量。

表 3.1 中首先要注意的是输入项并不全都随着温度而增加。在大约 235℃ 时，饱和蒸汽比焓有一个最大值，据推测这是造成观察到一些地热现象的原因，但这对作为 h 一部分的 PV 相对幅度的讨论并不重要。对于饱和水，P_sV_f 项为饱和水比焓的 3% 或更少，换句话说，比内能占比焓的 97%。对于饱和蒸汽，P_sV_g 项为饱和蒸汽比焓的 7% 或更少——比内能占比焓的 93%。

表 3.1　不同温度条件下饱和水及蒸汽性质实例

T_s（℃）	P_sV_f（kJ/kg）	h_f（kJ/kg）	P_sV_g（kJ/kg）	h_g（kJ/kg）
25.0	3.18	104.8	137.2	2546.5
175.0	1.0	741.2	193.3	2772.7
350.0	28.76	1670.9	145.48	2563.6

3.2.3　SFEE 中动能和势能项

SFEE 应该针对每个应用中所有项的数量级的相对重要性进行检查。大多数发电厂有几十米的高度，因此，首先要考虑其势能项。以 50m 为例，该厂从上到下的 g_z 项为 490.5 J/kg。虽然表 3.1 中的能量项以 kJ/kg 为单位，但式（3.6）中为 J/kg。当超过 50m 时，势能变化仅为表中 h_f 最小值的 0.5%。但是，地热井属于另外一种情况。对于从 4000m 深度以 350℃ 生产的地热井，井口的比焓将比生产地层低 39kJ/kg。毫无疑问，这无疑是发电站能量损失的一小部分，但它已足够大，需要加以考虑。

水管线中的设计流速通常约为 3m/s 这个级别，这里，动能项 $u^2/2$ 的值为 0.0045kJ/kg——可忽略不计的能量项。然而，根据来自冷凝蒸汽涡轮机的蒸汽出口速度计算，动能可以达到 20kJ/kg，并且在大型涡轮机中，该损失足够引起人们对排气管线设计的关注。蒸汽声速为 425m/s，$u^2/2$ 产生的值为 91kJ/kg，即表 3.1 中最低 h_g 值的 3.6%。

3.2.4　绝热压降或节流

有时，蒸汽以高于要求的压力由管道供应——如果没有控制阀，流经下游任何地方的流量都会太大，控制阀能提供局部流量限制。流动不做任何功（运动流体没有对任何物体施加作用力并且允许做功），并且阀门的表面积非常小，以至于即使阀门未绝热，热量损失也可以忽略不计。海拔没有变化。从而式（3.6）可以简化为：

$$0 = (h_2 - h_1) + \frac{1}{2}(u_2^2 - u_1^2) \tag{3.7}$$

或者，如果忽略动能项，则：

$$h_2 = h_1 \tag{3.8}$$

当提及流动被节流，它实际是一个没有或很少有能量损失的过程，失去的是将热量转化为功的机会。因此，如果可能的话，必须避免发电过程中的流动节流。这是本章要讨论的下一个问题。

作为结束语，本章中对 SFEE 中所有项的数量级研究为那些试图仅通过使用机械能（如风能）等来避免全球变暖的国家提供了一个明确的信息。这个信息是"热能定律"，这就是为什么在过去的 300 年里，如此多的化石燃料已被烧掉的原因。

3.3 熵和绝对温度

对 Carnot 在 1824 年所做的工作有很多不同的介绍，例如 Dugdale（1966）、Spielberg 和 Anderson（1987）。他的想法和 Carnot 循环这些课题仍然难于理解，但是因为要引入熵和绝对温度的概念，所以必须对它们进行理解。

Carnot 从热力发动机着手分析，这是当时的一种新设备。首先，概述其关于热流与水向下流动对比的想法就足够了。水流可以用机器中断，则可以得到机械功形式的能量——这不是必需的过程，却是一个能量转化的机会。离开机器后，水继续向下流，无论机器是否在那里水都会这样做。同样，热量从高温流向低温；热量可以用热力发动机，一台设计用于将热量转化为机械功的机器来获取，但无论是否有机会将其转换为功，热量都将流动。经典图解如图 3.3 所示，其中热量从温度为 Θ_1 处的热源流到温度为 Θ_2 的热汇处并被热机获取。

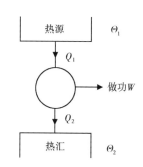

图 3.3 热源提供给发动机做功，并将热排放到热汇

新选择的温度符号 Θ 是有意为之——T 是为℃保留的，但是 Carnot 的想法是需要一个不是很主观的温度定义，这将在稍后讨论中出现。Carnot 在一定程度上，从实用的角度考虑了热力发动机，他假想了一个无摩擦、有气缸和活塞的往复式机器，其中包含固定的流体质量。任何热源温度的下降，只能从较高温度热源流向较低温度热源，除非热量被用来做功，否则将会将被浪费掉。图 3.4 显示了活塞和气缸，在工作

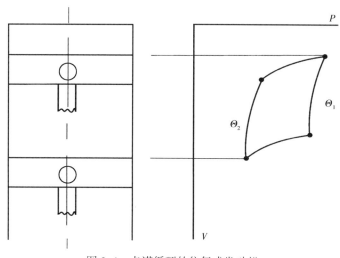

图 3.4 卡诺循环的往复式发动机

23

液体的压力与体积图上，其轴线与体积轴线平行。他考虑工作流体是空气的情形——这样的选择比较好，因为任何给自行车轮胎打过气的人都知道，当它被压缩时温度会升高，而如果发生膨胀，温度就会下降。

活塞从其冲程的底部开始，当它上升时，空气暴露于低温热汇，使其温度保持在 Θ_2；至于它是如何暴露，留下来供大家想象；可能因为热汇是可移动的，并且维持在圆柱体的末端。随着空气被压缩，热量必须从空气流向热汇。在某个确定的位置，与热汇的接触被移除，气缸则完全绝热，并且空气被压缩以使其温度升高至 Θ_1——不需要检查是如何实现绝缘，或者决定实施时间。活塞现在已经到达其冲程的顶部，此时空气暴露于温度为 Θ_1 的热源——与空气温度相同。然而，当活塞向下移动并且空气膨胀时，热源的存在可以避免通常会发生的温度降低，热源提供热量将空气温度保持在 Θ_1。在预先确定的位置，热源被移除，气缸被绝热，活塞继续向下移动，并且空气膨胀，其温度恰好在行程的底部（起点）下降到 Θ_2。

这台热机的物理问题很明显。所有从热源到热汇的热量在不经过中间温度的情况下不可能得以实现——没有温度变化的热流是不可能的，热量仅沿着温度梯度流动并且必须到达工作流体的所有分子。然而完美的发动机要求所有的热流必须做功。为了使空气在不向活塞和气缸传热的情况下改变温度，后者必须没有热容量，这也是不可能的。

最后，还有一个在整个循环过程中的交换热源、热汇和绝热的实际问题。然而，卡诺确立了一个完美的热发动机想法。所产生的净功是循环周期 PdV 的积分，它恰好等于净热流。从热源提供多于转换为功的更多热量，因此有些热量会释放到热汇中。如果这台发动机逆转，提供等量做功将导致所有的热量返回到热源；发动机是可逆的——它不只是单纯发生逆转，而是将热源和热汇的热量变化反转回其初始值。可逆性意味着在任何情况下的理想化热量交换或做功。因此，可以确定所产生的功如图 3.3 中的 Q_1-Q_2，并可将热效率定义为：

$$\eta_C = \frac{Q_1 - Q_2}{Q_1} = \frac{W}{Q_1} \tag{3.9}$$

这里，W 是输出的功。热效率是所提供的热量转换为功的分数或百分比。Carnot 发动机将热量转化为功的能力取决于热源和热汇的温度，并且可以推导出，热效率也可以表示为：

$$\eta_C = \frac{\Theta_1 - \Theta_2}{\Theta_1} \tag{3.10}$$

华氏和摄氏温标的出现早于 Carnot 的工作，并且是人为设定的，因此与这个方程中的温度无关。开尔文根据 Carnot 的工作提出了一个新的温标。这个新的"绝对"温标的单位是用他的名字命名的开尔文温度，它被选择用来匹配 0~100℃ 范围内的摄氏温标，这使得绝对温度为零度时，其摄氏温度值非常低，即-273.15℃。温度 273.16K 为水的三相点（蒸汽、冰和液态水可以共存的条件）。从式（3.9）和式（3.10）得到：

$$\frac{Q_1}{Q_2} = \frac{\Theta_1}{\Theta_2} \tag{3.11}$$

可以重新整理为：

$$\frac{Q_1}{\Theta_1} - \frac{Q_2}{\Theta_2} = 0 \tag{3.12}$$

这为引入概念熵设定了场景。Fermi（1936）给出了一组确定熵是状态函数的完美证明，尽管在热力学教材中有许多选择。他首先证明，在循环变化中，如 Carnot 理想的发动机那样，如果可逆地进行，则循环周围所有热交换的积分为零：

$$\oint \frac{\mathrm{d}Q}{\Theta} = 0 \qquad (3.13)$$

对于所有循环，可逆或者不可逆，更通用的形式为：

$$\oint \frac{\mathrm{d}Q}{\Theta} \leqslant 0 \qquad (3.14)$$

然后他观察到，$\mathrm{d}Q/\Theta$ 的数量在一个周期内变化，将两个点标记为 A 和 B（不需要说明它们的位置或循环有多少个阶段——Carnot 循环只有 4 个阶段，如图 3.4 所示），则积分为：

$$\int_{A}^{B} \frac{\mathrm{d}Q}{\Theta}$$

该值与流体从 A 到 B 的变化无关，只要过程是可逆的。如果变化是可逆的，那么就不会有温度或运动的瞬变，并且这些状态都处于平衡状态。如果这些变化在与 Carnot 发动机相似的一系列阶段发生，增加或减少热量的顺序和所做的功不影响积分值。用这种方法，他确定了：

$$\mathrm{d}s = \frac{\mathrm{d}Q}{\Theta} \qquad (3.15)$$

式中，s 为熵的状态函数。这是一个特定属性，单位为 kJ/（kg·K）。它具有一些重要的性质，最值得注意的是，对于孤立系统中发生的任何变化，熵的最终值永远不会小于其初始值——熵在可逆变化中保持不变，否则增加，如式（3.12）所示。流动摩擦的结果将会产生热量并且熵增加。仅通过对系统做功，才能减少系统的熵。

Carnot 的原理与地热工程密切相关。通过燃烧化石燃料可释放高等级热量。必须要提出的问题是，如果利用高等级热能来生产电力和物质，用来从地热资源中提取低品位的热量，这时只有一小部分低等级的热量可以转化为功（电力），是否有任何好处。低等级的热量正在由社会大量生产，但是其热量通常以很小的数量级形式分布。将高等级的热量转化为动力会产生一些低等级的热量，并且热源温度越低，理论上剩下的热量就越多，并且在实践中甚至会有更多的热量被排放。这个问题是经济优化的核心。

3.4 水的热力学和流动特征

3.4.1 相变、Clapeyron 方程和饱和线

这里重要的相态变化是从液体到气体。气体和蒸汽之间没有根本的区别。在 19 世纪，人们观察到一些气体只要通过压缩就会冷凝，而另一些气体必须同时冷却，这就产生了蒸汽和气体这两个术语。这种特征差异是由相对于大气条件的物质热力学临界点参数（P_c 和 T_c）

造成的。蒸汽这一术语继续被一些作者用来描述当它接近其饱和状态时的气体。在紧邻产生沸水位置下游的蒸汽流由于热量损失并因此冷凝而携带水滴。在这种情况下，蒸汽可以被称为"湿的"，并且可以通过其白色亮度来识别，这不是蒸汽本身的特性，而是水滴内部反射光的结果。通常，从孔口出来的蒸汽射流在出口几厘米内是完全透明的，在该点下游变成白色。透明部分是过热的真蒸汽，在下游白色蒸汽流中没有冷凝水滴；发电站内高压蒸汽泄漏是危险的，因为它们是不可见的。

将液态水想象成终止于某一表面的高密度排列的分子，在这个表面之上，分子间隔很大且随机快速运动——它们形成气体，有时会很有帮助。表面上，分子间吸引力不平衡，形成表面张力，并随着 P 和 T 向临界点增加而逐渐减小。可以想象，内部能量增加到分子分散成气体分布的饱和度水平，这是一个有益于考虑均匀成核的概念。Perrot（1998）解释称，饱和状态被定义为液体和气体化学势相同的状态。平衡点可以用 T 和 s 来定义，并且 T—s 图上点的轨迹形成了一个包络线，包络线内（或者以下）流体是两相的，外部是液体或气体（图 3.5）。

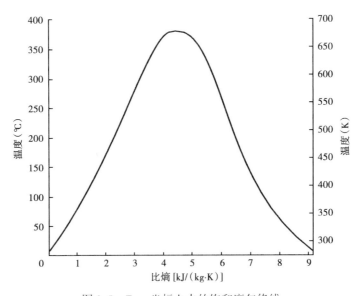

图 3.5　T—s 坐标上水的饱和度包络线

除了在饱和包络线之上或之内，液体和气体之间没有明显的区别；换句话说，流体状态可以从左侧包络线上方的液体变为右侧包络线上方的气体，没有观察到两相之间的任何表面。包络线是 Clapeyron 在 1858 年的研究成果，并将其确定为 P—V 图，因为这是往复式发动机和往复式压缩机液化气体的时代。他定义了一个描述饱和线的方程式如下：

$$\left(\frac{\mathrm{d}P}{\mathrm{d}T}\right)_s = \frac{h_{\mathrm{fg}}}{T_s \cdot V_{\mathrm{fg}}} \tag{3.16}$$

本书中没有必要使用 Clapeyron 方程，它提供了一种确定包络线及通过测量流体特性来间接测量实际绝对温度的方法。包络线可以使用蒸汽表进行绘制。为此目的，饱和线或条件的关键点是 P_s 和 T_s 为一对，所以状态函数的三参数规则在饱和条件下减少为两个参数；只需要指定 P_s 或 T_s 来将所有其他状态函数修正为该值。在图 3.5 所示的形式中，饱和包络线对绘制发电站发生的热力学变化图并将其与可逆变化的理想状态进行比较是有用的。这里实际感兴趣的最低压力是冷凝器真空，所以，在图3.5中，温度轴只下降到三相点温度。

3.4.2　水的性质

水作为地球上最常见的液体，也是热力发电的早期阶段选择的工作流体，其热力学性质仍在研究中。问题是需要知道属性的精确度继续增加，以及 P 和 T 所需要的范围，并且它们的变化是复杂的。对于地热研究，该范围从绝对压力 0.01bar 的电站冷凝器压力延伸到海床黑烟囱或深层地下水溶液，绝对温度从 0 到远高于临界温度值（374℃）。对于化石燃料蒸汽发电工程，所使用的水的纯度，保证了非常高的精确度。对于地热工程来说，精度要求适中即可，因为流体不是纯水，而用水的性质来描述地热水已经是一种近似。

传统上，发电厂工程计算所需的热力学性质是由蒸汽表提供的，因为认识到 P 和 T 性质的变化不能用简单的公式来表示（它们的需求比计算器或计算机早，而不是计算尺）。那些蒸汽表专注于过热蒸汽。协作组织使用同一组属性非常重要；否则，蒸汽涡轮机制造商可能会在订立合同时，会提供以特定速度和条件供应蒸汽情况下输出功率的汽轮机，购买者可能会疑惑为什么他的测量结果不是这样。存在不同组的蒸汽表，参数值有一些显著差异。

水和蒸汽性质国际协会（IAPWS）（2012）会不时更新这些属性，它们的出版物可以免费使用。地热工作的需求不同于一般的蒸汽发电工程，因为它主要关注闪蒸和冷凝过程，即关注饱和特性而很少关注过热特性。笔者和 Sadiq Zarrouk 博士为奥克兰大学地热研究所制订了一份有用的属性分布图。表3.2 显示了列标题和输入单位。整个表格分为两部分，第一部分是有规律间隔递增的压力，第二部分是第一列对应的温度。

表3.2　用于地热工程的蒸汽表格设计

P	T	h_f	h_{fg}	h_g	s_f	s_{fg}	s_g	ρ_f	ρ_g	C_{pf}	C_{pg}	λ_f	λ_g	μ_f	μ_g
Bars abs	℃	kJ/kg		kJ/（kg·K）			kg/m³		kJ/（kg·K）		W/（m·K）		kg/ms		

在比焓列中，给出所有三个值：饱和液体的比焓、饱和液体和饱和蒸汽的比焓差、饱和蒸汽的比焓。这同样适用于特定的熵。这些有助于计算干度。密度、比热、导热率和黏度都包括在内，尽管通常不需要它们。

两相混合物可以根据其干度分数 X 定义，X 是蒸汽混合物的质量比例，水的比例是（$1-X$）。混合物的具体性质，体积 V、内能 U、焓 h 和熵 s 通过加入适当比例饱和蒸汽和水的值而得到，因此，对于比焓而言：

$$h = (1 - X)h_f + Xh_g \tag{3.17}$$

对上式重新整理后变为：

$$h = h_f + X(h_g - h_f) = h_f + Xh_{fg} \tag{3.18}$$

这就是表中包括 h_{fg} 的原因。

混合物的平均密度必须通过遵循以上针对比容的附加规则来得到：

$$V = (1 - X)V_f + XV_g \tag{3.19}$$

然后得到作为混合物比容倒数的平均密度。在这个表达式中，比容可以用表格中密度的倒数来代替。与蒸汽相比，水的比容量通常可以忽略不计，所以式（3.19）中的一项有时可以忽略不计，这取决于具体情况。

关于实际数据，1967 年的工业用途标准被 1997 年的工业用标准（IAPWS-IF97）取代，尽管地热应用上的差异可以忽略不计。完整的标准将压力—温度空间划分为多个区域，每个区域都有自己的一组方程，从中可以计算出其特性，这些分区如图 3.6 所示。

对于较简单的数值处理可接受较低精度的计算，IAPWS（1992）产生了一组方程式，描述沿着饱和线的主要性质值，如图 3.6 中的区域④所示。IAPWS 的这些方程可在所有国家无限制出版，详见本书附录 A。

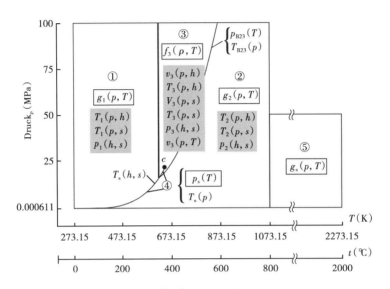

图 3.6 压力—温度区域（据 Wagner 和 Kretzschmar，2008）

将水的 IF97 性质进行了分区

水的压缩系数定义为：

$$c = \frac{1}{\rho}\left(\frac{\partial \rho}{\partial P}\right)_T \tag{3.20}$$

并且需要计算地层中的瞬时压力变化。蒸汽的可压缩性不是一个问题，因为蒸汽的性质可以用 $P/\rho = RT$ 得到可接受的精度，将导数代入式（3.20）中。水压缩率值可以根据 IAPWS-IF97 中给出比容表达式，按图 3.6 中的区域①来计算，但温度高达 100℃ 和压力达到绝对压力 1000bar 时，更简单的工作方法是使用 Fine 和 Millero（1973）方程，详见本书附录 B。Rogers 和 Mayhew（1967）也给出了一个显示水压缩性的数据表。

3.5 静水压力和沸点与深度关系曲线

如果不知道静水压力的重要性和广为人知的"深度和沸点关系曲线"，就在已知的地热区域开始钻井并不明智。其结果可能是无法控制的高温水或蒸汽一同流出。

假设水的密度为 $1000kg/m^3$，可以大致估算静水压力（静水压力实际是指由任何类型流体的静液柱产生的压力的统称）。高 10m、截面积 $1m^2$ 的水柱质量为 $10^4 kg$，重力为 $10^4 g$ 或 $9.8 \times 10^4 N \cdot m/s^2$（牛顿）。因此，施加在 $1m^2$ 横截面上的压力将是 0.981bar，$1bar = 10^5 N/m^2$，或大约相当于一个大气压。特别是在地热地区，温度随深度而增加，并且由于水的密度随温度而变化，因此描述深度 $\mathrm{d}z$ 增量上的压力增加量更有用处：

$$\mathrm{d}P = g \cdot \rho(P, T) \cdot \mathrm{d}z \qquad (3.21)$$

从而可以通过积分计算任意深度的压力：

$$P_z - P_0 = g \int_0^z \rho(P, T) \cdot \mathrm{d}z \qquad (3.22)$$

式中，P_0 为地表处的大气压力，地表处 $z=0$。

密度随压力和温度的变化可作为 IAPWS 方程的一部分而得到，因此可针对任何给定的温度分布，计算静水压力随深度的变化。可以使用辛普森规则或类似方法来进行积分，为此需要将方程重新整理为：

$$\mathrm{d}z = f(P, T) \cdot \mathrm{d}P = \frac{1}{g\rho(P, T)} \cdot \mathrm{d}P \qquad (3.23)$$

作为 z 的函数的 P_s 表在附录 C 中给出，使用 1967 年 IFC 工业用标准计算。

两种特殊的垂直压力分布是有意义的，一种情况是，井完全是冷的，为地面温度；另一种情况是，温度随深度变化使得水总是处于饱和压力。它们在图 3.7 中显示为位置较低的两条线，使用右边的坐标轴。这两条线的上部是直的，对应于等温条件，对于所有深度具有恒定的密度；选择 25℃ 的温度，其密度为 997kg/m³。较低的线是处于饱和压力下的液柱，密度随着深度增加而减小，因为温度在增加，并且随着深度的增加，压力逐渐下降到等温情形以下。因为流体是无处不在的液体，如果水位在地表，任何测量的垂直压力分布应该位于这些极限压力之间。

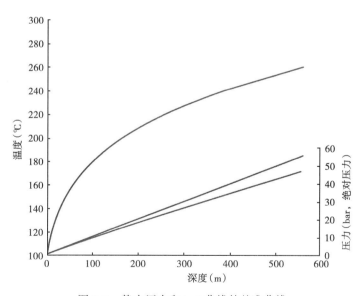

图 3.7　静水压力和 bpd 曲线的基准曲线

在计算了每个深度饱和条件下的压力分布后，可以从附录 C 或给出的 P_s 与 T_s 方程式中找到匹配的温度分布，结果绘制在图中，使用左边的坐标轴。这是深度—沸点曲线（bpd 曲线）。曲线开始时陡峭，并且梯度随着朝向临界点的深度而减小。在解释井下温度和压力测量数据时，通常将测量结果绘制在如图 3.7 所示的图上，该图已将这些分布绘制为基准曲线。

这里讨论的问题是平衡状态下流体柱的形式。在大气中，即可压缩流体，稳定分布具有与高度对应的恒定的比熵，但对它的物理推理涉及空气能够自由混合以达到这种状态。在稳定的大气中，空气在各标高上具有相同的比熵，并且压力随着其上下移动而发生等熵变化。在完全用套管完井的井中，深度的数量级比直径大，流体循环受到限制——开放式热虹吸管的研究清楚地表明了这一点。用等温冷水充满，平衡压力分布为图 3.7 所示的线性分布。在寻求平衡分布的过程中，井在饱和条件下各处都充满了水，这样 P 和 T 就是严格定义的饱和对，但它是否处于均衡状态？在这些条件下，式（3.23）变成：

$$dz = f(P_s) \cdot dP = \frac{1}{g\rho(P_s)} \cdot dp \tag{3.24}$$

该式的积分不涉及温度，并且 bpd 的温度分布是单独建立的。由于任何与地层接触的流体交换都会产生影响，因此井必须下套管。尽管这个想法很简洁，但是 bpd 作为平衡条件在物理上并不现实，这可以通过检查热传导看出来。温度分布导致传导热通量上升：

$$\dot{q}(z) = \lambda(P_s, T_s) \frac{dT}{dz} \tag{3.25}$$

在饱和条件下的热导率 λ 是温度缓慢变化的函数，并且使用由 IAPWS（1998）给出的性质数据，可以计算随 z 变化的热通量。它与 bpd 曲线一起显示在图 3.8 中。

热通量从大约 400m 及以下深度向地面增加，深度越大，热通量逐渐增加。对于代表平衡状态的 bpd 分布，热通量必须与 z 一致。这与 Turner（1973）所作的一般性陈述一致，即假定式（3.21）中的溶液中不存在热量或物质的扩散，物质扩散是温度使密度发生变化的手段。

尽管有这些反对意见，但一些测量结果表现出与 bpd 曲线相匹配的温度分布。原因可能是井中的流体是两相的，但只是干度几乎为零。蒸汽会与从溶液中释放出来的气体一起出现，作为少量上升的气泡，因为量非常少，以至于流体柱中的液体部分是保持连续的，从而静水压力与完全没有任何气泡时是一样的，与 bpd 曲线的条件完全相同。对于这种情况，气泡必须量很少，以便可忽略在水柱上产生的拖曳力——向上升高会降低静水压力梯度。如果气泡占据的体积增加，液柱将变得更窄，弯曲变形并且最终不连续，它将受到向上提升的作用，并且静水压分布会不同。这将会出现一系列可能性，其中一个可能性是只有一小部分将符合 bpd 曲线。在这一小部分内，具有 bpd 的温度分布的流体柱中的热通量总是向上且大于图 3.8 中所示的值。

与稳态井测量值相比较，bpd 曲线仍然是比较重要的数据。

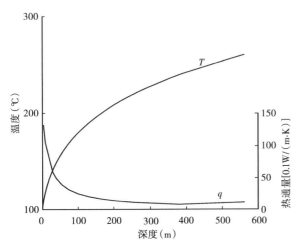

图 3.8　沸点与深度关系及相对热通量分布曲线

参 考 文 献

Dugdale JS (1966) Entropy and low temperature physics. Hutchinson University Library, London.

Fermi E (1956) Thermodynamics. Dover (copyright 1936).

Fine RA, Millero FJ (1973) Compressibility of water as a function of pressure and temperature. J Chem Phys 59:10.

IAPWS (International Association for the properties of Water and Steam) (1998) Revised release on the IAPWS Formulation 1985 for the thermal conductivity of ordinary water substance. London, England.

IAPWS (International Association for the Properties of Water and Steam) (1992) Revised supplementary release on saturation properties of ordinary water substance. St. Petersburg, Russia (http://www.iapws.org).

Perrot P (1998) A to Z of thermodynamics. Oxford University Press, Oxford.

Pippard AB (1961) The elements of classical thermodynamics. Cambridge University Press, Cambridge.

Rogers GFC, Mayhew YR (1967) Engineering thermodynamics, work and heat transfer. Longmann, London.

Spielberg N, Anderson BD (1987) Seven ideas that shook the Universe. Wiley, New York.

Turner JS (1973) Buoyancy effects in fluids. Cambridge University Press, Cambridge.

Wagner W, Kretzschmar H−J (2008) International Steam Tables−properties of water and steam based on the industrial formulation IAPWS−IF97. Springer, Heidelberg.

4 控制热量和单相流体流动的方程及特定应用的简化

本章首先解释了流体流动的基本控制方程，它们分别是质量、动量和热量的连续性表达式。为了适应各种特定情况，将会对其进行各种简化，如圆形管道中的流动。介绍了紊流和方程的无量纲形式，它们对于实验设计和按照符合设备设计人员要求的方式对结果进行编目来说是必要的。简要介绍了自然对流和热传导。对达西定律基础理论进行了讨论，并将控制方程精简为适合于地热资源渗透层中流动分析的形式。

4.1 介绍

对热和流体的流动的研究有时候被称为热流体学。在地热工程中，对热和流体在管道、分离器和发电站设备中的流动都要进行分析，同时也包括其在可渗透岩石微观孔道中的流动。对于新手来说，可能会遇到一些困难——方程式针对特定应用以不同单位出现，并且针对特定科学/工程分支，用不同的变量写成。所有的流体和热流动控制方程是相关的——毕竟，没有太多的基本出发点，只有牛顿运动定律、热力学的两个定律，以及质量、动量和能量不会简单消失的连续性物理思想。不是单纯为了简洁起见，而是为了便于理解，如果以几何术语方式呈现方程式，而不是采用速记的矢量表示法，则方程式含义最丰富。

直观地了解流体流动可能比热流更容易，因为可以很容易地对水进行观察和实验，而热量是不可见的。可能正因为这个原因，在对热力学或热流进行研究之前，已经对流体流动进行了研究。Dryden 等（1956）认为 Mariotte（1620—1684）首先对流体摩擦进行了研究，Guglielmini（1655—1710）则提出了冰川中部比边缘移动更快的假设，因为冰是一种"类似蜂蜜"的黏性流体。

对流动中任意空间点进行分析，则需要五个变量对流动进行定义，即三个速度分量、压力和温度，它们的变化将在三维空间和时间中进行描述。这些变量出现在一组方程中，而这些公式由三组基本方程组成，即质量、动量和能量连续性方程；如果需要确定五个变量，则需要五个方程式。

质量的连续性方程式最容易处理。考虑一个由矩形框架组成的控制体（图 4.1）情形。控制体积用矩形笛卡尔坐标描述，边长分别为 δx、δy 和 δz。简单地说，质量守恒原理即通过任何表面进入控制体的物质，无论是再次离开，还是储存在控制体内，这个命题都可以用一个等式表示。

第二和第三个命题分别是动量守恒和能量守恒。能量守恒是一种能量平衡，即进入控制体内的能量，要么留在控制体内，要么离开控制体。它比质量守恒方程更为复杂，因为能量可以与机械功互相交换，正如式（3.1）热力学第一定律所认识的那样，计算会稍微复杂

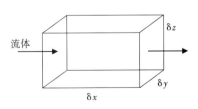

图 4.1 空间上固定的控制体积

一些。热量可以通过热传导进入或者离开控制体，或者热量被流动的流体带走（热对流），或者在流体内部产生热量。真实的流体是黏性的，在流体的流动过程中会产生应力而导致摩擦生热，功转换成热量。压力的变化导致压缩或膨胀，并进一步把功转换成热量。结果就是能量方程比质量连续性方程有更多的项。

动量守恒是应用的三个定律中最复杂的一个，因为动量在概念上更加难于理解。动量具有方向和大小，所以存在三个单独的动量方程，而不是一个，三个运动方向中的每一个都有一个方程。动量转换的物理思想可以通过设想运动流体流过静止流体来加以说明；黏度会使运动流体拖动其他流体，从而减慢自身的速度——换句话说，它的一些动量传递给静止液体部分，从而使其开始流动，这时动量已经实现转移。在两部分流体之间存在剪切应力，通常，运动的流体至少在一个方向上呈现剪切应力梯度和速度梯度；动量沿着剪切应力梯度传递。

这些方程中至少有一些涉及流体性质——通过热传导进行能量交换涉及热传导率，质量流速跟密度有关，动量和能量变化跟黏度有关。状态方程与压力、温度和密度有关，所以可以说，热流体的整个系统中可以通过六个方程，而不是五个方程来描述。但是，这仍然留下一些运动性质需要提供，这些性质控制热和动量转换速度，分别为 λ 和 μ，通常它们是温度的函数，因此，这里采用的方法是使用五个方程，并通过与压力 P 和温度 T 的关系提供流体的性质（符号 k 通常为热传导率，但本书中将它保留用于渗透率）。对于一些地热工程师面临的问题，可以假定流体具有恒定的密度，这大大简化了方程式，并且可以针对特定的问题进行进一步简化；事实上，因为方程中有太多的项，必须对它们进行简化，不把它们简单地剥离出来，不可能对这些方程进行处理。在利用计算机进行数值求解之前，如果不进行彻底的简化，几乎不可能对方程组进行求解。

有两个坐标系对热力学工程来说非常有用，即矩形笛卡尔几何坐标（x、y 和 z）和二维径向对称几何坐标（r 和 z）。例如，用于描述关于轴线对称的管道中的流动，它不涉及任何角度变化。平板裂缝中的流动可以减少至二维。这里所说的流体仅指牛顿流体，即剪切应力 τ 与速度梯度呈线性关系，通常作为黏度 μ 的定义，因此：

$$\tau = \mu \frac{\partial u}{\partial x} \tag{4.1}$$

严格地说，这是动力黏度——另一种形式的黏度被称为运动黏度，将在后面进行介绍。言及"黏度"均指的是 μ，其他形式的黏度都采用其全名。

这里没有试图正式推导所有的方程，因为重点是为了理解它们。

4.2 流体流动和传热控制方程

4.2.1 连续性方程

所谓的连续性方程是基于这样一种观点，即进入控制体内的质量流量等于离开控制体的流量减去停在控制体内的质量流量。如果有流体停留在里面，则密度会相应发生变化。如果流体的密度为 ρ，u、v 和 w 分别为 x、y 和 z 方向上的速度分量，则在 δt 时间内进入控制体积内的流量可以在每个面上求和。

沿 x 方向进入控制体内（图 4.1）的质量流量为：

$$\rho u \cdot \delta y \cdot \delta z \cdot \delta t \tag{4.2}$$

在 x 方向上离开控制体积的质量流量必须考虑 ρu 随 x 的变化，因此沿 x 方向离开的质量流量为：

$$\left(\rho u + \frac{\partial (\rho u)}{\partial x} \delta x \right) \delta y \delta z \delta t \tag{4.3}$$

在 x 方向上，流入量减去流出量即为存储在控制体积内的质量变化，两者差值为：

$$\rho u \cdot \delta y \delta z \delta t - \left(\left(\rho u + \frac{\partial (\rho u)}{\partial x} \delta x \right) \delta y \delta z \delta t = - \frac{\partial (\rho u)}{\partial x} \cdot \delta x \delta y \delta z \delta t \tag{4.4}$$

在时间间隔为 δt 内，三个方向贡献之和得出储存在控制体积内流体的质量差：

$$- \left(\frac{\partial (\rho u)}{\partial x} + \frac{\partial (\rho v)}{\partial y} + \frac{\partial (\rho w)}{\partial z} \right) \delta x \delta y \delta z \delta t$$

现在，控制体积内最初的质量为密度乘体积，$\rho \delta x \delta y \delta z$，因此一定时间间隔内的质量增量为：

$$\frac{\partial \rho}{\partial t} \cdot \delta x \delta y \delta z \delta t$$

它们两者相等，于是得到：

$$\frac{\partial \rho}{\partial t} \cdot \delta x \delta y \delta z \delta t = - \left(\frac{\partial (\rho u)}{\partial x} + \frac{\partial (\rho v)}{\partial y} + \frac{\partial (\rho w)}{\partial z} \right) \delta x \delta y \delta z \delta t \tag{4.5}$$

或

$$\frac{\partial \rho}{\partial t} + \left(\frac{\partial (\rho u)}{\partial x} + \frac{\partial (\rho v)}{\partial y} + \frac{\partial (\rho w)}{\partial z} \right) = 0 \tag{4.6}$$

可以直观看出，如果流动是稳定的（密度和速度不随时间发生变化），且流体的密度不变，则方程可以简化为：

$$\frac{\partial u}{\partial x} + \frac{\partial v}{\partial y} + \frac{\partial w}{\partial z} = 0 \tag{4.7}$$

这是典型的简化，它能帮助求解最后方程组，地热工程在自然对流和不稳定压力测试两个方面与变化的流体密度有关，因此，密度随时间的变化仍不能放弃不管。

4.2.2　动量守恒方程

动量守恒原理来自牛顿第二运动定律，即作用在流体单元任何方向上的净作用力等于该单元上的动量变化率。动量和力为矢量，具有大小和方向，所以有三个方程，每个方向上一个方程。这些力为重力和压力，它们垂直作用于流体单元的每个面上；以及由于流体黏度引起的剪切应力。重力只出现在一个方向上，在地热工程分析中通常为 z 方向，但如果存在与流体单元质量有关的离心力或其他力（指体积力），则可能出现在其他方程中。假设流体为黏度不变的可压缩牛顿流体，则三个动量方程的形式如下：

$$\rho \frac{\mathrm{D}u}{\mathrm{D}t} = -\frac{\partial P}{\partial x} + \frac{\mu}{3} \frac{\partial}{\partial x}\left(\frac{\partial u}{\partial x} + \frac{\partial v}{\partial y} + \frac{\partial w}{\partial z}\right) + \mu \boldsymbol{\nabla}^2 u \qquad (4.8)$$

$$\rho \frac{\mathrm{D}v}{\mathrm{D}t} = -\frac{\partial P}{\partial y} + \frac{\mu}{3} \frac{\partial}{\partial y}\left(\frac{\partial u}{\partial x} + \frac{\partial v}{\partial y} + \frac{\partial w}{\partial z}\right) + \mu \boldsymbol{\nabla}^2 v \qquad (4.9)$$

$$\rho \frac{\mathrm{D}w}{\mathrm{D}t} = \rho g - \frac{\partial P}{\partial z} + \frac{\mu}{3} \frac{\partial}{\partial z}\left(\frac{\partial u}{\partial x} + \frac{\partial v}{\partial y} + \frac{\partial w}{\partial z}\right) + \mu \boldsymbol{\nabla}^2 w \qquad (4.10)$$

其中,

$$\boldsymbol{\nabla}^2 = \frac{\partial^2}{\partial x^2} + \frac{\partial^2}{\partial y^2} + \frac{\partial^2}{\partial z^2}$$

对于不可压缩流体的这些方程首先由 Navier 于 1822 年提出,后来由 Stokes、Dryden 等 (1956) 将其扩展到可压缩流体。并称之为 Naiver—Stokes 方程。方程式按单位体积写就。右边项为在推导方程时要考虑的流体单元上的所有净作用力,每个方程的左边项代表流体单元上的动量变化率。在解决特定问题时,在被流体占据的整个空间中,运动流体单元在 x 方向上的速度分量总体上随 x、y、z 和 t 变化,并且,总的变化 du 可以用其每个方向和时间分量项来表示:

$$\mathrm{d}u = \frac{\partial u}{\partial x} \cdot \delta x + \frac{\partial u}{\partial y} \cdot \delta y + \frac{\partial u}{\partial z} \cdot \delta z + \frac{\partial u}{\partial t} \cdot \delta t \qquad (4.11)$$

它可以重新整理为:

$$\frac{\mathrm{d}u}{\delta t} = \frac{\mathrm{D}u}{\mathrm{D}t} = u\frac{\partial u}{\partial x} + v\frac{\partial u}{\partial y} + w\frac{\partial u}{\partial z} + \frac{\partial u}{\partial t} \qquad (4.12)$$

这里,引入了大写字母 D 这一传统用法,它被称为全导数。

ρ 被放在全导数外面看似表明假定流体的密度为常数,但实际上并非如此,密度单独出现仅仅因为推导中遵循的是给定质量单元流体的运动。

考虑 z 方向,图 4.2 显示了作用在流体单元上的压力和重力;与 z 有关的相同代数增长模式是显而易见的,并且,如果只有这两个力作用在单元上,则方程为:

$$\rho \frac{\mathrm{D}w}{\mathrm{D}t} = \rho g - \frac{\partial P}{\partial z} \qquad (4.13)$$

并且,它有两个伴随方程式:

$$\rho \frac{\mathrm{D}u}{\mathrm{D}t} = -\frac{\partial P}{\partial x} \qquad (4.14)$$

$$\rho \frac{\mathrm{D}v}{\mathrm{D}t} = -\frac{\partial P}{\partial y} \qquad (4.15)$$

这一组方程可以由 Naiver—Stokes 方程式 (4.8) 至式 (4.10) 在假定 $\mu = 0$ 的条件下推导出来,它

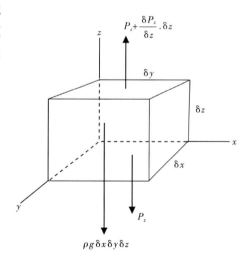

图 4.2　显示 z 方向压力变化和
重力作用的控制体积

们被称为 Euler 方程。尽管真实流体有黏度并且表现出剪切应力，但是在构建 Euler 方程时，忽略了这两个特点，其应用于空气动力学中。经过诸如飞机机翼或发电站冷却塔之类物体的气流流速不取决于流体的黏度，除非跟物体的表面非常接近，并且，如果跟物体的尺寸比较起来只是非常均匀的一个薄层，这时，Euler 方程可以用来求取这一薄层之外流体的速度。这一层实际上是存在的，即边界层，如图 4.3 所示。

将 Dw/Dt 设为零，式（4.13）的稳态形式已经在第三章中用来计算静水压力梯度［见式（3.21）］，这里把它直观引入。

如图 4.4 所示，黏度的引入产生了很多项，这里，剪切应力仅在两对表面上进行了标注。

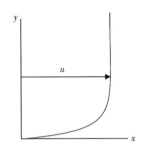

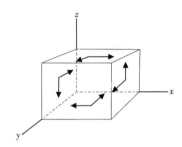

图 4.3　在固体表面附近的大梯度
薄层具有边界层的流动

图 4.4　显示控制体积两侧的剪切应力
（为清晰起见，仅显示 xy 和 zy 平面）

被跟踪流体单元的每一个面受两个与黏度成正比的剪切应力作用，以及一个由压力引起的正应力。对弹性固体应力分析方程的推导采用的是完全通用的方法，正应力为 σ，如果它是将物体单元向外拉，则符号为正；目前使用这一术语是有益处的。每个方向上都有一个单独的正应力，这意味着有九个应力分量，即六个剪切应力和三个正应力。并且该单元在三个方向中的每一个方向上有两个面，因为两个面均围绕该方向。应力见表 4.1。

如果在该点对方程重组，则它们为：

$$\rho \frac{Du}{Dt} = \frac{\partial \sigma_x}{\partial x} + \frac{\partial \tau_{yx}}{\partial y} + \frac{\partial \tau_{zx}}{\partial z} \tag{4.16}$$

$$\rho \frac{Dv}{Dt} = \frac{\partial \tau_{xy}}{\partial x} + \frac{\partial \sigma_y}{\partial y} + \frac{\partial \tau_{zy}}{\partial z} \tag{4.17}$$

$$\rho \frac{Dw}{Dt} = \rho g + \frac{\partial \tau_{xz}}{\partial x} + \frac{\partial \tau_{yz}}{\partial y} + \frac{\partial \sigma_z}{\partial z} \tag{4.18}$$

表 4.1　某一点应力分量列表

方向	X 平面	Y 平面	Z 平面
x	σ	τ_{yx}	τ_{zx}
y	τ_{xy}	σ	τ_{zy}
z	τ_{xz}	τ_{yz}	σ

这组方程中的应力分量使流体单元发生了变形，即被挤压和扭曲。如果材料是固体，则把这种变形称为应变，但根据定义，流体不能承受正应力，而是发生流动，固体材料发生的应变等效于流体的应变率。应变率与速度梯度有关。例如，在图 4.5 中，施加在菱形流体单元上的速度梯度 $\partial u / \partial y$ 将会发生图示中的变形。

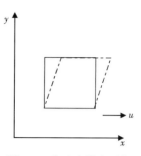

图 4.5　由速度梯度引起的流体变形

如果接下来进行分析，结果表明，应变分量的正交速率为：

$$\epsilon_x = 2\,\frac{\partial u}{\partial x}, \quad \epsilon_y = 2\,\frac{\partial v}{\partial y}\quad, \quad \epsilon_z = 2\,\frac{\partial w}{\partial z} \tag{4.19}$$

而应变分量的剪切速率为：

$$\gamma_{xy} = \left(\frac{\partial v}{\partial x} + \frac{\partial u}{\partial y}\right), \quad \gamma_{yz} = \left(\frac{\partial w}{\partial y} + \frac{\partial v}{\partial z}\right), \quad \gamma_{xz} = \left(\frac{\partial w}{\partial x} + \frac{\partial u}{\partial z}\right) \tag{4.20}$$

剪切应力与应变率相关的物理定律不是式（4.1），而是：

$$\tau_{xy} = \tau_{yx} = \mu\gamma_{xy}, \quad \tau_{yz} = \tau_{xz} = \mu\gamma_{yz}, \quad \tau_{zx} = \tau_{xz} = \mu\gamma_{zx} \tag{4.21}$$

对于一维流动，它可以简化为式（4.1）；因此，它被用来当作黏度简化的定义。

没有必要遵循 Naiver—Stokes 方程完整的发展过程——如果有必要，可以在 Lamb（1906）和其他书籍中找到；目前，它可以简化为式（4.8）至式（4.10），以适应正在研究的问题。

4.2.3　能量连续性方程

对这个方程的研究方法与之前两个不同，因为当它随流体流动时，将追踪与控制体形状相同的流体单元。方程的基本形式只能是热力学第一定律方程式（3.1），因为它是能量守恒的基本论述。由于热传导或从其他任何内部产生的热能（例如放射性同位素的衰变），或因为流体是黏性的，并且流体单元受到力的作用而产生的摩擦热量，追踪的流体单元都会接收到热量。式（3.1）重新整理后，能量连续性方程式可以写成如下形式供比较：

$$dU = -dQ + dW \tag{4.22}$$

$$\rho\,\frac{DU}{Dt} = \left(\frac{\partial\left(\frac{\lambda\,\partial T}{\partial x}\right)}{\partial x} + \frac{\partial\left(\frac{\lambda\,\partial T}{\partial y}\right)}{\partial y} + \frac{\partial\left(\frac{\lambda\,\partial T}{\partial z}\right)}{\partial z}\right) + \dot{H} + \mu\emptyset + d\dot{W} \tag{4.23}$$

式中，λ 为热传导率，W/（m·K）。

能量守恒方程是一个"速率"方程，而热力学第一定律方程不是。虽然没有"轴向做功"（机器输出或输入的功），但是，在流体单元上通过正应力和剪切应力做功。式（4.23）的左边项是流体单元热容量净变化，它是右边热源和做功造成的；它的单位是 kJ/m³，因为它与控制体积一样，必须考虑被追踪的流体单元呈现的表面面积——用通量定义能量流，即单位面积的流量而不是单位质量流量。通过比较这两个方程，可以提醒大家热力学中流体能做功和吸收热量，而这些能量的贡献均为正值。

在处理动量方程时，首先根据应力产生动量平衡；然后，作为一个单独的阶段，引入了流体的运动性质，把应力转换为速度梯度。这种情况下，选择牛顿流体，但原则上可以考虑非牛顿流体。从开始推导能量方程，热平衡中考虑的是热通量项，然后引入了流体传输性质——这种情况下，牛顿热传导定义为：

$$\dot{q} = \lambda\frac{\partial T}{\partial x} \tag{4.24}$$

其结果就是式（4.23）右手边的第一项。图 4.1 中所示的进入单元体中净热流为进入和离开热量两者之间的差值，后者用连续性方程的通用形式定义：

$$净通量 = \lambda\frac{\partial T}{\partial x}\delta y\delta z - \left[\lambda\frac{\partial T}{\partial x} + \frac{\partial\left(\lambda\frac{\partial T}{\partial x}\right)}{\partial x}\delta x\right]\cdot\delta y\delta z$$

$$= \frac{\partial\left(\lambda\frac{\partial T}{\partial x}\right)}{\partial x}\delta x\delta y\delta z \tag{4.25}$$

将所有的差值加到一起得到式（4.23）中所示的完整项，它采用的也是单位体积。

发热项 $\dot{H}$ 仅是单位体积产生的热量。$\mu\phi$ 为流体摩擦产生热的速率项，因此，μ 和 ϕ 的出现是由于剪切应力引起的速度梯度项的集合，式（4.23）中一部分做功项被称为耗散函数。在大多数流体力学问题中，ϕ 是可以忽略的；但是，耗散作用在高速流动中是重要的热源。由于暴露于高速飞机流动的主要表面面向流动方向，即 x 方向，表面上的流动采用近表面具有高速梯度的边界层形式，如图 4.3 所示，该项的形式为：

$$\mu\left(\frac{\partial u}{\partial x}\right)^2$$

最后，$\mathrm{d}\dot{W}$ 项中的一部分为流体单元表面上正应力所做的功，正应力即为压力。

回顾 3.2.2 中的内容，比焓定义为 $h = U + PV$。式（4.23）用比内能这一基本参数项来表示，但是，如果仅因为物理性质通常以温度 T 的函数提供，则能量方程通常需要采用 T 作为独立变量的形式。U 可以写成 $C_v T$，这里 C_v 是定容条件下的比热，但是在恒定压力条件下的比热，C_p 更容易获取，比焓为 $C_p T$。利用 h 的定义和微分，得：

$$\frac{\mathrm{D}h}{\mathrm{D}t} = \frac{\mathrm{D}U}{\mathrm{D}t} + \frac{1}{\rho}\frac{\mathrm{D}P}{\mathrm{D}t} - \frac{P}{\rho^2}\frac{\mathrm{D}\rho}{\mathrm{D}t} \tag{4.26}$$

它提供了足够的信息用比焓项而不是比内能项来重写能量方程，但是它需要将右手边最后两项纳入方程中，或者提供忽略它们的理由。用 U 和 h 的全导数与比熵 s 这些项表示的正确形式的能量方程已成为已发表文献中技术讨论的主题。除了检验正在研究的特定问题的条件之外，没有其他替代方法，Bird 等（2007）提供了一个好的开端。机械工程流体力学和热传递中最常见的形式是，对于不可压缩流体，$C_p = C_v$，λ 和 μ 为常数，且不存在内部生热和耗散作用，因此：

$$\rho C_p\frac{\mathrm{D}T}{\mathrm{D}t} = \lambda\left(\frac{\partial^2 T}{\partial x^2} + \frac{\partial^2 T}{\partial y^2} + \frac{\partial^2 T}{\partial z^2}\right) \tag{4.27}$$

4.2.4　伯努利方程

伯努利方程是一个机械能量连续性方程，因此，它将包含在上面的能量方程中；但是，它本质上是一维等温流动方程，因此，通过简化动量方程最容易得到该方程。伯努利方程为：

$$\frac{P_2}{\rho} + \frac{u_2^2}{2} + gz_2 = \frac{P_1}{\rho} + \frac{u_1^2}{2} + gz_1 \tag{4.28}$$

从中可以看出，它描述了沿着稳定流体流动的路径，在由下标为 1 和 2 表示的两个位置处，三个能量项之间的关系（图 4.6）。

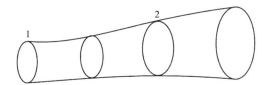

图 4.6　总能量保持恒定的流管模型

流动路径被称为流管，因为流体沿着变径管道向任意方向流动如同沿着它流动一样。流体不会穿过非固体封闭的"管壁"，因此不会有剪切应力。只有在这个意义上讲，方程是一维的，但是势能项包括垂向 z 轴，所以方程必须采用坐标系统。如果流管是一口垂直井，井中是稳定的等温流动，因为没有侧向流动，因此式（4.13）至式（4.15）可以简化为：

$$\rho w \frac{dw}{dz} = \rho \left[\frac{d}{dz}\left(\frac{w^2}{2}\right) \right] = \rho g - \frac{dP}{dz} \tag{4.29}$$

对井的两个面之间的部分进行积分，

$$\int_1^2 \frac{d}{dz}\left(\frac{w^2}{2}\right) \cdot dz = \int_1^2 g \cdot dz - \frac{1}{\rho}\int_1^2 \frac{dP}{dz} \cdot dz \tag{4.30}$$

结果为上面的式（4.28）——伯努利方程，它看起来跟稳态流动能量方程［式（3.6）］相似，实际上它应该这样——它是相同的，有比内能项、没有功和热供给项，只有构成比焓两项中的一项，PV 写成 P/ρ。伯努利是一个机械能量连续性方程。

4.3　管道和工程设备中的流动

聚焦于管道流动是引入无量纲变量最便利的方式，它对于帮助实验规划、整理参数测量结果和数学求解非常有用。根据难度进行排序，顺序依次为单相层流、单相紊流、两相流动；层流方程可以通过解析方法求解（原则上），对于求解紊流方程并取得进展则需要经验关系式，而求解两相流动方程，则需要更多的方法。

单相、性质不变的流体以低流速均匀流过光滑管道；这样的流动被称为层流（来自拉丁文 *lamina*，意思是薄层或均匀层状）。如果流速逐渐增加，则它自身变得紊乱——紊流可能由外部干扰触发，但是它是由于流体中黏度引起的剪切应力造成并维持的。在层流中，流体流经管径不变的光滑管道时，流体颗粒将沿着光滑、可预测的路径流动；但在紊流时，流体流经不规则的、变化的路径，虽然总的流量恒定——紊流将在后面讨论。对层流控制方程求解不需要任何的经验公式，但是对于紊流，不采用经验信息，则无法求解。

4.3.1 管内稳定层流方程

具有恒定黏度和热传导率的不可压缩流体，在管道中的稳定层流可以用下面四个方程充分描述，质量连续性方程和能量连续性方程各一个，以及两个动量方程：

$$\frac{\partial u}{\partial x} + \frac{1}{r}\frac{\partial}{\partial r}(rv) = 0 \tag{4.31}$$

$$u\frac{\partial u}{\partial x} + v\frac{\partial u}{\partial r} = -\frac{1}{\rho}\frac{\partial P}{\partial x} + \frac{\mu}{\rho}\left(\frac{\partial^2 u}{\partial x^2} + \frac{1}{r}\frac{\partial}{\partial r}\left(r\frac{\partial u}{\partial r}\right)\right) \tag{4.32}$$

$$u\frac{\partial v}{\partial x} + v\frac{\partial v}{\partial r} = -\frac{1}{\rho}\frac{\partial P}{\partial r} + \frac{\mu}{\rho}\left(\frac{\partial^2 v}{\partial x^2} + \frac{1}{r}\frac{\partial}{\partial r}\left(r\frac{\partial v}{\partial r}\right)\right) \tag{4.33}$$

$$u\frac{\partial T}{\partial x} + v\frac{\partial T}{\partial r} = \frac{\lambda}{\rho C_p}\left(\frac{\partial^2 T}{\partial x^2} + \frac{1}{r}\frac{\partial}{\partial r}\left(r\frac{\partial T}{\partial r}\right)\right) \tag{4.34}$$

流体中不存在内部热源，并且忽略耗散作用。因为不存在由角度描述的圆周变化，因此只有两个动量方程；流动是关于管道轴线对称的。这些方程中管轴位于 x 方向——管道是水平的，以避免引入重力项。

只考虑到流动模式的发展，在进入管道后，流速分布不断发生变化，最终会在下游一定距离处得到充分发展，这个距离通常被称为入口长度，如图 4.7 所示。尽管进入的质量流速是恒定的，当它流向下游的时候，描述单个流体单元的参数随着时间发生变化，但是在管道上的任何指定点，参数是稳定的。图 4.7 显示了入口下游两个位置处的剪切应力和轴向速度随半径的变化，位于左侧。下游的分布（右手边）是流动充分发展后的情形；那些离入口最近的地方只是部分形成——仍然存在流体中心，它不受管壁黏滞拖曳力作用。正如热量沿着温度梯度传递一样，认为动量可以在管流中沿着剪切应力梯度径向传递。与充分形成的速度梯度相匹配，剪切应力的分布与半径呈线性关系，而在流动中心没有剪切应力。

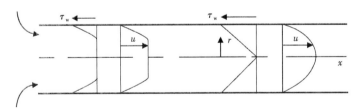

图 4.7　进入管道后不久并形成充分的流动后，层流中的轴向速度和剪切应力分布

为了得到这个区域的速度分布，必须对上面的四个方程进行求解。为了得到温度和温度梯度（热通量），必须规定管壁的边界条件。在很多关于传热的工程教科书中可以找到它们的解，例如 Kays（1966），但是他们对这些没有直接的兴趣，只是表明在给定简单、充分的流动条件下，这些方程组实际上是可以求解的。然而，作为动量传递的一个例子，流动的发展和剪切应力的分布非常重要。

当流动充分发展后，轴向压力梯度将保持不变，并且与管壁处的剪切应力有关；这个关系可以从一段长为 dx 管道的简单力平衡中得到，如图 4.8 所示。

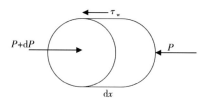

图 4.8　在充分形成的管流中，压力梯度与管壁剪切应力的简单力平衡

半径为 a、长度为 dx 的管道上的压差为 dP，则：

$$2\pi a \cdot \mathrm{d}x \cdot \tau_\mathrm{w} = \pi a^2 \cdot \mathrm{d}P，\text{或者 } \tau_\mathrm{w} = \frac{a}{2}\frac{\mathrm{d}P}{\mathrm{d}x} \tag{4.35}$$

式（4.1）中剪切应力的定义允许压力梯度与管壁处的速度梯度相关：

$$\tau_\mathrm{w} = \mu\left(\frac{\partial u}{\partial r}\right)_{r=a} \tag{4.36}$$

它形成了求解动量方程的边界条件。事实上，在流动充分形成的条件下，径向速度 v 为零，流动不随时间和 x 方向上的距离发生变化，所以，这时只有一个动量方程：

$$0 = -\frac{1}{\rho}\frac{\partial P}{\partial x} + \mu\left[\frac{1}{r}\frac{\partial}{\partial r}\left(r\frac{\partial u}{\partial r}\right)\right] \tag{4.37}$$

可以利用上面的边界条件加上管道轴向上的对称性来进行积分：

$$\text{在 } r = 0 \text{ 时，} \frac{\mathrm{d}u}{\mathrm{d}r} = 0 \tag{4.38}$$

得到速度分布如下：

$$u = \frac{a^2}{4\mu}\left(-\frac{\mathrm{d}P}{\mathrm{d}x}\right)\left[1 - \left(\frac{r}{a}\right)^2\right] \tag{4.39}$$

这个解是 Poiseuille 在 1838 年得到的，据说这是达西定律形成的基础，将在后面对它进行讨论。平板之间的流动可以采用类似的求解方法，它代表岩石裂缝中的层流。

4.3.2　紊流

1883 年，Osborne Reynolds 通过向流经玻璃管的水中引入一股染料，证明随着流速的增加，流动从层流变为紊流。紊流中的流体运动会在局部发生随机变化，因此相邻的流体单元能传递动量和热量不仅是黏度和热传导的结果，还由于流动快速的流体单元运动到流动较慢的流体单元处，以及热流体单元流入到一个较冷的流动区域。如果要求解控制方程组来得到速度和温度梯度，则黏度和热导率应该是紊流中的有效值，而不是简单的流体性质值。这是用于解决紊流管道流动问题的方法，并且已经提出了用于动量和热量的紊流扩散率的各种经验数学表达式。紊流的特征必须通过实验找到，这需要将焦点从求解方程转移到如何规划实验和对结果进行分类。

当属性组 $Re = \rho \bar{u} d / \mu$ 的值为 2100 时，将发生从层流到紊流的过渡；这个组被称之为雷诺数，它的起源将在下一节中得到最好的论述，其中的控制方程将转换为无因次形式。

考虑流体泵送时沿管道的轴向压力梯度；因为它决定了泵的功耗，所以这是工程师要考虑的一个重要参数。如果测量了一定直径的管道压力梯度，那么在管道直径加倍时，压力梯度是多少？如果使用了一定范围内的流体特性、管道直径和质量流量，那么关于使用一组简单参数按比例放大测量的规则是什么？将控制方程式转换为无量纲形式可以显示出如何选择实验参数。这是找到按比例缩放规则的必要步骤——它揭示了对实验结果进行分类的参数，但实际的规则可以从实验测量中找到。

4.3.3 控制方程无量纲化揭示控制参数

一条光滑管道中具有恒定 λ 和 μ 的不可压缩流体的稳定流动，其控制方程为式（4.31）至式（4.34）。通过改写空间变量，它们可写成适合任何管道大小的形式。如果管道的半径为 a，则任何半径 r 都可以写成 r/a，但是通常都使用直径 d，因此比率用下标 D 表示（意即无量纲）：

$$r_D = r/d \tag{4.40}$$

同样，沿着管线的长度 x 可以表示为直径的数值，因此：

$$x_D = \frac{x}{d} \tag{4.41}$$

它们称作无量纲变量。可根据管道直径测量建立剪切应力分布的入口长度，换句话说，即 x_D；其在紊流管道流动时的值通常为直径的 20 倍。谈到速度，将所有速度与管道中的平均速度进行比较，得到无量纲速度显得更加直观合理，如下：

$$u_D = \frac{u}{\bar{u}} \ , \quad v_D = \frac{v}{\bar{u}} \tag{4.42}$$

使其他变量无量纲化的最好方法可以在仅用 x 和 r 进行转换后检查方程式看出，因此，可以从式（4.32）开始，并在引入 r_D 和 x_D 得到（在重新整理后）：

$$u_D \frac{\partial u_D}{\partial x_D} + v_D \frac{\partial u_D}{\partial r_D} = -\frac{1}{\rho \bar{u}^2} \left(\frac{\partial P}{\partial x_D} \right) + \frac{\mu}{\rho \bar{u} d} \left[\frac{\partial^2 u_D}{\partial x^2} + \frac{1}{r_D} \frac{\partial}{\partial r_D} \left(r_D \frac{\partial v_D}{\partial r_D} \right) \right] \tag{4.43}$$

雷诺数 $\rho \bar{u} d / \mu$ 是显而易见的。$\rho \bar{u}^2$ 项与动能项近似，并具有压力的量纲。可以选择它对压力进行无量纲化：

$$P_D = \frac{P}{\rho \bar{u}^2} \tag{4.44}$$

可以将它引入到式（4.42）中，在右边简单地留下第一项 $\left(\frac{\partial P_D}{\partial x_D} \right)$。

式（4.34）为一能量方程，T 为几个项中一个的幂，并且可以针对任何恒定温度或温度差将其无因次化——后者更通常使用，将其写作 ΔT_{ref}（参考温度差）以便使用无量纲温度 T_D 代替 $T/\Delta T_{ref}$。引入它和已经定义的替代，最后一组方程变为：

$$\frac{\partial u_D}{\partial x_D} + \frac{1}{r_D}\frac{\partial}{\partial r_D}(r_D v_D) = 0 \tag{4.45}$$

$$u_D\frac{\partial u_D}{\partial x_D} + v_D\frac{\partial u_D}{\partial r_D} = -\left(\frac{\partial P_D}{\partial x_D}\right) + \frac{1}{Re}\left[\frac{\partial^2 u_D}{\partial x_D^2} + \frac{1}{r_D}\frac{\partial}{\partial r_D}\left(r_D\frac{\partial u_D}{\partial r_D}\right)\right] \tag{4.46}$$

$$u_D\frac{\partial v_D}{\partial x_D} + v_D\frac{\partial v_D}{\partial r_D} = -\left(\frac{\partial P_D}{\partial r_D}\right) + \frac{1}{Re}\left[\frac{\partial^2 v_D}{\partial x_D^2} + \frac{1}{r_D}\frac{\partial}{\partial r_D}\left(r_D\frac{\partial v_D}{\partial r_D}\right)\right] \tag{4.47}$$

$$u_D\frac{\partial T_D}{\partial x_D} + v_D\frac{\partial T_D}{\partial r_D} = \frac{1}{Re\cdot Pr}\left[\frac{\partial^2 T_D}{\partial x_D^2} + \frac{1}{r_D}\frac{\partial}{\partial r_D}\left(r_D\frac{\partial T_D}{\partial r_D}\right)\right] \tag{4.48}$$

需要对 $1/(Re\cdot Pr)$ 项进行一些解释。式（4.34）中的组 $\lambda/\rho C_p$ 用来处理温度二阶导数的右边项（热扩散项），在替换之后，该组变为 $1/(Re\cdot Pr)$。普朗特数是热扩散率 κ 和运动黏度 ν 的比值：

$$Pr = \frac{\nu}{\kappa} \tag{4.49}$$

其中，

$$\nu = \frac{\mu}{\rho} \quad , \quad \kappa = \frac{\lambda}{\rho C_p}$$

水的普朗特数在 2~11 之间，它与温度有关，稠油普朗特数则为数千。

上述方程组中的所有变量都是无量纲的，这意味着在看这些方程时，管道的实际尺寸、流速和流体特性是不可见的。该组可代表实验室中的毛细管或地热蒸汽管。对于一组给定的边界条件，例如，对于管壁温度是固定的所有的 x，对于大范围的雷诺数和普朗特数，可以获得求解的编目（原则上至少如此），方程解就是速度和温度在管道中的分布，平均温度上升的轴向速率和轴向压力梯度。对于任何给定的管道和流体，可以计算流动的雷诺数和普朗特数，并从编目中选择合适的解。然后可以计算输送所需热量需要的泵送功率和管道长度。

无量纲组是从控制方程中推导出来的，因为它提供了最清晰的出处证据。然而，出现了许多方程中未知的问题，在这种情况下，使用 Buckingham 的 Pi 理论以获得控制组的量纲分析可解决这个问题，在许多工程流体力学和传热学文献中可以找到其解释。Shemenda（1994）提供了很好的解释和应用这种方法来规划一个研究构造板块俯冲实验室进行实验的例子。

4.3.4 实验结果在设计中的应用

管道设计人员需要知道用多少泵送功率才能通过给定尺寸的管道来产生所需的流量。如果管道系统是热交换器的一部分，那么，产生一个从管壁到流体所需要的热通量要求达到的管道和流体之间的温差，以及将流体温度提高到一定值所需要的管线长度将会是问题。这些信息包含在两个新的无量纲参数中，其并未出现在控制方程的处理中，它们是摩擦系数和努塞尔数（Nusselt number）。

在管壁（或任何其他暴露于流体的壁）处的剪应力以式（4.36）较早地引入，它适用于层流和湍流两种情况，因为发现随机湍流运动在极限邻近管壁的情况下迅速衰减。在某些情况下，可以通过测量速度梯度来得到管壁处的剪切应力，但更常见的情况是，使用力平衡，从管道中的轴向压力梯度测量中推导出，类似于式（4.35），但基于管道直径而不是半径：

$$\tau_w \cdot \pi d = \frac{\pi d^2}{4} \cdot \frac{\mathrm{d}P}{\mathrm{d}x} \tag{4.50}$$

考虑到剪切应力与流动的动能成正比，可以定义一个名为摩擦系数的新参数：

$$f = \frac{\tau_w}{\frac{1}{2}\rho \bar{u}^2} \tag{4.51}$$

给定一个 f 值，设计人员可以计算管壁上的剪切应力，$\bar{u}$ 可以从质量流量和管道直径中计算得到。因此可以计算压力梯度，并且对于压降为 ΔP 的给定管道长度的管道：

$$泵送功率 = \frac{\dot{m}\Delta P}{\rho} \tag{4.52}$$

摩擦系数已通过实验测量，并绘制成等温流动的雷诺数的函数。管道必须根据其管壁的光滑度进行分类。不幸的是，过去缺乏国际合作导致有两种不同定义的摩擦系数。在本书中使用的是范宁（Fanning）摩擦系数，它在欧洲和大多数美国学者普遍使用；另一个是 Darcy-Weisbach 或 Moody 摩擦系数，它恰好是范宁摩擦系数的四倍，并在美国一些行业中使用，毫无疑问，也在其他领域用到它。符号和名称有时会在没有定义的情况下使用，这是工程设计中的错误来源。

范宁摩擦系数与雷诺数在光滑管道中的等温流动相关性如下，而湍流相关性基于实验。

层流（理论解）：

$$f = 16/Re \tag{4.53}$$

紊流：

$$f = 0.079Re^{-0.25}\ (5000 < Re < 30000) \tag{4.54}$$

$$f = 0.046Re^{-0.2}\ (30000 < Re < 1000000) \tag{4.55}$$

并非所有感兴趣的管道都是圆形管道，例如，井中的割缝衬管名义上的圆孔形成圆形射孔管壁。等效直径概念是一种古老的方法，用于将用圆形管道产生的摩擦系数 f（为雷诺数 Re 的函数）转换成非圆形管道的摩擦系数。等效直径定义为：

$$d_e = \frac{4A}{P_{wet}} \tag{4.56}$$

式中，A 为横截面积，P_{wet} 为管道周长（"润湿"周长），它使流动产生剪切应力。对于圆形管道，等效直径就是实际直径。这种方法适用于许多管道，包括环形，除非横截面形状使流量过度失真；它不适用于如图 4.9 所示截面的管道。

如果热量通过管壁传递到流体中，那么在流体中存在温度分布，并且在壁处存在温度梯度，正如存在剪切应力梯度一样。流体刚好在管壁处静止，所以热传导是传热的唯一途径。

44

原则上可以通过测量温度的径向分布和确定管壁上温度梯度的斜率来得到管壁上的热通量 $\dot{q}_w$，根据定义，

$$\dot{q}_w = \lambda \left(\frac{dT}{dr} \right)_w \qquad (4.57)$$

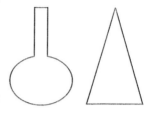

图 4.9　等效直径概念
不适用的形状

相反，通常通过测量所讨论的管道长度上的平均温度升高来得出传热率。在均匀的热通量分布和平均入口温度为 T_0 的情况下，距离入口下游 L 处的平均流体温度必须由热平衡给出：

$$\dot{m}C_p(\bar{T} - T_0) = \dot{q}_w P_w L \qquad (4.58)$$

式中，C_p 为流体比热，$\dot{m}$ 为质量流量。假定热通量与温度差成比例，其具有称为传热系数的比例常数 $\hbar$：

$$\dot{q}_w = \hbar(T_w - \bar{T}) \qquad (4.59)$$

式中，T_w 为管壁温度，$\bar{T}$ 为流动的平均温度。如果在距离 L 处测量管壁温度，则可通过式（4.58）和式（4.59）得到传热系数［牛顿（1642—1725）提出了式（4.59），有时也称为牛顿冷却定律］。由于假设的局限性，常常需要考虑传热系数为 $\hbar(T)$。

传热系数是设计中使用的参数，但它是一个实验确定的系数，所以必须以某种方式对它进行编目。这是通过将其与如果流体不流动并且仅通过传导方式传递热量时由相同温差产生的热通量相比较而实现的。该比率是努塞尔数 Nu，管道流动定义为：

$$Nu = \frac{\hbar d}{\lambda} \qquad (4.60)$$

将会注意到线性维度选择中的某种随意性。没有与温差相关的独立线性维度，因此采用管道直径。Re 会出现同样的问题，检查任何无量纲参数的定义至关重要。Nusselt 数作为关系式给出，正如式（4.48）预期那样，具有如下形式：

$$Nu = f(Re, PR) \qquad (4.61)$$

4.4　自然对流

本节的目的是用来说明自然对流为上述章节的一个分支，并进一步说明将方程无量纲化的方法，作为识别控制无量纲组的一种手段。单相流体中的自然对流，与可渗透介质相反，在地热工程中几乎不起作用，因为没有流体体积不受强制流动的影响。有两个很小的例外，自然通风冷却塔（其中只有一个在新西兰的地热发电站），以及提出在封闭的井中可发生自然循环。

自然对流发生在地幔的非牛顿流体中，毗邻俯冲地壳的岩浆和靠近地热资源的固体地壳的可渗透介质中，在此之前没有因为井排液或冷却水注入而导致的任何流体运动。在地幔和岩浆中，由于几何形状是球形和地球旋转这一事实而变得复杂，引入了科里奥利力。Bird 等（2007）提出了可以分析这个难题的合理起点的控制方程。一些地幔和岩浆含有来自放射性同位素衰变的内部热源，以及可能随温度变化而产生化学相变引起的热源。

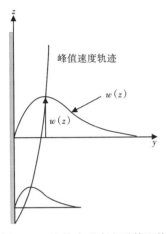

图 4.10 流体中垂直扁平等温热平板上速度分布的发展显示

自然对流最好引入二维直角坐标、半无限的流体开放体中。考虑在无限大范围的流体中保持均匀温度的垂直平板周围的流动，最初温度为 T_∞（图 4.10）。

该平板初始与浸入其中的流体的温度相同；流体是静止的，水平压力梯度为零，并且垂直压力梯度是流体静压。在时间 $t = 0$ 时，平板的温度在各处都变成 T_w，并且热量从它传导到流体中，流体的密度随着温度而降低。在加热的流体中，靠近平板的流体静力学压力分布不同于远离平板的流体静力学压力分布，并且加热的流体升高。垂直压力梯度随着远离平板的距离而连续变化，直至变成初始流体静力学梯度的未加热流体的垂直压力梯度。升温的流体据说由于向上的浮力作用而上升，但是该说法意味着其余的流体不会发挥作用，事实上，任何已经升温的流体单元，由于其位置处的垂直压力梯度和未加热静止流体中的静水压梯度差，将会发生耦合。在建立这种类型的实验时，需要一个非常大的容器，因为该平板必须处于有效的半无限空间。这将在稍后再讨论，因为整个地热资源上升羽流中的垂直压力梯度可以通过井测量来估算。

围绕垂直 z 轴的轴对称径向几何结构更适用于垂直管的内部对流和深热源以上的热力资源羽流。控制方程是具有恒定黏度和热导率的流体的连续性方程、Navier—Stokes 方程和能量方程，但必须允许密度随温度变化，因为它是流体运动的原因。通常的近似值是由 Boussinesq 方程（1903）提出，并且涉及密度是恒定的这一假设，在允许根据膨胀系数 β（℃$^{-1}$）随温度变化的引力项除外。在这个假设下，z 方向（垂直）动量方程变为［参见式（4.32）或式（4.33）］：

$$\frac{\partial w}{\partial t} + w\frac{\partial w}{\partial z} + v\frac{\partial w}{\partial r} = g\beta(T - T_0) - \frac{1}{\rho}\frac{\partial P}{\partial z} + \frac{\mu}{\rho}\left[\frac{\partial^2 w}{\partial z^2} + \frac{1}{r}\frac{\partial}{\partial r}\left(r\frac{\partial w}{\partial r}\right)\right] \qquad (4.62)$$

这个方程是连续性动量和能量的完整组合之一，但它在这里被孤立地用来说明自然对流方程是无量纲的。与强制流动不同，没有如式（4.42）中的参考速度。相反，通过将参考速度指定为 v_{ref}，然后对它采用最适合的形式，可以使速度变为无量纲；从而，

$$w_D = \frac{w}{v_{ref}} \quad , \quad v_D = \frac{v}{v_{ref}} \qquad (4.63)$$

进行这些替换并将无量纲方程式简化为最简单形式，发现剩余的无量纲参数将形成一个代表浮力项的组。这个组被称为 Grashof 数（Gr）：

$$Gr = \frac{g\beta(T - T_\infty)L^3}{\nu^2} \qquad (4.64)$$

一旦包含能量方程，就会发现控制浮力项的组是 $Gr \cdot Pr$，它被命名为瑞利数（*Rayleigh number*）。瑞利数表示自然对流驱动力的大小，并用于多孔介质和流体流动中。它出现在努塞尔数的关系式中，从中可以计算出传热率。

4.5 固相中的热传导

热传导在固体和流体中均能发生，但是在固体中，它形成了一类适合数学求解的传热研究，如果在很多情况下采用更难的方法，可参见 Carslaw 和 Jaeger（1946，2000）。在诸如热交换器的工程系统中，与对流相比，在流体内通过传导的热传递具有非常小的意义，但其对固体温度（例如管道法兰和结构部件）的影响可能非常重要。岩石的导热系数很小，因此含有衰变放射性同位素的大质量块的中心温度可达到高温，这是增强型地热系统技术的吸引力。因为没有运动，只需要单独的能量方程就能够进行求解，并且从式（4.27）简化为：

$$\frac{\partial T}{\partial t} = \kappa \boldsymbol{\nabla}^2 T + \frac{\dot{H}}{\rho C_p} \tag{4.65}$$

式中，对于轴对称径向坐标，$\boldsymbol{\nabla}^2 = \frac{\partial^2}{\partial z^2} + \frac{1}{r}\frac{\partial}{\partial r}\left(r\frac{\partial}{\partial r}\right)$；对于矩形笛卡尔坐标，$\boldsymbol{\nabla}^2 = \frac{\partial^2}{\partial x^2} + \frac{\partial^2}{\partial y^2} + \frac{\partial^2}{\partial z^2}$。

如果式（4.65）是无量纲的，将出现两组，一组用于热源，另一组称为傅里叶数。这里热源组的值较小，所以假设它是零，并且方程式简化为一维线性，例如，描述沿着金属棒或通过平板或厚板的热传导。然后，式（4.65）简化为，

$$\frac{\partial T}{\partial t} = \kappa \frac{\partial^2 T}{\partial x^2} \tag{4.66}$$

选择特征时间、长度和温度（或温差）作为参考值，分别为 t_{ref}、x_{ref} 和 ΔT_{ref}，并引入无量纲变量：

$$x_{\text{D}} = \frac{x}{L}, \quad t_{\text{D}} = \frac{t}{t_{\text{ref}}}, \quad T_{\text{D}} = \frac{T}{\Delta T_{\text{ref}}}$$

方程变为：

$$\frac{\partial T_{\text{D}}}{\partial t_{\text{D}}} = \left(\frac{\kappa t_{\text{ref}}}{x_{\text{ref}}^2}\right)\frac{\partial^2 T_{\text{D}}}{\partial x_{\text{D}}^2} \tag{4.67}$$

其中无量纲特征参数组被称为傅里叶数。组 $x_{\text{ref}}^2/\kappa(s)$ 是一个特征时间，可以引入该公式以使其得到最简单的形式。当热流体突然与导热材料接触时，例如，进入低温井套管或管道的蒸汽，有时对于知道管壁在整个厚度上达到蒸汽温度需要多长时间是有帮助的。Carslaw 和 Jaeger（2000）提供了解决方案，但只是一个数量级估计，可以使用刚才提到的特征时间。对于钢管，$\kappa = 15 \times 10^{-6} \text{m}^2/\text{s}$，因此 10mm 的壁厚响应时间约为 7s。当热通量传导到材料中时，需要一些热量来局部升高材料的温度，因为只有在温度足够高、能建立必要的梯度条件下，热才能向更远处进一步传导。因此，热的渗透速率不仅取决于热导率，还取决于比热和密度，即取决于热扩散率。

中间有一个孔的一个无限大的固体等温圆盘，其周边升高到一个高温或有一个施加的热通量，它的解与可渗透地层中流动的确定解相类似，将在第 9 章中介绍。热传导问题是有限

差分方法首先要解决的问题，并形成对书中后述内容的简单介绍，将在第 13 章中进行与油藏模拟有关的讨论。

内部发热的一个已充分证明的问题是它具有内部均匀发热和温度为 T_0 的等温外表面的长圆柱体，因为这种布置类似于核反应堆的燃料棒（实际上，核燃料棒具有不均匀的径向和轴向热量产生率，但该解决方案仍然用于首次评估中）。放热化学反应产生的内部热量在铺设混凝土时很重要，因为凝结反应是放热的，而对于大坝，必须估算达到的中心温度，以确定一次倒入的液体水泥体积，因为温度升高会降低最终产品的强度。忽略轴向传导，式（4.65）的稳态形式可简化为：

$$0 = \frac{\kappa}{r} \frac{\partial}{\partial r}\left(r \frac{\partial T}{\partial r}\right) + \frac{\dot{H}}{\rho C_p} \qquad (4.68)$$

并且关于 $r = 0$ 对称，且外表面温度保持为零，积分得到抛物线温度分布，其中心到表面之间温度差为：

$$\Delta T = \frac{\dot{H}a^2}{4\lambda} \qquad (4.69)$$

Carslaw 和 Jaeger（2000）为厚板和球体的中心温度提供了求解方案，这些求解方案都由速度为 $\dot{H}$ 的内部热量产生，初始温度为零及表面温度始终保持为零。厚板的厚度为 $2L$，球体半径为 a。给出了瞬态求解方案，得到平板和球体的中心到表面温差分别达到稳定状态：

$$\Delta T = \frac{\dot{H}L^2}{2\lambda}, \quad \Delta T = \frac{\dot{H}a^2}{6\lambda} \qquad (4.70)$$

对于球体情况，在时间 $0.4a^2/\kappa$ 之后，95% 平衡温差已经确立，厚板的平衡温差确立时间约为 $2L^2/\kappa$。对于岩石来说，$\kappa = 1.2 \times 10^{-6} \mathrm{m}^2/\mathrm{s}$ 是一个合理的有代表性的值，所以对于 1km 和 10km 的线性尺寸，其响应时间的数量级分布为 25000 年和 250 万年。

最后，请注意所有的中心到表面平衡温度分布都是相同的代数形式，所以这个导热温差可以用作类似问题的参考温度。

4.6 渗透（多孔）介质中的流动

地球科学家，地下水，岩土和地热工程师通常所处理的材料，即岩石，一般比纯固体材料具有多孔性，但这并不意味着它们是可渗透的。然而，关于渗透性材料中的流动文献已被称为"多孔介质中的流动"。这里提到的任何多孔材料也都假定是可渗透的。

4.6.1 达西定律

多孔且有渗透性材料的范围非常广，但它们的共同点是，具有小规模流动通道，且有一定程度的随机性。上面得到的方程，对于具有明确定义的流动路径，并具有规则边界和整齐的、易于规定的边界条件，应用起来很容易；但与多孔介质，则相距甚远。

Bear 和 Cheng（2010）提到，达西（1856）在考虑不可压缩黏性流体的稳定层流流经毛细管，得到 Navier—Stokes 方程和连续性方程的解并在引入到其定律之前，Poiseuille（1838）较早对它进行过研究。其解为式（4.39），稍微重新整理，变成：

$$u = -\frac{a^2}{4\mu}\left[1 - \left(\frac{r}{a}\right)^2\right]\left(\frac{\mathrm{d}P}{\mathrm{d}x}\right) \qquad (4.71)$$

面对通过渗透性多孔介质而不是 Poiseuille 的毛细管随机流动通道问题，建议达西公式写成：

$$q_\mathrm{v} = -\frac{k}{\mu}\left(\frac{\mathrm{d}P}{\mathrm{d}x}\right) \qquad (4.72)$$

式中，k 为渗透率，是实验得出的性质，它代表介质通道毛细管几何形状的等效值。这一看起来简单的实验定律已经广泛应用于地下水、石油和天然气通过天然介质的流动，以及通过人造的多孔材料其他流体流动的研究中。

4.6.2　减少连续性和动量方程组变为单一方程

在笛卡儿坐标系中，控制通过可渗透材料流动的方程预计会减少式（4.6）和式（4.8）至式（4.10），但达西定律本身就是式（4.8）至式（4.10）的解。将达西定律与连续性方程相结合，得到了一个控制渗透性多孔介质流动的方程。正式方法从连续性方程开始，使用图 4.11，推导与式（4.6）类似。

可用于存储流体的单元体积是 $\phi\delta y\delta x\delta z$，即孔体积，因为 ϕ 是孔隙度。$\delta y\delta z$ 平面在进入和离开控制体积时唯一可用于流动的面积是相连通孔隙的面积，但通过定义整个体积通量 q_v [m³/(s·m²) 或 m/s] 来获得整个面积 $\delta y\delta z$ 上的全景，它就是一个简单的不同形式的速度 u（m/s），就好像流体从整个横截面积流过一样。进入流通孔隙的流体的实际速度远大于此。因此，在时间 δt 内进入和离开控制体积的质量流量可表示为：

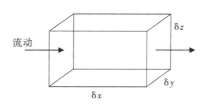

图 4.11　用于推导渗透介质流动的连续性方程的控制体积

$$\text{Mass entering} = (\rho q_\mathrm{v})\,\mathrm{d}y\mathrm{d}z \qquad (4.73)$$

$$\text{Mass leaving} = \left[\rho q_\mathrm{v} + \left(\frac{\partial(\rho q_\mathrm{v})}{\partial x}\right)\cdot\delta x\right]\delta y\delta z\delta t \qquad (4.74)$$

可用于存储流体的体积是孔体积，存储在该体积中的质量必须等于进入和离开控制体积两者之间的差值：

$$\phi\cdot\delta\rho = -\frac{\partial(\rho q_\mathrm{v})}{\partial x}\delta t \qquad (4.75)$$

或

$$\phi\left(\frac{\partial\rho}{\partial t}\right) = -\frac{\partial(\rho q_\mathrm{v})}{\partial x} \qquad (4.76)$$

得到完整的方程式：

$$\phi \frac{\partial \rho}{\partial t} + \left(\frac{\partial (\rho q_{vx})}{\partial x} + \frac{\partial (\rho q_{vy})}{\partial y} + \frac{\partial (\rho q_{vz})}{\partial z} \right) = 0 \qquad (4.77)$$

它与式（4.6）相同，只是引入孔隙度。

不用推导等同于式（4.8）至式（4.10）的动量方程，达西定律可以与连续性方程（4.77）合并，得到：

$$\phi \mu \frac{\partial \rho}{\partial t} = \frac{\partial}{\partial x} \left(k\rho \frac{\partial P}{\partial x} \right) + \frac{\partial}{\partial y} \left(k\rho \frac{\partial P}{\partial y} \right) + \frac{\partial}{\partial z} \left(k\rho \frac{\partial P}{\partial z} \right) \qquad (4.78)$$

如果动力黏度是恒定的。根据分析问题的具体类型，该等式可以进行进一步简化。

4.6.3　流体不可压缩的情形

对于常数 k 和 ρ，式（4.78）简化为：

$$\nabla^2 P = 0 \qquad (4.79)$$

它被称为拉普拉斯 Laplace 方程并且有许多应用（例如热传导、空气动力学）。在不可压缩流体中不会有压力变化，即密度恒定不变。

4.6.4　流体具有较小恒定压缩系数 c 的情形

目的是简化式（4.78），压缩系数定义为：

$$c = \frac{1}{\rho} \left(\frac{\partial \rho}{\partial P} \right)_T \qquad (4.80)$$

从中可以看出，如果压缩性很小，那么也就是 $(\partial \rho / \partial P)_T$ 也很小，因此 $\rho c \approx$ 常数。式（4.78）的左边可以通过对它进行如下注释加以改进：

$$\frac{\partial \rho}{\partial t} = \frac{\partial \rho}{\partial P} \cdot \frac{\partial P}{\partial t} = \rho c \frac{\partial P}{\partial t} \qquad (4.81)$$

只采用式（4.78）右边的第一项，为了简单起见，代入并假设 k 是常数，得到：

$$\phi \mu c \rho \frac{\partial P}{\partial t} = k \frac{\partial}{\partial x} \left(\rho \frac{\partial P}{\partial x} \right) \qquad (4.82)$$

由于它几乎是常数，把 ρc 放到右边括号，而 c 和 k 已经定义为常数，最后的方程为：

$$\frac{\partial P}{\partial t} = \left(\frac{k}{\phi \mu c} \right) \nabla^2 P \qquad (4.83)$$

这是傅里叶方程，在径向几何形状中，它是地层性质测量的基础。第9章中描述了各种求解方法，但是与此同时，当它应用于被排放井穿透的均匀厚度且无限大的水平渗透地层的情况时，其结果显示任何时间的径向压力分布随着向井的方向移动，陡峭度增加、压力降低，如图4.12所示。井眼打开的圆柱形区域称为砂面，井周围的压力下降通常被称为"压降漏斗"，这两个术语都来自地下水文学。对于一个给定的地层，压降漏斗是时间和流量的函数，压力下降随半径变化，压降逐渐向外扩展且呈非线性变化。

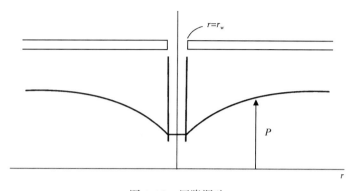

图 4.12　压降漏斗

热流井生产之后，井筒周围的压力分布

参 考 文 献

Bear J, Cheng AH-D (2010) Theory and applications of transport in porous media, vol 23. Springer, Heidelberg.

Bird RB, Stewart WE, Lightfoot EN (2007) Transport phenomena. Wiley, New York.

Carslaw HS, Jaeger JC (2000) Conduction of heat in solids. Oxford Science, Oxford, originally1946.

Dryden HL, Murnaghan FP, Bateman H (1956) Hydrodynamics. Dover, Kent.

Kays WM (1966) Convective heat and mass transfer. McGraw-Hill, New York.

Lamb H (1906) Hydrodynamics. Cambridge (Dover, 1945).

Shemenda AI (1994) Subduction: insights from physical modeling. Kluwer Academic Publishers, Dordrecht.

5 地热钻井和井身设计

本章从描述地热井的建井开始。钻井过程、采用的设备都处于不断发展之中，陈述的技术也是选来说明问题而不是最新的实践。关于井身设计一节从应力分析和破坏原理的基础开始，然后陈述了套管选择和钻井设计中应该避免的特殊破坏模式。对井口设备也进行了描述。本章中的单位是混合的，有些单位是 SI 制，而另外一些为英制，因为钻井所需的材料是以英制单位制造的。

5.1 介绍

地热井的设计和施工必须具有工程意义——它们不仅仅是地下的孔眼，而是由一定长度的钢管组成，被称为套管，用水泥固井到地面，顶部有阀门控制。它们的作用是，以随时可以对井排量进行控制的方式，将地下资源连通到地面，井的设计遵循严格的规范。钻井一旦开始，在短时间内就会产生高昂的成本，并要求严格的管理和经验丰富的钻井队伍。一旦出现问题，通常需要现场做出艰难的决定。虽然井身设计、钻井设备和在钻井和完井过程中应遵循的程序都完全基于工程原理，但这种做法几乎是一门艺术而不是一门科学。钻井过程中遇到的地层物质和条件具有相当高的不确定性，钻井部件往往处于高应力状态，整个钻井活动都是"大重量负荷"——如果没有认真负责和经验丰富的经理（钻井监督），则可能发生重大的事故。

高温地热井的深度从几百米到4000m 不等，温度超过 350℃的主要案例是日本 Kakkonda 地热井。石油行业钻井深度可能更大，所有类型中，最大钻井深度为 12000m。由于地层温度对钻探设备的强度有影响，地热井的主要限制因素是地层温度。井眼均是钻在由地质学家设计的非常具体的目标上，无论是断层、地层还是侵入体或岩体，并且通常不是直线和垂直的，而是弯曲的。钻井过程中，有可能在几何上垂直地钻至几米内，但有时井眼人为地偏移数百米以钻遇从上面不能直接钻到的目标。钻井是一项费用高昂的活动，为达到相同的目标深度，斜井比垂直井更昂贵，所以最终选择的井眼轨迹是几个因素优化的结果，其中包括管道线路、输送到分离器的位置和排出流体的处理或在有注入井的情况下，分离出来的水的输送。

给电站供热的热流井，其套管内部直径通常为 $9\frac{5}{8}$ in（0.244m），但即使它的直径为20in，如现代的一些井所具有的那么大尺寸，它对于 500m 深的井眼来说，这种结构仍是非常纤细的。这会影响其作为流体流动通道的性能和施工期间的保护。细长的管子很容易弯曲，像桥梁一样，井在施工过程中最容易发生破坏。钻井过程遵循详细的计划并在准备好的地点进行施工；它是环境影响的源头，如果事先解释清楚建井和实际钻井过程，有助于更好地理解对施工现场的要求。

5.2 井身结构

图 5.1 是深度为 2000m 的地热生产井设计图。

上部 800m 由三组同心的套管组成，当所有组成它们的单根长度为 10m 套管拧在一起时，称为套管柱，即：

（1）内径为 20in、长度为 90m 的套管，固结在 26in、92m 深的井眼中，被称为表层套管。

（2）内径为 13⅜in、长度为 250m 的套管，固结在 17½in、252m 深的井眼中。被称为锚定（中间）套管，因为在井建成以后，井口阀门将安装在它上面。

（3）内径为 9⅝in、长度为 800m 的套管，固结在 12¼in、802m 深的井眼中。被称为生产套管，因为生产的流体通过它流至地面。

生产套管将井壁与钻遇的地层封隔起来，防止产出流体和浅层地下水的交叉污染。有时候首先下入一段长度为 30m 的被称为导管的套管，因为地面上层的无支撑井眼会在达到 90m 深度之前发生塌陷。在某些情况下，可能需要将更多的套管下至 2000m 深度，例如，在锚定套管和生产套管之间的中间套管；这取决于垂直温度分布，将在后面阐述。

井的下部是直径为 8½in 的井眼，下入直径为 7⅝in 钢管，该钢管上有大量沿轴向方向的矩形割缝；它与套管不同，允许流体从射孔的地层轻松地流入井中并且流到井口。虽然没有在图表上标明，但割缝衬管要么立在井眼的底部，以便它突入到生产套管以下几米处；要么通过特殊的配件连接到生产套管的底部并悬挂在其上，刚好到井眼的底部上方为止。图中规定了所有套管每英寸的质量，这些套管由标准的每根 10m 长的管拧紧在一起。例如，割缝衬管的重量为 26.4lb/ft，总重量为 104t。这是重要的信息，因为必须使用具有此能力的起重设备才能将其放置到位。如果在下入之后，它悬挂在生产套管上，则将产生一个生产套管必须能够承受的拉力。这些都是井身设计过程的方方面面，包括套管的数量和每个套管对应的深度。

这些套管固井到地面，并且在它们通过的已经固井的套管的地方，环空中充填了水泥。当井眼钻到第一级（最浅的）套管长度的地方，套管在井眼中按 10m 的长度逐渐下入。位于井中最底部的那根套管将首先安装一个保护套管底部边缘的"套管鞋"和一个"单向阀"。将它下入井中，在拧紧并连接下一根的时候夹住它，然后把它们一起下入并夹住，不断重复该过程直到组装并下入所需要的长度，并悬挂在井眼中。将稍大于由套管的外表面和周围井眼形成的环形体积的水泥体积量泵入套管中，并在其后插入橡胶活塞。把水泵入活塞后面的套管中，向下驱动它，使得水泥向上流动以填充环形空间，最终在表面溢出。一旦看到溢流，则认为环空已经充满了水泥，允许设定凝固时间。水泥凝固后，将一个法兰焊接在套管的顶部，相应的钻井井口装置，以及一系列防喷器和阀门将在后面陈述。这个套管和所有后续的套管的顶部比它最终高度要高几米，以便将钻井液输送到较高高度；在它用水泥固井之后和通过更小直径固井套管进行钻井时，则可以将它截断到在地表以上的最终高度。为

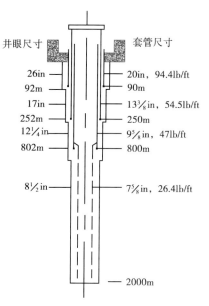

图 5.1 地热井井身结构示例

53

了恢复这一过程，在第一级套管下到位后将重新开始钻井，将井眼延伸到表面以下 252m 处，井眼直径为 17½in。橡胶活塞，单相阀和任何残留在套管内的水泥将被钻出。

最后固结的套管位于地平面以上几米处，以便提升返回的钻井液高度，这样钻井液可以流向筛网和冷却器。在新西兰，地热井口安装在混凝土地下室中，这些地下室能控制钻井过程中的钻井液溢出物，并使工作井口维护更容易，尽管这不是一个通用程序。最后，井的套管在地下室地面水平终止，随着施工进行，额外长度的钻井井口将被截断。锚定套管是一个例外，因为它是安装在地下室地面以上，并承载着套管头法兰（CHF），永久性主截止阀（"主阀"）和井口组件都连接到它上面。当阀门关闭时，井内的任何压力都会产生力，试图将锚定套管从地面抬起，锚定套管也因此得名。一旦完井，套管头法兰就成为井中深度测量的基准。在整个井的生命周期内，根据井的温度分布，由于热膨胀，套管头法兰相对于其周围地面移动。该运动的范围为 10~100mm，尽管在设计连接井口和管线时，考虑它非常重要，但对于井深度测量而言微不足道。

虽然本例中描述的生产套管直径为 9⅝in，可能是地热发电中最常用的，但有时会采用更大或更小的直径。对于生产低压蒸汽的浅层地层来说，由于生产套管中的压降较小，额外的发电量可能导致需要较大直径套管，从而增加额外成本。如果仅限于一辆小型卡车式钻井平台能通过，那么，采用直径较小且质量较轻的套管（通常为 4in）可能是在偏远地区钻地热井的唯一方法，而且这也是在许多给家庭和轻商业物业提供热水的地方钻地热井的方法。

5.3 钻井过程

5.3.1 钻井眼

通过切割作用将井眼钻入到类似于金属等均质材料的地层中；用于施工的金属钻头具有当钻头旋转时进行切割的两个边缘和沿其长度方向的、从钻孔中导出钻屑的两个螺旋槽。如果没有这个导出钻屑的途径，钻头就无法钻进。岩石很少是均质的，并且是脆性的，即压缩性强、张力弱。它不能被刚刚描述的钻头类型进行切割。取而代之的是通过压碎方式，岩石钻头能够不断钻进，它是通过将钻头末端与在钻头旋转时沿着水平圆形路径的齿形圆锥滚子相配合来实现——图片和历史记录参见 ASME（2012）。钻头安装在通常长度为 10m 的钢管端部，其端部为螺纹结构，可以添加更多的钢管，以使钻头达到更大的深度。与破碎作用一致，紧靠钻头的钢管比正常钢管重，称它们为钻铤；根据钻遇岩石类型，选择不同钻铤给钻头施加合适的力。随着井眼不断钻进，不断增加每根 10m 长度的钻杆。

为细砾和砂形式的岩屑，通过密度大、黏度大的钻井液将其冲洗并携带至地面，钻井液通过钻柱泵送到钻头，而钻杆就是将钻头安装在它上面的连接的钢管。如果钻头不断钻进，钻屑必须从井眼中清除，最好携带至地面，尽管从后面可以看到，有可能将这些钻屑挤入地层。钻井液作为一股强力射流从钻头通过喷嘴喷出，裹挟钻屑并通过钻柱与井眼之间的环形空间将钻屑携带至地面。钻屑有时无法完全携带出来并在井眼堆积，阻止钻头转动；在极端情况下，钻柱可能会因扭曲而断裂。

Massei 和 Bianchi（1995）论述了钻柱组件的无损检测技术以避免服务过程中的事故。钻井液通常是添加了少量添加剂的水和膨润土混合物，其外观为黑色泥浆或稀泥浆，并且通过其密度和黏度来携带钻屑。在地面上，岩屑被筛出，清洁后的钻井液不断循环使用——当井穿过高温层时，也必须将钻井液冷却。钻井现场地质学家将收集并分析岩屑，然后绘制井的地层图，即钻头所通过的地层和它们的界面深度。

5.3.2 钻机

地热井是使用为石油钻井而开发的旋转类型钻机来钻进的；旋转钻机是钻头围绕其轴线旋转的钻机。第一口油井采用"顿钻"方法进行钻探，钻头悬挂在柔性钢丝上，并反复提升和下落到井眼底部，这样，凭借其大的质量和尖锐的端部向下凿削井眼。这种旋转钻机比人们一开始认为的那样要复杂得多，例如，绞合的钢绞线缆绳使钻头产生一定的旋转，并且研究和使用这种钻机有利于实现更快的钻进。

钻机和钻井液供给系统的主要特征如图 5.2 所示，其中 a 部分详细列出了钻井平台的细节，b 部分为整体情况介绍。钻机旋转头可作为参考点。

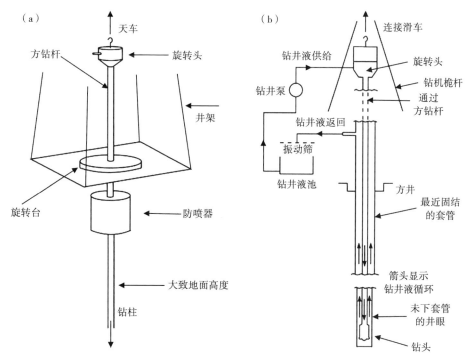

图 5.2　钻井的主要组件

钻井井架有各种尺寸大小，从永久安装在卡车上的小型钻井机，到大型的需要几辆卡车装载，且必须在现场组装。钻头必须旋转，在这里介绍了传统的地面驱动；稍后讨论更现代的替代解决方案。钻机被认为是很高的井架或塔架结构，通常为开放式框架，并且许多部件具有来源于早期石油钻井的传统名称。钻塔本质上是一个起重机，当钻头达到设计深度时，它必须具备能够提升整个长度钻柱重力的能力，并且也能提升建井过程中由每根套管组成的整个套管长度。要从井眼中取出钻头，必须每次将整个钻柱提升 10m，在将顶部长度被拧下并移走时保持不动，再次提起等操作，而钻塔则是实现这一目的的手段。它能承载的重力决定了钻井的深度和井眼的直径，例如，钻一口裸眼直径为 8½in、深度为 3000m 的井，则需要钻机能提供 150t 的拉力，输出功率能达到 1000hp。在钻塔的顶部是天车（定滑轮），它为多个滑轮组，并通过钢丝绳连接到安装有吊钩的移动滑轮组上，多个滑轮为提升重力提供了机械优势。10:1的机械优势意味着钢丝绳的张力是吊钩载荷的1/10，这是一个优点，但是移动滑轮在提升重力的时候，必须移动十倍的距离，这是一个缺点。挂钩载荷可能高达400t，动力通常由柴油机或电动机提供。钻杆或套管垂直放置在井架旁的支架上，随时可以使用。

增加或减少一段钻杆或套管的操作发生在钻台上，这是一个高于地平面几米的平台。整个钻柱非常细长，因此扭力很弱，并且发生扭曲，使得在旋转时底部滞后于顶部。它必须把扭矩传递给钻头，但它也必须可以随着钻井深度自由地传递这个扭矩而发生轴向移动，并且钻井液能通过钻杆连续地泵入，将钻屑携带到地面。这在钻机上形成了一个机械问题，传统的解决方案是一个水平圆盘，称为转盘，通过围绕其周长的轴承支撑在钻台上。它可以通过柴油机或电动机绕轴旋转。转台的中心是一个正方形或六角形的孔。在比井眼深度稍长的钻柱顶部附加一段特殊长度的被称为方钻杆的管子，该管子的横截面为正方形或六边形，并且安装在转台的中心。旋转转台因此旋转方钻杆，从而旋转整个钻柱。

方钻杆长约13m，人为设计得比每根钻杆长，并随着钻进的进行向下移动。当方钻杆的上端接近转台时，暂时停止旋转，并且提起钻柱，直到钻杆的底部完全出现在转台的顶部上方，这时准备添加另一段钻杆。然后用楔块（卡瓦）卡在钻柱和补芯之间的空间内，从而支撑钻柱以防止钻柱掉入井眼中；将方钻杆拧开，再将10m长的钻杆添加到钻柱顶部并重新连接到方钻杆上。这些楔子采用特殊的形状，以适应这个正方形或六边形的孔眼，并且上面有齿，这样钻柱的重力会使卡瓦紧紧抓住它。一旦所有接头拧紧后，提起钻柱，移除卡瓦，下入钻柱，并且钻头旋转再次开始钻进。转台、补芯和方钻杆的详细工程设计旨在减少由于必要的重复拧紧和拧松，以及卡瓦的使用而导致的磨损和撕裂。

有两种旋转钻头的替代方法，都使用轴向对齐的专用电动机并且有效地成为钻柱的一部分。螺杆钻具是一种正排量型，其工作方式与单泵相同。在后者中，单个螺旋转子安装在匹配得很好的管内；然而，两者之间存在一个空腔，并随着转子转动而沿轴线移动，将任一流体从泵的一端携带到另一端。作为电动机，流体被加压，从一端进入其中，并在流体运动到低压出口端时驱动转子。在用于钻井的形式中，流体是钻井液，并且电动机安装在靠近钻头的钻柱中。另一种方法叫作顶驱，由一个电动机或液压机组成，安装在钻机固定滑轮附近，并驱动悬挂在它下面的钻柱。这种类型钻机的优点就是允许在每次提升钻柱时能增加或移除一根以上钻杆的长度。

一根旋转的钻柱与其工作的套管侧面摩擦会损坏套管，并可能造成套管穿孔。这将增加井与周围环境之间发生流体交换的可能性；至少，它可能会造成污染，但它也可能提供一条高温地热水到达地面的通道，在那里它会突然以蒸汽形式发生。这种爆发（井喷）只能从井内进行控制，而这需要接近井口，这几乎是不可能的。通过使钻柱保持拉伸状态可以避免钻柱在套管上的摩擦，它可以通过使钻柱下端变重来实现。除了已经描述的钻铤之外，下部一定长度的钻杆可以比其他钻杆更硬，以减少扭曲并使钻头与井眼保持一直线上。

图5.3显示了地热井深度与钻井时间的关系曲线。钻头的钻进速度是影响完井成本的主要因素，但钻井队将钻柱下入和起出井眼的速度和效率也很重要。在图5.3中可以看到两个为期几天的时间段，在这段时间内，井眼保持在相同的深度，这段时间是表层和锚定套管（至250m）固井造成的，并有可能出现其他问题。否则，钻井将以不规则的速度行进。钻头可能需要更换，这时需要将整个长度的钻柱从井眼中取出，逐个拧下，然后重新装上新钻

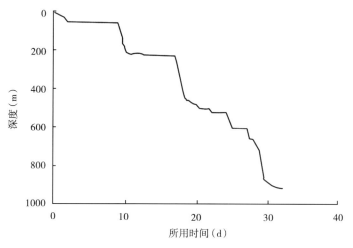

图 5.3　早期地热井典型钻进示意图

头。当需要将整个钻柱从井眼中取出或更换时，由于不施加旋转扭矩，因此不需要方钻杆。另一种名为升降机的提升装置取代了移动滑车和钻柱顶部之间的方钻杆和旋转头。升降装置不是与钻柱螺纹连接，而是简单地夹紧接头下方管子的较小直径部分——每根钻杆两端的螺纹接头的直径大于其余部分。

在实践中，图 5.3 的图形与钻井地质学家绘制的地层柱状图、钻进详细的日志和钻机活动一起绘制，如钻井液使用情况、固井时间和无钻进原因。这些数据可用于改善同一地区下一口井的钻井。找到地质层位是有关地热资源的重要信息，可用于解释井测量和储层建模。

大多数类型的钻井设备的商业案例可以在制造商的网站上找到。

5.3.3　钻井流体

在钻井过程中必须要在井中使用钻井液，用它来裹挟钻屑并将其携带到地面，以及冷却钻柱和钻头，并通过充当润滑剂来减少磨损和降低对功率的要求。用作钻井流体的选项包括钻井液、水、充气钻井液和仅使用空气，这个排序大致按照使用频度排列。无论使用哪种钻井液，都需要绝对可靠的供给水源，因为在出现问题时，可能需要通过向井中注入冷水来缓解以防止井喷。在 20 世纪之初，美国最初用于石油钻井的钻井液是这样的：将钻井液放在一个挖出的黏土含量高的浅坑中并搅动供使用。而如今，给它补充了必需的化学和物理规范；钻井液黏土颗粒粒径范围为 $0.5 \sim 2 \mu m$，其主要成分是膨润土。它在现场与水混合，并存放在靠近钻机的一个开放的钻井液池中。如图 5.2 所示，通过柔性软管和方钻杆上部安装的旋转头，将钻井液从钻井液池中泵到空心钻杆中，并到达井眼底部的钻头上。旋转头可以实现钻井液输送管保持静止，同时向旋转轴提供钻井液——它本质上是一个可以让旋转轴通过的密封箱体。需要较高的输送压力，通常使用容积式往复泵。如上所述，在到达钻头时，钻井液从牙轮之间钻头体内的喷嘴中喷出。喷嘴最终会腐蚀，必须更换。

带有钻屑的钻井液在井眼和钻柱外部之间的环形空间上升，从井口处的套管中流出。然后通过一系列名为钻井液振动筛的筛网返回钻井液池，这些筛网可以去除较大的岩屑。经过筛网之后，直径约 $200 \mu m$ 钻屑颗粒可以保持悬浮状态，尽管钻井液中含量最大的固体颗粒是钻井液本身（超过 50%）。经过筛网之后通常有一个沉淀池，钻井液流经过该沉淀池时，移动进行得非常慢，这样较大的颗粒将沉入底部。然后可以使用离心分离器尽可能多地去除剩余的钻屑，直到悬浮物中仅 20%~30% 的固体为小于 30μm 的钻屑。一些钻井液在通过井眼时会漏失，在压力作用下进入井眼所穿过的可渗透岩层。岩石的孔隙可能小于钻井液颗粒，因此，一层钻井液可能堵塞渗透层。如果地层强度很弱，并易于剥落并掉入井中，这可能是有利的，但是从长远来看，对于渗透率降低并因此降低地热流体从地层流入井中来说，可能会造成不利影响。

钻井液到达地面时的温度较从钻井液池内泵出时的温度，会有所增加，这取决于钻遇的油藏温度和钻头做的机械功。钻井液可以冷却和润滑钻头的运动部件，并选择一些具有润滑性能的化学添加剂；在过滤过程中，钻井液在地面冷却。

钻井液的一个重要功能是防止井喷，通过在井中充填高密度流体，这样静水压力可能超过井中任何地层的压力。另外，从井眼中携出钻屑是钻井液所履行的最高优先级的功能，并且具有优先级较低的诸如形成滤饼、冷却和润滑功能。所有这些都要求保持钻井液循环，也就是说，泵入井中的钻井液返回地面。在一些地热资源中，由于地层中的压力低，因此，使用钻井液难以保持循环，并且需要降低由钻井液引起的静水压力。在这种情况下，使用空气或充气钻井液（泡沫），尽管成本开支更高，但它在井眼钻进的时候，能获得更快钻速这方面的好处。最终，如果不能保持循环，那么使用水作为钻井液，其虽然将钻屑带入地层中，但是其他方面都是良性的。没有循环的钻井被称为盲钻，因为没有信息让钻井地质学家知道正在钻遇什么类型的地层。在采取这一措施之前，可以通过注入材料堵塞漏失区来恢复循环，直到井建成后，可以通过让井完全打开排放以清除临时堵塞物，或通过注入酸用化学方法去除它。

5.3.4 钻井井场要求

钻井井场必须平整，大小一般为 50m×100m 或更大，以便运输车辆能够轻松进入和安装钻机。必须提供燃油、钻井液和材料，以及工作人员的临时住宿。由于井场可能不得不清除植被，因此雨水排水很重要。在火山土壤中清除森林的地区，如果地形陡峭，容易出现打滑；淤泥流入天然水道损害植物群和动物群，必须予以防止。需要一个或多个容纳钻井液和有污染的废水的池子。如果地面已经被地热化学物质污染，那么无需对它们装内衬，因此水可以渗走而只留下固体材料，如果需要，可以在钻井结束时在其他地方进行处理或者简单地掩埋。该井场还将不得不安装钻井液振动筛、钻井液冷却和混合设备，以及最终地热井排液使用的消声器，尽管此时钻机和设备已经移除。可靠的永久供水是必不可少的，而新西兰深井地热井操作法规（1991）指出，如图 5.1 所示的 2000m 深的井需要 2000~2500L/min 的供水量（每天 3000t 的量级）。数千米长的安装临时泵的管道并不罕见。

根据浅层地质情况，可能需要通过灌浆加固井场，也就是在井场周围钻一组几米深的孔，然后泵入水泥以提供更高的抗压强度。

5.3.5 防喷

想象一下已经部分完成的井。锚定套管已安装并固井，生产套管段井眼正在钻进中。钻井液或水正在泵送入钻柱中心，它可以通过钻柱和锚定套管之间的环空返回，或者根本不会返回，在这种情况下，环空将包含一些滞留流体。然而，如果钻头穿透诸如断层等地质构造，并且在突然经历比先前的压力高得多的压力情况下暴露这些流动通道，则流体将会被推升并在井口喷射出来，从而使底部处的静水压力降低，且井眼的排放速度增加。

套管和钻柱的简单几何形状为机械地阻止这种流动提供了机会。可以在通过钻柱的通道上安装阀门，并且可以将匹配钻柱的周围有闸板的阀门安装在锚定套管上。在石油和天然气钻井中，因为流体是易燃的，所以井喷造成的风险非常高，并且作为最后的手段，阀门装有闸板以切断钻柱。这些阀门被称为防喷器，并且井上不同套管尺寸对应采用不同的防喷器，当套管安装好后，安装相应的防喷器，作为钻井中最后一道防线。

5.4　井身设计

设计过程有必要设想钻井在什么情况下可能失败，选择尺寸和套管下入深度以避免建井施工和使用过程中的风险，计算所涉及的力并选择能够承受这些力的套管尺寸。当受到各种力量的作用时，井身结构中的某个特定部件会产生应力分布。材料的破坏通常被认为是由于超过一定水平的单一应力产生的，但一般而言，不同方向上多个应力的共同作用会导致更严重的破坏。破坏是一个通用术语，需要对每种情况进行具体定义——在某些情况下，破坏意味着将组件分成两部分，但在另一些情况下，允许压力达到使材料拉伸或偏转可能会构成破坏。设计过程通常是反复试验，即估算受力、选择材料等级和厚度、计算应力并将其与允许的应力限制进行比较。设计过程必须在地热钻井开发的早期进行检查。显然，这一点在1912年意大利，Larderello首次投入使用时就已经了解，而Dench（1970）报道了液体占主体的地热资源。

5.4.1　钢材性质、强度和破坏准则

如果直径为 d 的钢筋以力 F 沿钢筋的轴线方向拉动，它将与施加的力成比例地线性拉伸，这被称为弹性行为。钢筋中的轴向应力为：

$$\sigma_a = F/(\pi d^2/4) \tag{5.1}$$

应变被定义为钢筋的拉伸比例。如果钢筋的原始长度是 L 并且在拉力作用下延伸 δL，则应变 ε 为：

$$\varepsilon = \delta L/L \tag{5.2}$$

σ_a 与 ε 的关系图是线性的，但只能达到称为屈服应力的特定应力，之后钢筋开始以非线性方式拉伸（与施加的力不成比例）。只有在屈服应力以内才具有弹性行为，也就是说，当应力消除后，它恢复到原始长度。线弹性部分的斜率为 σ_a/ε，称为杨氏模量 E，钢的值为 2×10^{11} Pa。用于套管的碳钢强度随着工作温度的升高而降低。强度折减系数可以用于在室温条件下选择任何允许的设计应力。

一旦超过屈服应力，钢将不会恢复到其原始长度，而是永久变形（拉伸）；在高于屈服应力的条件下，钢被认为是塑性的，下一个重要事件就是发生破坏，即当达到极限拉伸应力，钢筋断裂。在一些应用中，不得允许应力超过屈服应力。在另外一些应用中，破坏意味着断裂，所以极限拉应力可能用作上限值。钢能够安全地承受比屈服应力大得多的力，并且在某些情况下，当部件的重力或成本足够重要时，设计应力可能更接近极限值。无论在什么情况下，都需要一定的安全范围，以便考虑到材料属性的变化和在计算应力方法中的不确定

性，并且通常采用低于破坏标准定义的应力作为安全工作应力。在重力和成本不是控制因素的普通钢结构中，经常使用屈服应力的 2/3 作为安全工作应力，即组件的设计时，应使计算的应力不超过安全工作应力。在套管设计的某些方面，屈服应力被认为是安全的工作应力。

钢材在压缩时也具有弹性，达到屈服应力；然而，屈服应力和极限应力总是通过对材料进行拉伸测试来测量。屈服应力很难被准确测量，因此，产生 0.5% 应变（0.005 的永久应变）所需的应力可定义为屈服应力，有时称为 0.5% 试验应力。美国石油协会公布了钻井标准清单，其中定义了这里讨论的参数。

包括套管在内的大多数实际工程部件都受到三个方向的作用力，并且由于应力共同作用而使材料破坏。在套管中，这些应力可以通过拉伸或压缩、弯曲（其引起拉伸和压缩）和扭转的共同作用产生。如果用屈服应力作为破坏准则，那么问题是一根套管上怎样的应力组合会导致材料屈服？

有几种理论提供了答案，其中机械工程中常用的两种理论是最大主应力差分理论和 von Mises 理论。撇开接头在外，套管是一个与直径相比壁较薄的圆筒。由于作用在端部上的压力，以及由于壁在内部压力作用下试图膨胀而产生的环向应力，具有封闭端的内部加压圆筒受到轴向应力。这二者都是拉应力，定义如下：

$$轴向应力 \ \sigma_a = P \cdot A/(\pi D \cdot t) = PD/4t \tag{5.3}$$

式中，P 为内部和外部之间的压力差，D 为圆筒直径，A 为横截面面积 $\pi D^2/4$，t 为壁厚。因为壁薄，$\pi D \cdot t$ 可视为管壁的横截面积的近似值。

$$环向应力 \ \sigma_h = PD/2t \tag{5.4}$$

环向应力是轴向应力的两倍，这就是为什么钢管或气瓶沿着轴线而不是在端部裂开的原因。圆筒最好用圆柱坐标 x、r 和 θ 来描述，环向应力作用于 θ 方向，轴向应力作用于 x 方向。

由于壁薄，因此径向应力为零。这三个方向的应力被称为主应力，轴被称为主轴。如果 x 轴被一个与圆柱轴线成一定角度的轴取代，那么环向应力和轴向应力就会形成并产生拉应力加上沿着这个新轴的剪应力。主轴是应力沿着它分解而没有任何剪切应力的轴。虽然主轴对于薄壁圆筒而言直观明显，但对于由矩形笛卡尔坐标描述的一般三维应力问题，必须对它们进行推导。

采用 σ_f 作为破坏应力，假设 x、y、z 为笛卡尔直角坐标，主应力分别为 σ_1、σ_2 和 σ_3，最大应力差理论给出：

$$\sigma_{max} - \sigma_{min} = \sigma_f \tag{5.5}$$

式中，σ_{max} 和 σ_{min} 分别为 σ_1、σ_2 和 σ_3 的最大值和最小值。对于薄壁圆筒，主应力分配为：

$$\sigma_1 = \sigma_h, \ \sigma_2 = \sigma_a, \ \sigma_3 = 0 \tag{5.6}$$

故，最大正应力差为：

$$\sigma_1 - \sigma_3 = \sigma_f \tag{5.7}$$

通过这个理论，当环向应力等于在轴向拉伸试验中测得的破坏应力时，材料发生破坏，$\sigma_h = \sigma_f$。von Mises 理论认为，当下面的主应力合力达到所确定的破坏应力时，材料发生破坏：

$$\sqrt{1/2\left\{(\sigma_1 - \sigma_2)^2 + (\sigma_2 - \sigma_3)^2 + (\sigma_3 - \sigma_1)^2\right\}} = \sigma_f \qquad (5.8)$$

将式（5.6）再次代入，得：

$$\sqrt{1/2(\sigma_h - \sigma_a)^2 + \sigma_a^2 + \sigma_h^2} = \sigma_f \qquad (5.9)$$

实际上，只能估计套管上的力，因为实际情况通常比设想的复杂得多，并且 API 公告 5C3（1994）给出了套管上各种破坏载荷的公式，API 5C2 提供了适用于各种类型套管的失效载荷表格值。值得注意的是，所有 API 公告的细节都可以在 API 网站上找到。这些是通过实验和经验调整的理论结果，应该坚持，对理论方法理解可用于帮助思考。

5.4.2 不稳定性导致破坏：屈曲和垮塌

如果组件的形状允许任何初始变形在不增加载荷的情况下放大，则材料可能会在载荷作用下产生的应力远小于屈服应力的情况下发生破坏。这将导致高的弯曲应力和破坏，除非负载迅速移除。最著名的例子是支杆的弯曲。如果长度为 L 的支杆的端部是销连接的，也就是说端部保持在一条直线上，但可以根据需要进行旋转，一定程度的轴向力会导致与初始的完美直线发生轻微偏离，并增长。如果负载保持不变，支柱端部会相互移动，产生较大的横向偏移，直至由弯曲引起的应力使材料发生破坏——学生就是以这种方式破坏尺子的。引发这种情况的力被称为欧拉屈曲载荷，对于刚刚描述的支杆而言，其大小为 $\pi2EI/L^2$，其中 I 为面积的惯性矩，是量纲为 m^4 的参数，取决于横截面形状。这种类型的屈曲与处理长串组合的套管有关，如果它受到自身重力的轴向压缩并接触其所在井眼的井壁时（套管或裸眼），可能会弯曲，导致固井效果差，组合结构的强度低于预期（Leaver，1982）。

在外部压力下圆筒的垮塌是另一种与钻井相关的不稳定性。如果压力足够高并且壁足够薄，则在外部压力下的圆柱体是不稳定的，因为在施加的压力下，从真正圆形发生的局部偏离增加，并且在应力达到屈服之前，圆柱体可能垮塌。

5.4.3 岩石性质及破坏

岩石是对钻井过程中所钻遇的材料的不充分描述。在火山岩成因的地热资源中，遇到了各种岩石类型；有些是脆性的，而另一些则会被地热流体的流动所改变，是塑性的且容易发生变形，是黏土的一种形式。致密的脆性岩石（流纹岩、安山岩、闪长岩和石灰岩）抗压能力强，但拉伸能力弱，并且由于岩石微观结构的缺陷，例如较小的空隙，应力集中会形成裂缝。地热区受到构造应力的影响，形成断层，从而导致各种尺寸的裂缝，因此岩石从一开始就处于破坏状态。存在的裂缝可能会扩展，并且由于作用在井眼上的压力，钻井过程中会形成新的裂缝。

类似于静水压力，岩石静压力是岩石密度的流体在一定深度承受的压力。岩石不是一种流体，因此它不会在各个方向上均匀地传递压力——一个特定的地层可以承载位于它上面的地层，使它下面的地层处于较低的应力水平。构造应力可以水平作用。另外，可渗透岩石或有开放连通裂缝的岩石会表现出与连通地层中水的静水压力有关的孔隙压力。通常，岩石静压将确保任何水平裂缝保持在使其倾向闭合的压缩载荷下，尽管粗糙的表面可能留下流体可通过的间隙。

5.4.4　套管钢材性质和套管标准

现在必须考虑套管钢材的性能。套管按照美国石油学会（API）设定的标准和规格制造，例如图 5.1 所示的 9⅝in 套管的完整规格，可能是 K-55 等级、47lb/ft、R3、偏梯形套管。API 规范 5A 对钢管的类型进行了分类，并列出了强度要求和尺寸。J 级、K 级和 L 级表示通常用于地热井的冶金类型；K-55 是指最小抗拉强度要求为 55000lb/ft^2，其余细节指的是螺纹类型。API 公告 5C2 定义了套管（以及油管和钻杆）的性能特性，并显示了外径为 9⅝in 的各种壁厚，并且规定了每米的标称质量，壁厚的套管更重。对于 J 级、K 级和 L 级，9⅝in 的套管，每英尺质量范围为 36.0~53.5lb/ft。Kurata 等（1995）回顾了高温地热资源的套管类型的适用性。知道每英尺的质量可以计算每个套管柱的总质量；必须通过具有适当提升能力的钻机将套管提升和下入井中。每个套管长度的末端都是带螺纹的，以便它们可以连接，并规定了连接设计和性能。简而言之，用于建井的材料都是严格规定的，设计师的任务是找出套管需要满足的要求，并指定每个管串使用哪种特定类型。有时在同一管串的不同部位要求不同的套管厚度（质量）。

5.4.5　套管深度确定

确定每级套管应固井到什么深度的主要目的是防止井喷——可以钻多深的裸眼段？在一定深度被截获的高压流体可能与裸眼段的裂缝沟通，这将提供进入地面的通道；如果发生这种情况，后果是非常糟糕的，因为这意味着地热资源流体的释放将无法控制，将会破坏钻机并继续排放多年，形成火山口。

这个问题的物理过程与 bpd 曲线及其匹配的静水压力分布和该地区的岩石静压分布有关。这些曲线均绘制在图 5.4 中，其中静水压线和 bpd 曲线将被视为对坐标轴重新定位后的图 3.7。另外，还显示了压力与深度关系曲线，岩石静压计算采用的岩石密度为 2200kg/m^3。假定计划钻一口 2000m 深度的井，如果从地面往下，在饱和温度条件下，地层由水饱和，则温度和压力分布将为 bpd 曲线，标记为 T，以及 A 点所在的相应流体静压力曲线。一个钻至 2000m、在井底温度下充满蒸汽的井，压力与深度的关系曲线如线段 AB 所示，继续延伸到位于地面的井口。这是因为蒸汽柱的静水压力与水柱的静水压力相比可以忽略不计。如果井的生产套管在深度 B（约 650m）处结束，并且该点处的岩石中存在裂缝，理论上，该裂缝处的压力将足以抬升上覆岩石的重量——岩石静压可以强制开启裂缝，而蒸汽可以找到通往地面的通道。这揭示了如何选择套管下入深度。钻到 2000m 井，需要对深度 B 的套管进行固井加以保护，并加上一个安全范围。通过持续该过程，可以选择下一个较浅的套管深度；钻至深度 B 可能达到 C 点的饱和蒸汽条件，它可能会提供高压蒸汽至深度 D，即图中的虚线。新西兰实践规范（1991）给出了正式的方法。

在地表附近，该方法不可靠，而应使用相邻井的经验来确定表层套管的下入深度。新西兰深部钻井实践规范（1991）指出，大多数井喷发生在 150m 或更深的深度，如果存在任何不确定性，建议钻小直径勘探井。

完井之后的井将收集生产套管底部（生产套管鞋）以下的所有流体。也就是说，这个深度以上地层的流体均被挡在套管之外。生产套管鞋的深度是在设计井身时确定的，但可以根据钻井过程中发现的温度对实际深度进行细微调整，如果它能挡住会直接减少完成井排放

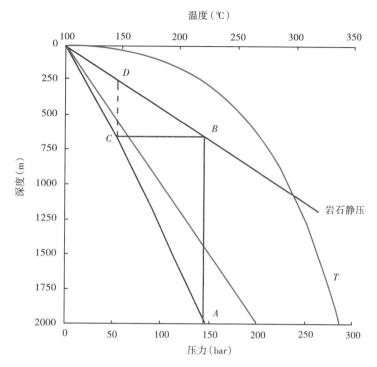

图 5.4　深度—沸点曲线，饱和静水压力和岩石静压与深度关系图

岩石密度为 2200kg/m³

熔的（套管外）冷水源，这可能是有利的方面。然而，钻井过程中难以确定地层温度，因为地层会被钻井液冷却。有两种方法可以采用，即所谓静态地层温度测试（SFTT）和测量循环钻井液温度的技术。SFTT 是第 9 章瞬态压力测试的一种形式，参见 Brennand（1984）和 Bassam 等（2010）。Takahashi 等（1997）对钻井液温度测量方法进行了检验。这个问题在勘探钻井过程中尤为重要，因为可能只有一口井的钻井计划，另外，可能会因未能挡住冷水层或更糟的是，未能挡住外流的高温层，从而使有关深部地层的信息被完全掩盖。

5.5　钻井事故模式综述

5.5.1　钻井操作导致事故

以下操作可能会使套管承受致使其破坏的力：

（1）将套管下入井中——由于套管下方的重量，最上面的长度处（离大钩最近）的拉应力可能会超过屈服应力。最上面的长度处的强度可能需要比其余段的更大。

（2）将套管下入到充满钻井液的井眼中，顶替的钻井液施加与其深度成比例的静水压力。只要内部对钻井液是开放的，套管内部和外部的径向压力就是平衡的，但是端部的压力（尽管看起来横截面可能很小）向上作用，使套管如支杆一样受到压缩。套管串非常细，必须足够坚硬而不会弯曲。

（3）在斜井中，弯管的曲率会使应力合力超过屈服应力，或者达到钻铤或刚性管段不能承受的曲率半径。曲率必须合理。

（4）如果水泥在整个套管和环空中不连续，泵送水泥时会在套管上产生较高的内部压力或较高的外部压力。

（5）为了降低井喷风险，钻井液密度可能增加到其静水压力足以压开裸眼井中的岩石这样的水平，这是要避免的。固井时也会使岩石破裂。

5.5.2 完井事故的可能模式

井事故和恶化的历史已有相关报道，例如，Bixley 和 Hattersly（1983）、Zarrouk（2004）和 Southon（2005）。最常见达成共识的有以下几点：

（1）由于在生产套管和锚定套管之间存在水囊，因此发生爆裂。有时，井眼与套管之间或套管与套管之间的水泥环是不连续的，并且在该空间中留有水囊。在湿的水泥中形成时，这些水是冷的，当水泥凝固时，它就会被圈住。当井首次排放时，这些水会发生热膨胀，并可能产生足够高的压力，从而使生产套管向内变形或爆裂，从而使流量受到限制或留下锯齿状边缘，仪器绳缆可能会碰到。它可以采用一定长度较小直径的套管补丁进行固井修复，但是这会减小横截面面积并因此减少井的排量。

（2）当井关闭时，在高温时承受高内压的锚定套管的最上部长度段遭到破坏，并由于地面的腐蚀而加剧。

（3）如果含有溶解的岩浆气体的酸性流体进入井筒，则会因内部腐蚀而发生破坏。

（4）由于与井连通的其中一个地层因压实而导致一个或多个套管发生破坏。如果地层压实，并且井中的套管在所有其他地层（浅层和深层）中固井质量很好，这时，压实层处的套管受到压缩载荷作用并可能破坏，最终取决于压实总量。

5.5.3 检测方法

不合理的是，考虑到工作环境通常具有腐蚀性，而且所暴露处的温度变化很大，却期望地热井将具有无限期的时间寿命。然而，新西兰标准（1991）给出了一个永久放弃的法令。已经开发了各种检测技术来测量生产套管的状况。Stevens（2000）描述了一种仪器，能够将其下入热的、最近生产过的井中，并能立即在地面得到输出测量结果。涡流原理用于测量壁厚，一个电子臂用来测量直径和表面粗糙度情况。Lejano 等（2010）采用了这种方法，使用 60 指机械臂测量工具对菲律宾莱特地热田的 10 口实验井内径进行了测量。剩余的壁厚可由测量结果推导出来，测量结果足够详细地显示出表面粗糙度和点蚀。因此，对于任何特定的测量井来说，可以得到其破裂压力，为指导未来针对这口井的作业时，提供不能超过的上限压力值。

5.6 完井井口

建成的井必须保证在油藏流体给它施加压力的条件下能够安全地关井。关闭井口阀后，井口压力随时间变化；井口的力由锚定套管和井口组件承载。位于地面以上的锚定套管部分与埋地部分不同，因为它是无支撑的管柱（埋地部分由表层套管和水泥支撑），并且暴露于大气中与氧气和水接触，因此容易造成腐蚀。

首先处理后面一个问题，地热气体中硫化氢比空气重，并可能聚集在井窖中，它可以在那里溶解到雨水中，腐蚀地面以上部分的锚定套管。为了避免这种情况，建议在地面以上部分对表层套管的水泥环进行通风。移除几厘米厚的水泥，用松散的砾石取而代之（可渗透的），可能安装一个盖子和一个短的排气管，井的热量会蒸发掉任何水分。对暴露在大气中的套管进行涂漆将有助于减少腐蚀损害。井窖通常有一个较大的排水渠，以便二氧化碳和硫化氢可以流走，因为它们比空气密度大。

地面以上的锚定套管是一种简单的管子，其壁厚选择可以使用 ANSI/ASME B31.1—1980 电力管道标准，其中给出了厚度计算公式：

$$t = P \cdot D / [2(\sigma_f + 0.4P)] \tag{5.10}$$

式中，t 为壁厚，P 为压力，D 为套管外径，σ_f 为安全工作应力（视为破坏标准）。必须在这个最小厚度基础上增加腐蚀余量；钢管和处理设备的典型腐蚀余量为 3mm。正如标准中给出的，由于高的工作温度而导致强度降低的余量也是必需的。

图 5.5 显示了井口阀门的典型结构。紧靠套管头法兰的上方是一个减压器（称为膨胀阀芯），以便安装 10in 的阀门。生产套管被切断以便安装该减速器，并且必须留有足够的间隙以确保生产套管不会因为膨胀和接触减速器内部而将负载施加到锚定套管上——图 5.1 概略地展示了生产套管在井口内截短的情形。主阀连接在减速器上，然后连接一个"T"形部件，可以安装 2 个控制阀。所有这些井口阀门都是闸阀，这种阀门的流道直接穿过阀体，没有任何限制。为了截止流动，则在阀的垂直于流动方向上驱动一个闸板。为了控制流量，即限制流量，闸板可部分关闭。这会导致闸板的磨损，在关闭时形成有泄漏的密封，因此，规则要求主阀要么全部打开，要么关闭，使闸板不会暴露于流动中，以便保持该阀门密封能力。主阀通常具有比其他闸阀更复杂的闸板机构，以确

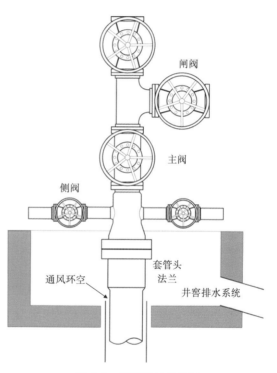

图 5.5　典型的地热井口

保完全密封。所需的流量控制通过主阀上方的阀门或其他方式实现。在开井时，控制阀均保持关闭状态，直到主阀完全打开，当需要停止排放时，控制阀先关闭。膨胀阀芯带有两个用于化学取样或类似工作的侧阀。

参 考 文 献

American Petroleum Institute. http：//www.api.org.

API（1994）Bulletin 5C3-Bulletin on formulas and calculations for casing, tubing, drill pipe, and line pipe properties, 6th edn. American Petroleum Institute, Washington, DC.

ASME. http：//files.asme.org/MEMagazine/Web/20779.pdf.

Bassam A, Santoyo E, Andaverde J, Hernandez JA, Espinoza-Ojeda OM (2010) Estimation of static formation temperatures in geothermal wells by using an artificial neural network approach. Comput Geosci 36 (9): 1191-1199.

Bixley PF, Hattersly SD (1983) Long term casing performance of Wairakei production wells. In: Proceedings of the 5th New Zealand geothermal workshop.

Brennand AW (1984) A new method for the analysis of static formation temperature tests. In: Proceeding of the 6th New Zealand geothermal workshop, University of Auckland, Auckland.

Dench ND (1970) Casing string design for geothermal wells. Geothermics. Special Issue 2, Part 2: 1485-1496.

Kurata Y, Sanada N, Nanjo H, Ikeuchi J (1995) Casing pipe materials for deep geothermal wells. Geothermal Resources Council Trans 19: 105-109.

Leaver JD (1982) Failure mode analysis for casing and liners in geothermal production wells. In: Proceedings of the 4th New Zealand geothermal workshop.

Lejano DMZ, Colina RN, Yglopez DM, Andrino RP, Malate RCM, Sta-Anna FXM (2010) Casing inspection caliper campaign in the Leyte geothermal field, Philippines. Stanford geothermal workshop.

Massei S, Bianchi C (1995) Failure control of drill string components: non-destructive inspection. World geothermal congress.

New Zealand Standard (1991) Code of practice for deep geothermal wells. NZS 2403: 1991, Standards Association of New Zealand.

Southon JNA (2005) Geothermal well design, construction and failures. In: Proceeding of the world geothermal conference.

Stevens L (2000) Monitoring of casing integrity in geothermal wells. In: Proceeding of the world geothermal conference.

Takahashi W, Osato K, Takasugi S, White SP (1997) Estimation of the formation temperature from the inlet and outlet mud temperatures while drilling. In: Proceedings of the 22nd workshop on geothermal reservoir engineering, University of Stanford.

Zarrouk SJ (2004) External casing corrosion in New Zealand's geothermal fields. In: Proceedings. of the 26th New Zealand geothermal workshop.

6 从完井测试到第一次排放过程中的井下测量

一口井的钻井和建井完成后，在尝试排液之前，通常会进行各种测试。了解地热资源中未受干扰的垂直温度分布会有所帮助，它可能与钻井过程中发现的地层有关。但温度分布受到使用的钻井液干扰，并且在恢复到原来的状态之前需要一段时间。即便如此，由于井的影响，它也不太可能恢复到未受干扰的状态。本章重点关注以水位接近地表的液体占主导的地热资源，这是通常遇到的情形。讨论了完井后的井内流动情况，随后描述了在井建成后、在拆除钻机之前，相对标准的一组测试。然后讨论将这些井通常留下来升温的几个星期内进行的温度和压力测量的解释，并举例说明，最后解决开始排液的问题。

6.1 井内流动

Johnston 和 Adams（1916）在《经济地质学》杂志上发表了一篇论文，描述了使用玻璃水银温度计和电阻温度计测量 1600m 深井温度分布的实验。他们的目的是查看煤炭或石油储量的存在是否与当地气温升高相关。与其方法和结果一样有趣的是，他们在讨论中声明，除非温度计记录的温度与相邻岩石的温度相同，否则，获得精确温度的测量方法也是无用的。了解地热资源地层中的垂直温度分布对于估算可用能量的总量至关重要。井眼是能进入地层的唯一途径，但井内的温度分布很少与地层中的温度分布相匹配，因为井中流体经常是运动的。Wainwright（1970）报道了用于井下测量的方法，Grant（1979）讨论了有关解释问题。

地热井的问题在于，它们钻入这样的区域，温度高到足以改变液态水的密度，并且通常足以形成蒸汽地层。在火山地区，地层可能非常不规则，无论是厚度还是渗透率，例如，细粒沉积物的不渗透透镜体或不渗透的熔岩流，与渗透性非常好的物质交替出现。热源上方的大规模（资源大小级别）循环模式可能是可识别的，但在小规模上，对流的流体所流经的路线通常是迂回的，图 6.1 说明了这一点。

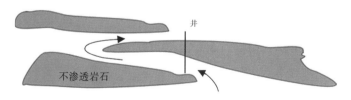

图 6.1 地层和迂回流动路径示意图

虽然一口井具有人头发的相对尺寸大小，但是没下套管的下段，直径通常为 8½in，代表该地区水文流动中重要的短的流动路径，例如，如果地层是打开的，如图 6.1 所示，渗透层在图中是白色的，不渗透层是灰色的。尽管有一条向上的可渗透路线，但它可能会是长而曲折的，并会因摩擦导致压力下降。如果所示的井筒部分是割缝衬管，则衬管上可能存在显著的压力差，大于静水压力，并且因此可能发生非常大的井筒内部流量，通常为浅层进入井筒的冷水向下流动进入深层的热水层，图 6.2 进行了说明。这两种压力分布是 3.5 节中描述的 bpd 基准集的一部分，两者都是平衡分布。在上部曲线中，整个井筒充满 25℃水，在下部曲线中，则为沸点的水——之前关于 bpd 分布的担忧并不影响这里的推理。如果井筒在300m 深的地层打开，温度刚好高于 25℃，直至 550m 所有地层均为不可渗透层，而这里则存在第二个渗透地层，这次正好是在低于饱和温度下充满水，两个地层之间的压力梯度将成为连接图中两个点的连线。

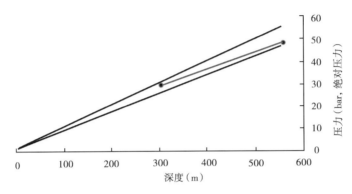

图 6.2　一口井中打开了两个层，而层间压差大到足以形成向下流动

　　这不是一个平衡分布，但有一个更陡的斜率，水会沿井筒向下流动。流体也可以从深部地层进入井中向上流动，留在较浅的地层。这个例子表明，这口井成为资源的一个组成部分，而不是一个装满水的密封管。图 6.2 是一个虚构的例子，但这种特征很常见。
　　Grant 等（1983）报道，在新西兰的井中观察到对流单元，并且引用了一个在割缝衬管中由流量计识别了 100m 长单元的具体案例。看法就是只有井中的温度梯度可以促进内部对流，而没有任何流体进入或离开地层。要做到这一点，地热井必须是有效的密封管。已经测量了密闭圆柱体内部的自然对流循环流动，以用于各种应用，但在实验室中，与地热井相比，易于确保圆柱体是否真正关闭。Murgatroyd 和 Watson（1970）测量了速度和温度分布，流体在圆管中心升高并且落在管内表面。在这种情况下，流体具有均匀的内部热源 $\dot{H}$，并且垂直圆柱体在外部被冷却，因此整个圆柱体（直径 50mm，长度为 50 倍直径）为一个单元；内部热源不可避免引起流体循环。敞开的热虹吸管设计吸引更多注意力，它是一个底部封闭的垂直圆柱体，但在顶部口径扩大成一个大容量的储液器，圆柱壁保持统一的温度。Lighthill（1953）给出了理论预测，后来被证明是有效的，并发现一个存在的对流单元体，即在管子中心向下流动，并在与热的管壁相邻的环空柱中向上流动——流体冷却管子。但是这个单元体没有填满管子——底部的水在一定长度/直径比以上部分保持停滞状态，取决于瑞利数。地热资源在未受干扰的状态下表现出稳定的温度梯度，特别是可渗透的资源，并且长度/直径比大于 450 的圆柱体（如在所引用的例子中）将在上升和下降流体之间产生相当大的内部摩擦。这是一个可以用数字解决的问题；Zarrouk（1999）使用数字代码 Phoenix 重现了多孔介质流动中的许多经典单元体对流实验结果，并且可以使用相同的方法。作为使用无量纲数的一个例子，考虑计划一个实验来复制格上述 Grant 等（1983）提到的地热井。回想一下4.4 节中内容，控制垂直管内恒定性质流体自然对流的方程组只有一个参数，写成无量纲形式即瑞利数。这意味着对于两个相似但不相同的系统，如果瑞利数是相同的，无量纲变量的方程的解将是相同的。瑞利数是 $Gr \cdot Pr$，其中，分别根据式（4.64）和式（4.50），$Gr = g\beta(T - T_\infty)a^3/\nu^2$ 和 $Pr = \nu/\kappa$。实验室实验与实际情况的长度/直径比需要一致，而 100m 长的井只能用小直径圆管来代表。需要放大温差以保持瑞利数相同。

6.2 新地热井典型的测量程序

确定钻探区域的垂直温度分布是重要的，但是由于钻井和地热井本身的影响，这会变得非常困难。最好在井排液或者接收到非钻井过程流体之前尝试做这项工作，并在完成建井的时候进行短期注入试验。后面的测试被称为完井测试，通常按下列步骤进行：

（1）在完成建井之后，冲洗掉残余的钻井液。

（2）下入加重杆测量井的深度，确保井筒是完好，这样下入的仪器就不会被井筒中任何突出部分卡住。加重杆是由铜或者铅制成的圆柱或鸟笼状框架，如果它卡在井筒中或者落入井底，则会很快腐蚀掉。加重杆随用来输送测量系统的钢丝绳下入井中，当加重杆位于井口（套管头法兰）时，该测量系统设定为零。钢丝绳安装在由绞车驱动的卷筒上，称为钢丝绳设备。

（3）在进行温度和压力测量时，以较低的速度向井筒泵入冷水。以两倍的流速重复操作。如果有流量计（转子流量计），则最好将其用来同步测量。

（4）在主要漏失层位放置一个压力计（钻井过程或者用水进行漏失测试时吸水最多的层位所指示的深度、以它作为判断标准），并以不同的速度泵入水，等待一段时间让压力变得稳定或者采取稳定的变化率——这是一个经验的问题。每次随着流量增加，压力也会增加，而增加的速度可用来估计地层的渗透率。

（5）在以最后一次流速向井中泵入后，停止向井筒注入水，并将仪器留在原地。由于向井筒注入了水，因此压力会增加，而测量到的压力衰减可以得出地层渗透率的估计值。

最后两点是不稳定试井的简单形式，将在第 9 章中进行解释。注水测试设计的目的就是获得井的注入能力，I [kg/（s·MPa），绝对压力]，用方程式定义如下：

$$\dot{m} = I(P_w - P_\infty) \qquad (6.1)$$

式中，P_w 为与地层压力相对立的井中压力，否则称之为砂面压力；P_∞ 为离井很远处的未扰动地层压力。使用钻机上的容积式钻井泵，能够在这些测试中保持体积流量（质量流量）稳定不变。

Grant 等（1982）[另可参见 Grant 和 Bixley（2011）] 基于这种过去已建立的测试提出了井排量与注入能力的相关性，这使得在完井时能够立即估算输出功率。从理论上讲，砂面与未扰动地层压力之间的压力差应该是质量流量的对数函数，而不是式（6.1）的线性函数，正如将在第 9 章中讨论的那样。然而，经验表明，测量结果确实遵循线性关系，至少在达到形成裂缝或第二层施加影响之前，情况都是如此。

在完井测试结束后，将关井一段时间，通常为 4 周，这段时间内，测量所谓升温调查工作中的温度和压力分布。当然，升温调查并不总是必要的；比如，新井可能为一已完钻井和已经了解地区的加密井。在新西兰，规定的测量频率通常为完井测试后的第 1、2、4、7 和 28 天。当完成井的产出测量后，该井则可以排放（参见第 8 章）。

可以采用一个单独的仪器对温度、压力和局部流量进行测量，采集的数据既可以储存在仪器内，也可以将信号传送到地面。后者更为可取，因为它消除了对测量程序中每个步骤在井筒中保持多久的判断分析，但是对到达地面的电缆有温度限制。Kuster 公司（2012）在地热工程和油井测量仪器生产方面有很长的历史，生产的仪器在其网站上有描述，其他公司也生产仪器仪表和电缆设备。如果正在使用的仪器能够在地面提供信号，那么测量到的 T、P 和流量可以直接与来自钢丝绳设备的信号相关联，并且，可以绘制仪器移动过程中压力 P、温度 T 与深度的关系图。仪器具有热容量，因此在温度传感器达到其周围温度之前必须经过一段时间；采用稳定的下降速度可能就足够了，或者仪器可以分阶段下入并在每个阶段停留一段时间直到测量值达到稳定。对于在内部记录的老式仪器，任何时间仪器的深度都必须在地面分别进行记录；仪器记录作为时间函数的 P、T 和流量随时间的变化。当仪器返回到地面时，手工将温度 T 与时间的关系转换为 T 与深度的关系。对这些仪器，分阶段下入是非常必要的，这样 T 与时间的图形看起来像一系列步骤，并且每个步长在时间上必须长于测量的不确定性——经常用到在每个深度处的停顿时间这一技巧，比如将仪器提起一米左右，然后在每个阶段测量开始时再次下入，这就在记录上留下点，以恒定的速度延伸连续线。

6.3 温度和压力测量数据解释

当地热井不排放时，井的特征显示出很大的变化，而且人们有兴趣试图解释压力和温度分布的每一个特定变化是如何发生的 。然而，所掌握的信息通常很少，而且猜测可能无法得到验证，因此也就可能无法得到资源特征的具体证据。在发生的物理过程中观察到的一些现象非常有趣，如 Clotworthy（1988）。

解释压力 P 和温度 T 对深度 z 的分布是通过将它们绘制在已有基准静水压力和 bpd 曲线的图上来进行的。如果井没有排放，占据井筒的流体可以自由地与井筒穿过的地层交换热量，并且它可能倾向于与周围的温度分布一致。正如已经提到的那样，井的打开部分可以交换流体和热量。如果地热井仅穿过一个厚度很薄的可渗透地层，那么它将作为压力计来使用，井在地层中的压力与整个地层的压力相同，并且井中的水位将处于与温度分布一致的深度，因为密度是温度的函数。地热井通常有多个漏失层，但是也很常见几种更为简单的情形，下面将对它们进行分析。

如果地热井在不排放的情况下保持打开状态，并且水位距井口以下一定距离，从地面到水位的压力则简单地为大气压力。在 1bar 绝对压力和 25℃ 条件下，空气密度为 1.293kg/m³，因此，10m 深度的静水压力变化为 $\rho g h = 127Pa$ 或 0.00127bar，它在图表上没有显示出来——水的密度是空气密度的 800 多倍，10m 的压力变化为 1bar。值得注意的是，静止气柱所产生的压力也被称为流体静压。基准曲线与水位相关，而不是与井口相关，因此必须将其移动至水位之后开始。对于这样的井来说，可以制造这样一种仪器来探测水位，它由一对电线、电池和电灯组成，电路端部为开路，利用仪器自身重量下入井中；因此，当仪器重量进入水中时，电路将会闭合，灯将变亮。

下面将通过一系列的例子来说明，在这些例子中，测量结果是以常规的方式绘制出来，其中水平轴为深度，左侧的垂直轴为温度，右侧的垂直轴为压力和基准 bpd 曲线，冷水的静水压力和饱和水的静水压力叠加。井的地质记录和钻井报告应始终与地热井测量同时进行检查，但本章主要关注测量本身的解释，因此不涉及地质记录。

绘图和基准曲线的调整可以使用图形和描图纸手动进行，或者采用电子方式进行，其原理相同——对于这里显示的所有示例，已经从原始绘图板大小的手绘图中读取了数据点，这些点以电子方式重新绘制或从数据表中读取。对于液位以上有气体或蒸汽井，在关井时，井口压力计的读数为水表面以上的压力；压力分布从这个值开始，但基准曲线的原点位于静水压力曲线外推至 z 轴（虽然它是垂直轴，但在该图中是水平的）。对于充满冷水的井来说，这种外推是直线的，如图 6.3 所示。

在图 6.3 中（这样绘制是为了解释），假定的测量压力分布由三角形点来标识。关井时，水位距井口一定距离，井口压力为正值；注入压缩空气可

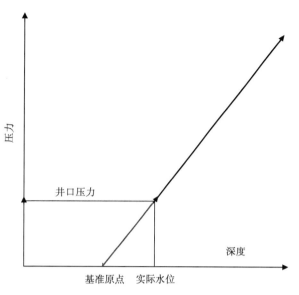

图 6.3 充满冷水的井在关井状态下，其压力与深度之间的关系图，其水位因井口压力作用而降低

能会降低水位。如果把井打开，水位将升至标记为基准原点的水平；这就是图 3.7 中（bpd 和两个压力梯度）有起点的基准曲线深度，可以称为目前的有效水位。水位识别并不总是那么显而易见，如下例所示。

6.3.1 确定水位

调查水位并不是如图 6.4 所示的位于 Wairakei 的 67 井上在 1974 年和 1976 年进行测量的原因，二者相距 2 年，但它们却是一个很好的例子。该井从套管头法兰（CHF）至井底深度为 670.6m，从 472m 至井底采用割缝衬管完井。目前尚不清楚该井最初何时完井。该图显示，在 1974 年进行测量之前，它已经溢流了 5 天时间，井口绝对压力为 11.6bar/11.14bar，表明测量期间压力发生了变化。由于井口有压力的原因，把仪器将与电缆紧密结合在一起，通过密封装置（密封盒）。在 1976 年测量之前，该井已经溢流 6 天，记录的井口绝对压力分别为 9.4bar 和 10.2bar。"溢流" 一词意味着井口上的侧阀部分打开以允许排放非常少量的蒸汽，目的是保持套管的上部是热的，这样使得地热井在快速投入生产时产生的热应力最小。流量通过肉眼观察设定。

第一组数据图有 10 个点，第二组数据图只有 4 个点位于液体充填部分，暗示其目的是了解 2 年时间内储层压力如何变化；作业者确切知道他们想要测量的内容。该图显示了两组基准曲线，其中一个是套管头法兰的标准，另一个是经过调整的，以便温度曲线线性部分的末端恰好位于 bpd 曲线上。这看起来像有效水位的位置，因为温度变化看起来是确定的——到井口的饱和蒸汽柱位于沸水之上。对于 P_s =11.49bar 的绝对压力，该值在所报道的井口压力（绝对压力 11.6bar/11.14bar）内，T_s 的测量值为 186 ℃。其余的温度分布随着深度逐渐下降到 bpd 曲线以下——其结果都非常令人满意，直到压力测量结果与新放置的基准值相比较时，发现它们不匹配。人们可能会想到校准会比较差这种情况。但如果调整了基点，使得

压力测量值沿着饱和液体静压线，则得到有效水位为 220m，而温度测量值与 bpd 曲线相交于更高温度，约 220℃，如图 6.5 所示。

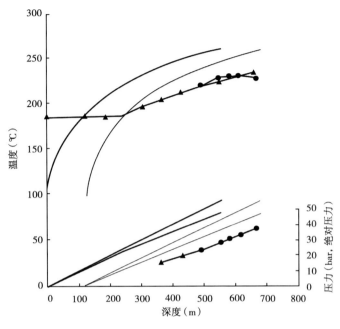

图 6.4 一口溢流井的测量数据——首次解释

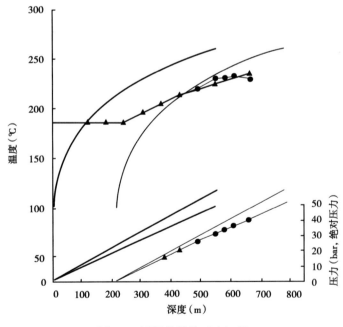

图 6.5 测量数据的正确解释

位于已经确定的水位上的蒸汽概念必须改变。溢流产生了足够高的流速而不存在明确的水位，但是相反，蒸汽只能位于深度大约为 220m 的地方，如对应于井口压力值的线性温度分布所示，在该深度之后，井中则充满了泡状两相混合物，随着深度增加，流体中液体比例

72

和密度均相应增加，直至约 500m 的地方，这时，其温度分布与 bpd 曲线相交；在该点深度之下，因为井筒中充满液态水，压力分布将与液态线相一致。随着压力的降低，混合物中蒸汽干度增加（尤其是经过一段时间之后，井处于稳定状态时），因此，位于从液体顶部向上的两相区压力梯度逐渐下降。

这个例子用来解释和说明了思路。实际上，利用与测得压力相对应的饱和温度分布图可以更快地得出结论。

6.3.2　向下流动的井

图 6.6 是 Wairakei 一口井的例子，用它来作为向下流动的例证。该井的完钻深度为643m，套管下入深度为 275m，在 1978 年进行这些测量时，该井已经溢流了 2 年半的时间。井口绝对压力为 4.0bar，饱和温度为 143.6℃，这与最浅的温度测量数据点一致。测量相对较少，相距约 60m，因此，将这些点组合起来可能会产生误导；然而，位于套管鞋深度之下的温度相同这一证据说明该深度地层存在向下流动。

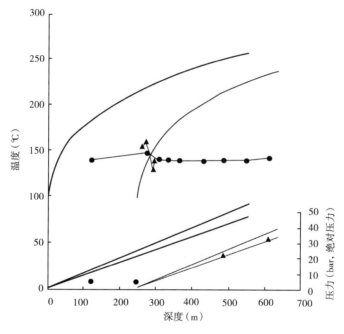

图 6.6　一口 300～600m 发生向下流动的井的测量数据

温度测量的最深点显示略有上升，这表明流动可能已经离开井筒并进入高于该深度之上的地层，并且位于井底的井筒周围较热、渗透性可能较差，因此流量非常低。在套管鞋的区域发生了一些复杂的情况，这提醒需要进行更详细的温度测量，但如果要清楚解释这种情况，则需要该井的地质记录和钻探记录。套管鞋（割缝衬管顶部）处的渗透性可能是在钻其余井段时高压导致地层被压裂开的结果。如果仅仅是由于存在高渗透地层，则钻井的过程中有可能会经历这样一些情况——循环时漏失，以及下入生产套管时固井困难——所有这些都应该记录在案。

转换 bpd 曲线似乎并不值得，因为向下流动温度测量数据显然不会去掉它，但允许通过获得与井中较低部位测量压力相匹配的转换控制，来揭示当压力随深度增加，饱和水沿井筒向下变成亚饱和时，开始向下流动。

对于没有流体排出的井，在已知高温的地热资源区域，同一温度的数百米长度无疑表明可渗透地层被不可渗透物质隔开，并且它们之间的压差不是平衡静水压力分布。向下流动可能会持续数年，或者逐渐消失，跟当地的具体情况有关。理论上讲，它们降低该深度下的地层温度会对资源形成破坏，在第14章中给出了可能造成进一步潜在损害的例子。

6.3.3 有 bpd 温度分布的井

图 6.7 显示了 Kawerau 1 号井（新西兰）的测量数据——由于该地区的温度分布接近地面的 bpd，因此在钻井过程中需要谨慎处理。这口井深 457m，套管下至 305m，并在进行这些测量之前 2 年内一直处于加热状态。记录的井口绝对压力为 2bar。

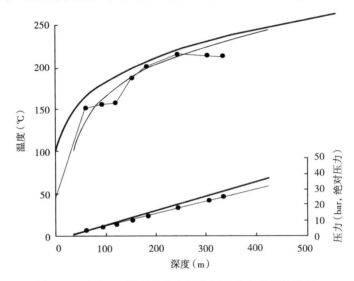

图 6.7　显示 bpd 温度分布和相应压力分布的测量数据

尽管不是真正的平衡分布，仍在 3.5 节中对 bpd 温度分布如何发生进行了解释。这口井很可能在溢流，因为发生了 bpd 分布必要的上升热通量，尽管已经采集了数据的原始图表没有提到这个问题。毫无疑问，井温分布代表周围地区的温度分布，在地表上有温泉，在整个地区提供了向上的热通量，并且还能够实现 bpd 分布。

6.3.4 水漏失测量

本例和以下两个例子来自同一测量数据，它是于 1977 年 6 月在 Kawerau（新西兰）一口井完成测试后 2 个月内进行的。图 6.8 所示的测量是在没有井下流量计优势并在一天内完成的，显示了在 2 个流量分别为 7.6kg/s 和 25.0kg/s 下的温度分布。井深为 1271m，割缝衬管起始于套管头法兰以下 536m 处，即所谓的生产套管鞋。bpd 曲线在井口处显示，仅仅是为了表明流动远低于饱和温度——在钻井过程中，冷水已经注入到井筒中并将其冷却。在没有发生向井流动的井中，注入流量在某一深度稳定上升，并且在该深度处，水离开井筒进入地层。在该深度以下，井温分布不会随注入流量的变化而发生改变。在图 6.8 中，注入的冷水沿井筒向下流动，温度出现小幅上升，直到在地层打开部位（割缝衬管）发生阶跃变化。该阶跃的高度显然与流量成反比，它与 750~850m 深处进入井筒中的热水地层或裂缝带，以及与注入水混合相一致。

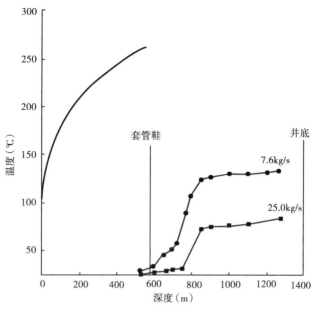

图 6.8 注水期间的测量数据——水损失测量

混合物沿着井筒向下流向井底，温度只发生小幅上升——这表明水实际上流向井底；如果没有流动，温度会增加，并且可能具有与地层一致的不均匀温度分布。可以得出两个热平衡方程式，结合物质平衡方程，并且方程组中只有两个未知数，即流入的质量流量和温度——也就是说，假设流入流量在两个注入流量下都是恒定的。它可能因时间而异——提供流量的地层压力可能由于流动而下降，而在较高的注入流量情况下，流入点处井中的压力可能较高。砂面与未扰动地层之间的压差驱动流动，但是这种关系是非线性的。尽管如此，根据现有的信息资料，只能假设流入速度是恒定的，没有其他方法，这时可以将每个流量的方程写成：

$$(\dot{m} \cdot C_p T)_{pump} + \dot{m}_{in} \cdot C_{p\,in} \cdot T_{in} = \dot{m}_t \cdot C_{pt} \cdot T_t \qquad (6.2)$$

式中，$\dot{m}$ 为质量流量，kg/s；C_p 为比热，kJ/（kg·K）；T 为温度，℃；下角 pump 为泵送流量，in 为流入，t 为总混合流量。

这个方程可以用质量平衡方程来求解：

$$\dot{m}_{pump} + \dot{m}_{in} = \dot{m}_t \qquad (6.3)$$

结合这些方程并假设 C_p 是恒定的，则：

$$(\dot{m} \cdot T)_{pump} + \dot{m}_{in} \cdot T_{in} = (\dot{m}_{pump} + \dot{m}_{in}) \cdot T_t \qquad (6.4)$$

根据测量数据，当流量为 7.6kg/s 时，流入前、流入后的温度分别为 55℃ 和 125℃；当流量为 25kg/s 时，对应的温度分别为 30℃ 和 73℃，这样得到两个公式：

$$7.6 \times 55 + \dot{m}_{in} \times T_{in} = (7.6 + \dot{m}_{in}) \times 125 \qquad (6.5)$$

$$25.0 \times 30 + \dot{m}_{in} \times T_{in} = (25.0 + \dot{m}_{in}) \times 73 \qquad (6.6)$$

显示出在流入温度 T_{in} 为 176℃、$\dot{m}_{in}$ 为 10.4kg/s 时的流入情况。

一般来说，进行水损失测量的井可能有不止一个流入和流出。原理上，混合代数很简单，足以允许一定范围的流速即可提供足够的信息来确定流动，Bixley 和 Grant（1981）指出可以找到每个层的地层压力和产量。然而，这种方法依赖于注入和生产能力；由于对其定义的主观性，他们发现该方法在所有情况下都没有得出可接受的结果。

6.3.5　放热测量

在最后一个 Kawerau 地热井例子中进行了加热温度测量，分别在水漏失测量之后的 1 天、4 天、2 周和 4 周后进行。在第 4 天和第 4 周的测量中同时进行压力测量。

记录的井口绝对压力在加热 1 天后为 4.1bar，4 天后降至 2.7bar，4 周后降至 1.7bar。在第 4 周的测量之后，该井再次溢流 4 周，并进行了压力 P 和温度 T 的测量。温度测量的结果如图 6.9 所示。图 6.8 所示水漏失测量的最低流量可供参考，显示了温度如何恢复至仅作为资源温度的值。上面有数据点的曲线是在地热井溢流 4 周后进行的测量；它接近 500~700m 深度地区的 bpd 曲线。本次测量记录的井口绝对压力为 21.6bar/27.2bar，与井溢流前不到 2bar 相比有大幅增加。通过打开溢流阀产生的非常小的流量已经足以让接近饱和的水填充井筒，这表明该井为非常好的地热井。

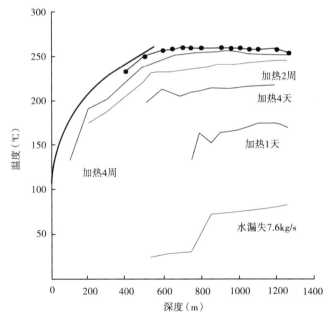

图 6.9　一口地热井在加热期间进行的测量

6.3.6　加热过程压力测量及中心点

图 6.10 显示了另一口 Kawerau 地热井水漏失测量期间的温度分布。水漏失测量结果显示两个漏失区：450~500m 和 1200m。

该井下套管至 439m，井底为 1281m。加热温度测量遵循类似于如图 6.9 所示的模式，因此通过扩展压力轴来修改图 6.10，以查看非常接近的一组压力测量之间的差异。包括的唯一

温度测量用 T 标识。

测量是在加热过程中按一定间隔进行的，重要的细节是压力测量相互交叉，深度在 700~900m 之间。最早的一对调查，用△和+进行标识，显示出明显的交叉。

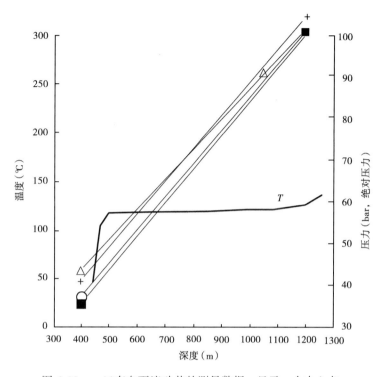

图 6.10　一口有向下流动井的测量数据，显示一个中心点

随后的压力分布向右移动，与加热开始时在大气压下开始的井口压力相一致，并在 32 天后上升到 3.4bar；井中有效水位进一步下降。后面的数据显示了一个不太明显的交叉点，因为分布的斜率几乎没有变化，井中温度分布的结果没有变化（尽管这在图中没有显示出来）。

交叉点被称为中心点，这是一个概念上简单的想法。图 6.11a 显示了一个充满水的井，并且生产层为非地热井底部的单一地层。井中水柱的静水压力与地层压力平衡，假设其保持稳定。水柱高度取决于其温度分布，所以如果这种情况发生变化，或许由于井被加热，水位将会变化，但地层处的压力将保持不变。井就像压力计一样。测得的任何压力分布将通过标记的中心点。如果井在地层深度以下不可渗透，那么井中该深度以下的压力分布也固定在中心点处，因此，理论上，可能在中心点处出现实测分布的扭结。

在图 6.11b 中，井穿过了两个生产层，上层的渗透性比下层差。两个地层的未扰动压力使得在它们之间的井筒充填的流体提供适量的静水压力增量，从而使得两个层之间无干扰，也不发生向井流动，这种情况理论上存在，但是现实中不大可能出现——不可能发生是因为当刚完井的井从受钻井流体冷却作用中恢复时，其温度分布会发生变化。在钻井之前，这两个地层可能通过很长的渗流通道连通，但是位于同一地热资源中的两个层意味着，它们因资源规模的自然循环而不会处于静态平衡状态。其结果是预计会发生井中的内部流动，一个地层排放，而另一个层接收流体。如果下部层位接收流体的能力是无限的，那么井内该点的压

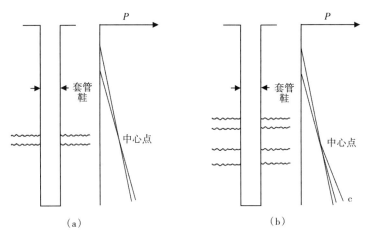

图 6.11　两个井说明了枢轴点的概念，（a）单一产层和（b）两层，其中下层具有较高的渗透率

力为定值，即未受干扰的下部地层压力，并且该井将作为该层的压力计。所有的测量都将围绕这一点进行。下部地层以下的压力分布可能会发生扭曲——如图中的 c 线所示。事实上，没有固定的中心点；相反，它将接近具有较大渗透率的地层，如 Grant（1979）解释的那样，但随着井中温度分布的变化和渗透率较低地层中的压力变化，它会发生移动。它将随着井中发生的内部流动而改变——渗透率较小地层中的压力将趋向于与井保持平衡，而渗透率较大的地层，其内部流动将下降，并且系统将趋于静态平衡。

没有令人信服的数学支持来证明这个推理。这个问题对于数值建模来说是相对容易的，但该问题的研究主要还是学术层面。

6.4　根据单井预测资源原始压力和压力梯度

在钻探新资源时，水文和地层学均是未知的，必须抓住每一个机会来加深理解。Dench（1980）指出，在地热资源之上，有可能具有渗透性地层，其压力确实随着上述基准曲线的深度而规律性增加，并且他解释了如何在钻探过程中测量其各自的压力。在每一次循环漏失的深度点，停止钻井，并通过利用井作为测压计来测量漏失地层的压力，测量漏失地层上方的钻井液密度和最终静态钻井液面高度。在测量之后，漏失地层用钻井液封堵并且继续钻井，重复该过程直至下一个地层。Dench 展示了肯尼亚 Olkaria 一口井 600m 以上深度的压力分布，它的非线性非常强，最大压力出现在约 500m 深处，远高于充满蒸汽的较深地层。上部含水层被视为栖于地热资源之上，虽然这种用法并不意味着栖于地层结构上的地层是由不连续的不渗透地层形成的，简而言之，而是高温蒸汽层位于广泛分布、具有较低渗透率的饱和水层下方。然后他提供了印度尼西亚 Kawah Kamojang 资源的数据，该资源具有这种特点。这些井中的压力分布与图 6.3 所示类似，但液面的表观深度不一致。

图 6.12a 展示了 Dench 报告中的测量结果，初看这些数据，似乎每口井都钻到了充满液体的资源中，其水位变化范围很大。每口井的套管鞋都比表观水位要深。

使用上述的地层压力测量方法，他确定了最高压力的地层并把这些结果绘制成图；图 6.12b 是一个代表。该图显示，该资源是一个厚度大的充注蒸汽地层，静水压力与蒸汽相当，其上有一个饱和水的地层——几乎与图 6.12a 所示相反。

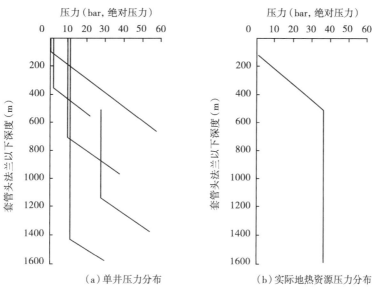

（a）单井压力分布　　　　　　　（b）实际地热资源压力分布

图 6.12　Dench（1980）的实测结果
展示了位于充满水的地层下方的蒸汽层

　　有时会绘制出以液体为主的资源中心区域的压力垂直分布，但是这样做的价值是值得商榷的。Grant（1987）解释说，McNabb 发展了该项技术，在 20 世纪 70 年代用于推导新西兰资源垂直压力分布，并将其与地表流体排放速度放到一起，用于计算垂直渗透率。进行此计算所需的所有参数只能粗略估算——地面流体排放速度、向上流动通过的面积、压力梯度本身，以及它是否在整个资源范围内发生变化。在第 4.4 节中提到，当垂直平板布置于半无限流体储层中，并加热以引起速度和温度分布如图 4.10 所示的自然对流情况下，只有一个有意义的垂直压力梯度，即在面板被加热之前无处不在，并且在对流过程中位于加热区域之外。这是一个流体静力学分布，是自变量设定的结果，但邻近面板的上升流体或资源羽流中的垂直压力分布不是这样。伴随向上自然对流发生的分布，受热源和资源组分控制，没有独立的意义；距离板表面的距离不同，存在不同的垂直分布。与此相反，在充分形成的剖面中，沿着图 4.7 管子的压力梯度是一个非常重要的自变量；它是驱动流量的应用变量，而资源中的压力梯度是热交换的结果。目前，利用油藏模拟能够提供详细的流动模式并与井温和压力测量结果进行拟合，而不需要尝试测量和解释整个向上流动资源中的垂直压力分布。

6.5　井筒排液

　　一些设计时认为最理想的地热井可能永远不会排出流体，而有些地热井需要通过关闭阀门来防止其排出流体，介于它们两者之间的地热井则在排出流体时存在一定的难度。可能因为它不是一个常见问题的缘故，关于实现排放流体的细节文献鲜有发表。然而，地热能利用的增加可能会导致在偏远山区进行相同类型的地热资源勘探，从而促进这里讨论的一些方法的发展。已在位于菲律宾 Negros 岛的 Palimpinon 资源的高海拔位置钻地热井，地热资源压力由较低海拔的陆地控制。即使在已经开发的地热资源中，只要排放之前进行的测试允许，仍有让生产井排液的经济动力。另外，在本书中，这些技术提供了一个地热井案例分析。这里给出的例子主要基于 Brodie 等（1981）。

假设一口井下套管至井底单一渗透层，位于地面 200m 以下，该井一直保持这种状态，直至获得地层温度分布；在此之前，该井不排放流体，但是与套管头法兰以下 20m 的水位处于接触状态。这样必定有一个 180m 高的水柱，其温度处处低于饱和温度。地层压力和资源温度分布控制水密度，从而控制水位。如果安装潜水泵，则泵将吸入水并降低水位，这样一来，砂面压力将下降并且水从地层流入井中。又或者，如果水密度以某种方式降低，则平衡地层压力所需的水柱高度将会更大；如果水柱高度能大于从套管头法兰到地层的高度，那么井会溢出并连续排放。当压力降低到水的温度到足以闪蒸时，密度的降幅将最大。图 6.13 显示了一个实际测量结果，该井深 2100m，套管下至 600m，生产套管为 9⅝in，割缝衬管为 7½in，位于 8½in 井眼中。

如果向井下移动约 250m，基准曲线将与测量结果相吻合。温度和压力分布的斜率在约 700m 处的变化标志着从单相到两相条件（闪蒸液位）的变化；井下部充满液体，上部充满两相混合物。在地表测量的质量流量和排出流体比焓分别为 13.8kg/s 和 1170kJ/kg。在第一个测量点的压力条件下，即井口下方绝对压力为 17bar 处，流量的干度可以用下式进行计算：

$$X = (h - h_f)/h_{fg} = (1170 - 872)/1923 = 0.155$$

这里，平均密度由下式给出：

$$\frac{1}{\bar{\rho}} = \frac{1 - X}{895.58} + \frac{X}{8.57} \tag{6.7}$$

平均密度下降到大约 52kg/m³，因此闪蒸面以上的压力分布现在不是太陡。随着压力下降，井上部 200m 的流动温度下降，它们共同表现出局部饱和条件（图 6.13）。

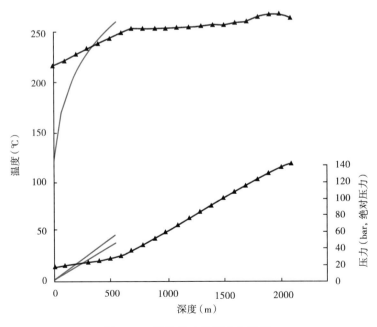

图 6.13　排放井中的压力和温度

由于地层温度和渗透率可能不够高，这样将无法实现地热井流体的排放。可以通过酸化或压裂技术来改变岩石性质，本书未对这些改造技术进行讨论；但在采取这些措施之前，对几种引流实现排放的技术方法进行了探讨。这些方法包括：（1）气举；（2）通过空气压缩降低水位；（3）蒸汽加热套管；（4）注入来自其他排出井中的排出流体。它们都体现出用低密度两相混合物填充上部井筒这一步骤，从而达到降低砂面压力的目的。

6.5.1　气举

将油管下入井中，深度至水面以下，同时，使用空气压缩机或液氮罐将压缩空气或液氮注入到井中；液氮在沿着供给管线的方向上气化，该供给管线为直径 1in 的不锈钢薄壁管，该管柔韧性好，可以卷成连续油管装置。该装置可适用于空气，否则，需要能支撑强度大、重负荷管子的井架。气体从底部出来，并以气泡流的形式在井中上升。混合物的平均密度小于水的平均密度，因此井中的水位上升；如果管子插入足够深并且气体流量充足，则水面将超出井口。只要气流保持不变，冷水就会从井的顶部排出。管子底部以上的混合物密度的降低减少了井中处于较深地层处的压力，这样地层中的流体就能进入井筒。最终，如果生产层位高于井口附近饱和温度，则两相流的气体部分中蒸汽量将增加。如果使用压缩空气和强度大的油管，为了安全起见，则操作时需要钻机。

图 6.14 展示了一个通过气举实现流体排放的地热井例子。该井深达 1200m，套管下至 580m，在 670~700m，870~910m 和 1100~1200m 处发现了大量的渗透层，但存在从一个上部向下部的流动。标记为 T 的实测温度分布远低于 bpd 曲线，因此标记为 P 的压力分布较饱和水基准面（基准曲线位于原点处）更接近冷水基准面。水位低于套管头法兰约 40m。通过将刚性油管插入至水位以下，并使用绝对压力为 8bar 的空气压缩机进行气举，结果在 20min 内成功实现排放。

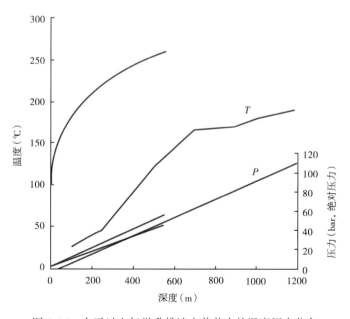

图 6.14　在通过空气举升排液之前井中的温度压力分布

6.5.2　空气压缩降低水位

这种方法适用于井下温度高但水位低的井，因为安装长油管和所需的巨大压缩机比较困难。通过在井口提供空气来实现。图6.15所示的井的总深度为1965m，套管下至670m的深度。钻井时在1125m深度发生漏失表明其渗透性好，从1540m深处至井底钻井为盲钻。标记为A和B的连续两次加热测量显示1100~1500m有向下流动，这与钻井记录一致。井中的水位非常低，在220m处。测得的井底温度足够高，这表明如果能用两相流体充满井筒，井将会排放流体。最后决定使用一个空气压缩机，将水位降低到大约1000m处，该深度点恰好位于向下流动的上方，相应的压力分布如图所示，标记为P。预计不会停止向下流动，因为水位由较深生产层更高的渗透率决定。

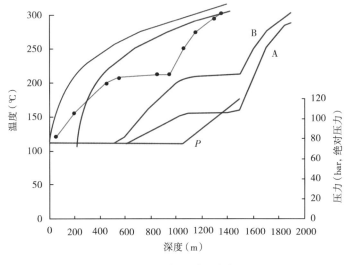

图6.15　空气压缩的实例

空气压缩的目的是将井中的冷水推回地层，并将其保持在那里，直至达到与地层相同的温度。当压力最终释放时，热水进入井内，闪蒸并形成大体积的两相混合物，其体积大到足以超过井口，从而降低了砂面压力并建立起连续排放。在这个实例中，井未能实现排放。其原因可以通过调整图6.15中的两个温度剖面看出来。将bpd曲线向下移动，从原始水位深度220m处开始，并且将25天关闭温度分布，也就是当开始压缩空气时的分布，由于被压低的水位所产生液量的作用沿井向上移动，显示在释放压力时重新进入井中的水的温度分布。问题在于深度在250~1300m之间的水，该温度仍低于bpd温度，因此不会发生闪蒸。闪蒸仅在250m深度以上相对较短的长度内出现。

空气压缩是引流排放流体的一种成功方法，但所选示例显然超出了该技术的限制，尽管井底温度较高。在整个过程中存在的连续向下流动也可能是其失败的一个重要因素。

6.5.3　用蒸汽给套管加热

在4.5节中已经显示，钢套管的热响应小于10s，所以，任何试图开始排放的两相混合物向井口上升流动时，未加热的套管会冷凝蒸汽。Brodie等（1981）报道了通过注入蒸汽预热套管的结果。图6.16的温度分布展示了将蒸汽注入井中几天后的结果。井中的静水位在套管头法兰以下 600m 处，蒸汽将该空井段的温度升高至约 180℃。蒸汽压力据报道为 15bar（饱和温度为 198℃），因此它基本上是一种蒸汽加热和相当于空气压缩的组合。

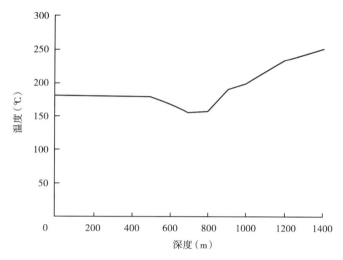

图 6.16　在绝对压力 15bar 的条件下注入蒸汽数天后的井筒温度分布

Brodie 等（1981）考虑到可能会减少其体积的因素，在两相混合物的上升柱中进行热力平衡。获得最大体积混合物以确保最大量的混合物将通过井筒溢出井口，但与此相反的因素是套管的热量损失和克服重力做功而导致比焓下降。

可使用便携式锅炉对套管进行蒸汽加热，这包括将锅炉及其燃料运输到现场的成本。该方法是远程资源勘探的唯一手段，但是如果附近的井已经排放流体，则可以将其排出液体直接注入井中。Siega 等（2006）称，这种方法用于菲律宾 Mahanagdong 这是一高海拔的地热资源。已形成的技术是将开井时（生产井）能够生产两相流体的附近地热井连接到消声器，它有分支连接到要排液的井上；连接使用 10in 直径管线和 10in 的闸阀，这样流量限制最小。然后将生产井排放到消声器，用最大井口压力进行节流，将排出的液体导入到要排放的井中。流体排放通常在 1h 后发生。相比之下，通过 2in 管道排出两相流体并进入侧阀，在注入 2d 后最后也不成功。排放流体井内的温度分布如图 6.16 所示。

参 考 文 献

Bixley PF, Grant MA（1981）Evaluation of pressure－temperature profiles in wells with multiple feed points. In：Proceedings of the New Zealand geothermal workshop，University of Auckland，Auckland.

Brodie AJ, Dobbie TP, Watson A（1981）Well discharge stimulation techniques in hot－water domi-nated geothermal fields. In：Proceedings of ASCOPE'81，ASEAN council on petroleum，second conference and exhibition，Manila，Philippines，Oct 1981.

Clotworthy AW（1988）Complex feed zone observed at Wairakei. In：Proceedings of the 10th New Zealand geothermal workshop，University of Auckland，Auckland.

Dench ND（1980）Interpretation of fluid pressure measurements in geothermal wells. In：Proceed-ings of the New Zealand geothermal workshop，University of Auckland，Auckland.

Grant MA（1979）Interpretation of downhole measurements in geothermal wells. Report No. 88,

December 1979, Applied Maths Division, Department of Scientific and Industrial Research, New Zealand.

Grant MA (1987) Reservoir engineering of Wairakei geothermal field. In: Okanden E (ed). Geothermal reservoir engineering, vol 150, NATO ESI series, Series E: applied sciences. Kluwer, London.

Grant MA, Bixley PF (2011) Geothermal reservoir engineering, 2nd edn. Academic, New York.

Grant MA, Donaldson IG, Bixley PF (1982) Geothermal reservoir engineering. Academic, New York.

Grant MA, Bixley PF, Donaldson IG (1983) Internal flows in geothermal wells: their identification and effect on the wellbore temperature and pressure profiles. Soc Pet Eng J 23 (1): 168–176.

Johnston J, Adams LH (1916) On the measurement of temperature in bore-holes. Econ Geol 11 (8): 697–740.

Kuster Company (2012). http://www.kusterco.com.

Lighthill MJ (1953) Theoretical considerations on free convection in tubes. Q J Mech Appl Math 6 (Pt4): 398.

Murgatroyd W, Watson A (1970) An experimental investigation of the natural convection of a heat generating fluid within a closed vertical cylinder. J Mech Eng Sci 12 (5): 354–363.

Siega HC, Saw VS, Andrino RP Jr, Canete GF (2006) Well-to-well two-phase injection using a 1000 diameter line to initiate well discharge in Mahanagdong geothermal field, Leyte, Philippines. In: Proceedings of the 7th Asian geothermal symposium, July 2006.

Wainwright DK (1970) Subsurface and output measurements on geothermal bores in New Zealand. UN Symposium of the development and utilization of geothermal resources, Pisa (Geothermics (1970) special issue 2).

Zarrouk SJ (1999) Numerical solution of near-critical natural convection in porous media with reference to geothermal reservoirs. MSc thesis, Department of Mechanical Engineering, University of Auckland, New Zealand.

7　相变现象和两相流动

相变通常由于传热而发生，但它也可以由于压力的变化而发生。利用热来产生电力依赖于发生沸腾或闪蒸的水蒸气相变，有时还有除水之外的流体相变。沸腾可能以两种模式中的一种出现，即涉及表面张力的成核沸腾和均匀成核。首先对这些进行介绍，然后是闪蒸，它是由于压力降低导致液体变为气体的变化，之后是冷凝。由于涉及相变现象，简要讨论了热爆和热液喷发的性质和可能原因。接下来介绍两相流，因为它是以经验为基础的，因此需要引入第 4 章中建立的控制方程中的许多新变量。最后，解释了气体水溶液的物理性质。

7.1　背景

地热工程通常涉及从地热资源中提取热水并分阶段闪蒸以产生干蒸汽。闪蒸现在可能会出现在一个小型的工业活动中，但在 20 世纪早期，将饱和水储存在蓄能器中并在需要时使用它来产生额外的蒸汽是工厂的标准做法——例如参见 Lyle（1947）和同年代的书籍。蓄能器是在饱和条件下保持部分充满水的绝热水平圆柱体，存在较大的可供蒸汽蒸发的表面积，在需要的时候，通过降低其压力，蒸汽可以释放出来。另外，当有多余的蒸汽时，可以在较高的压力下补充进去，使其冷凝。蓄热过程作为燃料经济的手段已经确立，许多以液体为主的地热资源的蒸汽田实践必定源于此背景。随着设备中使用的热通量水平的增加，对 20 世纪中叶沸腾过程的详细研究也剧增了。在地热资源中，$800mW/m^2$ 的自然热通量被认为是很高的，但是锅炉、核反应堆和化学加工厂等工程设备通常被设计在 $1MW/m^2$ 的热通量下运行。闪蒸过程的细节对于常规的工程操作来说不那么重要，但是在自然和工程设备的爆炸研究中，非常快速的闪蒸、沸腾和冷凝都已经引起了人们的关注。

7.2　表面张力

饱和压力和温度形成了一组特殊条件，使水和蒸汽（或任何液体及其气体）处于平衡状态。遗憾的是，相变会产生一个表面，如果表面是平的，那么每一侧的压力只是相对于纯物质的饱和压力。如图 7.1 所示——表面液体分子通过短程作用力保持紧密接触，它作用于整个液体，包括沿着液体表面，产生表面张力。

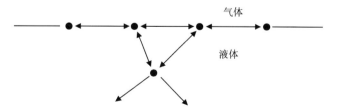

图 7.1　位于表面的水分子示意图，说明表面张力

对于水，表面张力 ζ（N/m）随饱和压力变化，在热力学临界点变为零；液体和气体之间的界面在临界点消失，并且观察这种现象是经典的实验室示范内容（虽然不容易实现）。IAPWS（1994）公式是用饱和温度表达的（图7.2）：

$$\zeta = 235.8 \Gamma^{1.256}(1 - 0.625\Gamma) \tag{7.1}$$

式中，$\Gamma = \left(1 - \dfrac{\Theta}{\Theta_c}\right)$；临界温度 $\Theta_c = 647.096\text{K}$。

表面张力影响相间界面的形状，并可能偏离饱和度配对的局部条件。考虑一个半径为 r 的蒸汽气泡并检查保持其直径不变时必须存在的力平衡（图7.3）。

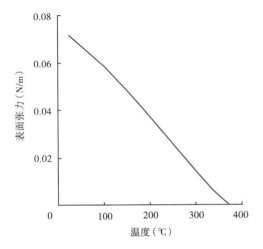

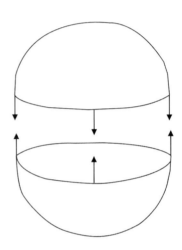

图7.2　根据IAPWS（1994）计算的作为
饱和温度函数的水表面张力

图7.3　表面张力对气泡的作用

围绕周长的表面张力使两半球保持在一起，但必须通过气泡壁上的压力差来平衡，以防止其塌陷：

$$\zeta \cdot 2\pi r = \Delta P \cdot \pi r^2 \tag{7.2}$$

或

$$\Delta P = \frac{2\zeta}{r} \tag{7.3}$$

如果气泡和周围液体是等温的，那么液体相对于气泡中的蒸汽必定轻微过热。可以对蒸汽中的水滴进行类似的分析。

7.3　沸腾

在地热工程中很少有必要量化沸腾传热率，但物理过程值得理解。在工程文献报道中经常将沸腾研究当作两种类型之一，即池式沸腾和流动沸腾，这取决于被加热的液体是固定容积，作为容器中的"池"，还是流动着，如通过加热管道。但是这个过程的特点是发生相变的方式，常见的有三种模式，即成核沸腾、薄膜沸腾和均匀成核。蒸汽的比容比水的比容大几个数量级，因此，很明显在表面产生的蒸汽有可能阻止替代水接触到它。成核沸腾时，在加热表面上的成核位置发生相变，并产生气泡，以规律的间隔离开，从而允许新的水占据该位置。如果表面的热通量大于临界值，则置换水不能到达表面，该表面被一层蒸汽所覆盖，热量必须通过该蒸汽层，以便在蒸汽—水界面处发生更多的蒸发。它被称为薄膜沸腾，其传热速率比在核沸腾中低得多。这是设计人员努力避免的一种模式——这是高热通量设备的失败原因，与地热工程几乎没有关系，虽然它可能出现在火山环境中。

7.3.1 成核沸腾

不管沸腾水容器表面如何光滑，都会出现微小的凹坑和裂缝。如果容器可以先抽真空，然后装满没有溶解气体的水，那么这些凹坑可以完全被水充填，但是，在加入水时，空气通常仍然留在底部，如图 7.4a 所示。空气气泡在静压头下被压缩，直到它界面的曲率满足式 (7.3)；然后在表面被加热之前，它变成混有少量蒸汽的空气穴。空气不能凝结，所以即使表面很冷，空气穴也不会塌陷。当表面被加热时，传导确保邻近表面和凹坑的水（更适当地应称为成核位点）被加热，并且水分子从液体一侧通过界面。气泡以图 7.4 中其他图示描绘的方式增长；气泡呈半球形扩展，最终在加热的表面上留下一层薄薄的环形的水，在成核位置周围形成干斑。热传导足以蒸发薄层水（微细层），气泡圆顶周围蒸发相对较少。

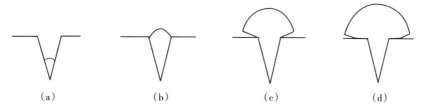

图 7.4 从左到右分别为成核位置的气泡增长阶段

如果是向气泡内传热，则表面和相邻液体的温度比蒸汽略高。气泡越来越大，最终变得足够大，能产生足以将其从受热表面上升的浮力，并且形成一个颈部，最终破裂，这样气泡自由上升。然后成核点返回到它的起始点，但是在加热开始之前填充它的原始空气已被稀释并且新界面主要在蒸汽上形成。再次发生蒸发，不断重复气泡增长和离开的过程。

随着表面温度升高，传递的热通量增加，但最终达到上升的气泡阻碍置换水流入并且表面完全被蒸汽覆盖的阶段。在裂变加热的核反应燃料单元，以及由火焰热辐射加热的化石燃料锅炉管中，表面的物理边界条件是恒定的热通量，而不是恒定的温度。假设热通量完全不受温度影响，如果传热速率不足，则表面可能会达到失效温度，而术语"烧毁"有时用于描述临界热通量条件。

处于该温度水平时，任何喷洒到表面的水都不会接触到它，仍然有一层蒸汽膜隔离开；莱顿弗罗斯特效应是与这种现象有关的名词。

成核沸腾也发生在液体流经的加热管中——被称为流动沸腾；气泡的增长速度可能非常快，与池式沸腾的唯一区别是，气泡在变大时会受到流体阻力的影响，因此它会从成核位置驱走，而不会将其置于浮力的作用下。沸腾危机同样是流动沸腾的问题。一些工程设备在受热表面上有意形成成核点，化学实验室的圆底烧瓶中的碰撞是由于缺乏成核点引起的——传统上通过添加破碎的陶片，换句话说，通过添加成核位点来消除这种现象。可渗透地层的孔隙提供成核位点，悬浮在流体中的颗粒也是如此。在没有成核位置、允许过热几度的情况下，沸腾不会发生，而是会发生所谓均匀成核的剧烈过程。

7.3.2 均匀成核

当没有成核点时，均匀成核在流体内部发生。这是一个爆炸过程，即它是非常迅速的，从水到蒸汽的比容增加会产生很高的加速度，并因此产生压力波。其物理概念是，随着过热水平的增加，液体分子的振动幅度增加——它们受短程作用力的约束，因此运动受到限制，但它们会随着温度升高引起的动能增加而变得更大。可以定义一个最小线性尺度，超过该尺度，相邻分子将断裂并自由，并且随着过热程度增加，液体内的空间将随机开放并允许形成气泡。在成核沸腾过程中，表面提供的过热水平只有 1~2℃，但在没有成核位置的情况下，可能会出现 50℃ 甚至更高的温度。蒸发率相应较高。均匀成核是一种罕见的现象，因为成核沸腾通常首先在容器壁开始，但是它可以在非常高的加热速度下发生。Skripov（1974）提出了该理论，Blander（1979）对它进行了扩展；Hasan 等（2011）提供了文献综述。这个课题与寻找工业设备中热爆炸的原因，以及热液喷发和爆发性火山活动密切相关。

7.4 闪蒸

闪蒸是从液体到气体的相变，与沸腾的区别是，闪蒸是通过降低压力而不是增加热量。这是在天然地热流动，以及热流井和蒸汽场设备中常见的过程。热流体在可渗透地层和泉水通道中最终都会形成压降，并且，它们在排放井中向上流动。

如果在饱和条件下，降低一定量的水的压力，蒸发的水的比例由绝对压力水平和压力变化量来决定。蒸发如何发生取决于压力下降的速率和蒸汽可以离开的水的表面积。假设通过活塞将一定量的水置于一个圆柱体中，并且在初始条件下整个体积均被水占据。通过缓慢退出活塞降低圆柱体内压力。正如已经讨论的那样，只有在成核位置底部的那些表面才会发生蒸发，这些表面是水—空气表面或水—空气+蒸汽表面。气泡会出现在容器壁上。Hahne 和 Barthau（2000）回顾了以前的研究，进行了这种实验，其中起点是充满液体的容器部分，其余部分充满其气体（蒸汽），包括在静止状态和在热平衡状态两种情况。缓慢的压力降低导致圆柱体内液体线周围成核，而快速减少导致蒸发波通过流体向下传播，在波的后面形成液滴和气体的混合物。

如果将加压液体闪蒸至较低压力，则通常的做法是，将其喷入可用空间中，这有助于最大化液体表面积来实现该过程。考虑到蒸汽的比容高，将水喷入容器中有可能产生的蒸汽速度比逃逸的速度更快，从而使容器内的压力增加并限制闪蒸过程——换句话说，容器必须大，足以接纳在所需压力下产生的蒸汽。

由于有效的流体静压力梯度，在热流井中，液体由于向上流动而变得过热。如果已经生产了一段时间并且是稳定的，那么套管的热损失可以忽略不计，并且流动将近似绝热过程。两相的分布取决于流动过程的特定参数，这是 7.7 节中有关流动所研究的主要问题。

闪蒸过程用于海水淡化、用于浓缩溶质和回收溶剂的化学过程。地热方面的"多级闪蒸"意味着 2~3 级，但 25~30 级闪蒸器用于中东国家从海水中生产饮用水，那里有充足的燃料供应但淡水很少。这两个行业在焦点问题上存在差异：在地热中，目标是利用热流井中的可用能量产生蒸汽，而在海水淡化中，仅在入口处加热一次后设法从海水中产生最大量的纯水，然后通过在每一级中的冷凝器回收 h_{fg} 比焓变化来保存热量。在地热发电厂中增加闪蒸级数没有经济优势，因为它会使涡轮机太复杂，这一点将在第 11 章中进一步阐述，尽管尚未得到任何分析的支持。有关多级闪蒸的文献是相当难以理解的，但 Lior（1986）和 Khademi 等（2009）用本书中的专业术语进行了介绍。

7.5　冷凝

稳态凝结和非常迅速的瞬态凝结都与地热工程有关。物理过程与沸腾相变过程相反。它可以通过降低气体温度或增加其压力来实现，而且它可以均匀地或非均匀地（通过成核点）发生。

当气体过饱和时，使分子足够接近，近到在短程力作用下能形成液滴，发生均匀冷凝。一旦形成了液面，则可以通过俘获单个分子发生冷凝，并且冷凝液体的分布通过暴露的表面区域控制进一步冷凝的速率。Nusselt（1916）提出了与在垂直冷却表面上冷凝的连续膜想法相关的理论。连续膜从顶部开始，随着它沿着管壁向下流动而变厚。如果通过移除冷凝过程中放出的热量将表面保持在恒定温度，由于驱动热通过薄膜到达管壁所需的温差增加，冷凝速率沿着金属板向下降低，如图 7.5 所示。

到目前为止，描述的冷凝模式是单一气态形式的纯物质在清洁表面上发生冷凝的情形。当存在其他物质时，可以提高传热速率，就像由于存在不冷凝气体会降低传热速率一样。表面可以用有机化合物进行处理，这些有机化合物可以促进冷凝并形成液滴（因此被称为滴状冷凝），这些液体迅速从表面流走，并使表面暴露以便进一步冷凝。如果存在这种情况，与可冷凝气体分子混合的不可冷凝气体（ncg）分子被运带到冷却表面，但在液体形成之后保留在那里。如果 ncg 分子的浓度增加，它们会覆盖表面并阻止可冷凝分子到达壁面，从而降低冷凝速率。

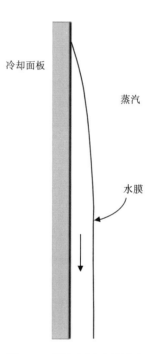

冷却面板

蒸汽

水膜

图 7.5　薄膜冷凝过程图示

非常小的气泡的瞬间凝结受到了很大的关注，因为这是造成空化现象的原因，这种现象发生在高速流动中。高速船舶的水下表面和高速旋转机器中的润滑油膜中形成许多小气泡，这是因为即使流体温度不高，在某些流动环境下局部压力可能暂时低于饱和压力——根据伯努利方程，局部压力可能大幅下降。气泡的破裂导致金属疲劳和表面凹陷。如果气泡是球形的，且冷凝过程进行得足够快时，则液体对称地朝着气泡中心加速，导致非常高的惯性力。Jones 和 Edwards（1960）公布的峰值压力超过 10000 atm；Wang 和 Chen（2007）发表了一篇综述和最近实验的结果。

当蒸汽腔冷凝时，工程设备中会出现相关的现象。因为几何形状通常不是球形，所以气泡破裂时获得的最大压力小于空化气泡，但是在某些情况下，通过沿着管道流动的局部压力增加可以放大该效果，直到其反弹并返回——这种现象被称为水锤。Chou 和 Griffith（1990）开展了实验，旨在开发冷水安全注入含蒸汽管道的标准，并结合水冷却核反应堆安全研究。避免蒸汽腔破裂是地热管道设计的一个考虑因素，将在第 13 章进行讨论。

7.6 热爆和热液喷发

在更高温度和热通量的工程系统中使用的材料更易引起爆炸现象，其机理仍有待确定。在地热资源和火山中也会发生自然爆炸，一些很小、一些很大。只有少数基本的物理过程可以对这些做出解释，但迄今为止它们还是无法解释。

关于热液喷发，Mckibben（2007）回顾了他之前有关跟踪爆炸后结果的工作，但没有确定其起因，考虑到物质的溢流可能是由饱和水或其他高压流体引起。已知在饱和温度下充满水的容器在爆裂时会产生相当大的反作用力。Ohba 等（2007）研究了一个火山周围小型孤立喷发的情况，涉及泥浆而不是岩浆。Browne 和 Lawless（2001）从数百年前到数千年前喷发形成的火山口中找到了证据，并对术语进行了定义，但由于爆炸物理学尚未明确确定，因此术语定义不清。气体岩浆和热液是经常使用的两个名称，第一个意味着岩浆发挥作用的爆炸，第二个没有岩浆存在。

在工程设备中，爆炸被称为蒸汽爆炸，并且它们一直是大量实验室试验的主题。例如，当熔融金属滴入水中时会发生爆炸。Hasan 等（2011）对其历史进行了回顾，Ursic 等（2012）报道的数值建模研究成果，呈现的图片与爆炸波的想法非常相似。在所谓的爆炸过程中，一些可燃物质分布在整个被压缩波穿过的空气体积中。通常情况下，局部高压流体（空气）波在行进时会衰减，但如果通过在波前沿或其后面一点开始燃烧而激发，则能量释放将加速并使波加速。所提到的数值模型包括将熔融金属破碎成非常小的液滴，以毫秒为单位快速释放其热量，结果形成爆炸性膨胀。这种类型的爆炸是铸造厂和核工业中关心的问题，它们都是燃料融化的极端结果；该过程也发生在某些类型的火山喷发中。

在 Stanmore 和 Desai（1993）的报告中提到了与地热相关爆炸与蒸汽爆炸之间的联系，总共在化石燃料锅炉中发生 17 次爆炸，均是在锅炉底部的热灰落入下面专门修建的水池中时发生。煤灰主要是二氧化硅和氧化铝，颗粒直径小于 $30\mu m$。提出了避免爆炸的方法，但未找出原因。

Watson（2002）研究和比较了引起爆炸的四个物理过程，即包含高压流体的容器破裂、化学爆炸（TNT、凝胶等）、均质成核和蒸汽气泡破裂。与埋藏的爆炸物产生的弹坑，以及天然热液喷发火山口和角砾岩筒有相似之处，但自然事件非常罕见，非常难于预测，以至于在没有实验室和小规模现场试验的情况下，是不可能理解真正过程的。

7.7 两相流

两相流动发生在地热井、管道、冷凝器和热交换器中，以及由地热井排放引起的地层流动时。它们遍布石油和化学加工行业，通常存在多种化学物质。这里仅讨论单组分（化学物质）两相流。

7.7.1 两相流的分析方法

图 7.6 说明了稳定质量流量的水流经垂直加热管时变成蒸汽的一些流动模式。完全液态的水流从底部进入并逐渐从管壁聚集气泡。在管道的上游，有足够的蒸汽可供聚集，因为从主要水体中分离出来的体积量大；继续往上，在采用环形流动模式之前，流动的组织性变

差，其中大部分水在环形层中沿壁向上流动。随着水蒸发，环状流最终变干。在流程中的任何一点，不管参考结构如何，条件随机变化。在第 4 章描述的单相流动中，速度与位置的平滑变化完全没有什么相似之处。

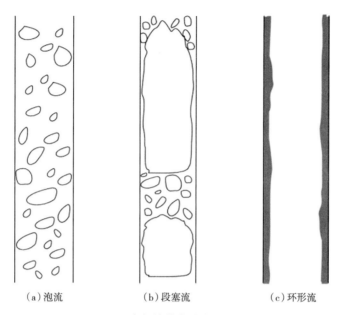

（a）泡流　　　　　　（b）段塞流　　　　　　（c）环形流

图 7.6　垂直加热管中稳定的两相流态

两相流管网设计者面临的问题与单相流相同，通常计算给定管径和流量的压降，并优化泵的功率或能量损失。仍然采用从质量、动量和能量流量守恒的表述中创建方程的基本方法，但是需要一组新变量来表达它们。通过管道的质量流量可能是恒定的，但流体相态可以改变。

每个相的流量是相关的——它们加起来就是恒定的总流量——并且这会在方程中引入虽然笨拙、但是简单的代数关系。如同处理单相湍流一样，如果不引入实验确定的关系，就不可能有求解方法。在两相流的情况下，必须为图 7.4 中每个流动模式提供一组实验数据（已有比这里显示出来更多的识别模式）。这些模式具有主观性的尺度，因此增加了方程求解结果的不确定性。实验数据是按照已经提到的新变量编写的一系列相关式提供的。

与流动模式完全分开，在建立考虑流动的控制方程时有三种众所周知的方法。Wallis（1969）将其描述为不同模型，并且至今仍在使用（Ghiaasiaan，2008）。它们分别是：

（1）均匀流动，两相充分混合并以相同速度一起运动。流动可以由单个动量方程表示，因为各相处于热力学平衡状态。

（2）分离流动，由于比容的变化，从液体到气体的相变会引起速度变化，因此引入了每一相的动量方程，这是可以接受的。

（3）漂移通量模型，其中各相在分离的流动模型中运动，但方程用各相之间的相对速度表示。

在这里只对均匀流动进行处理，因为它足以说明这种方法。

7.7.2 新的变量

7.7.2.1 空隙率 α

考虑横截面积为 A 的管道,并设想在某个特定值 z(管道轴线的方向)上通过平面的流量情形。在任何时候,部分横截面积将被蒸汽占据,部分被水占据,并且由于水和蒸汽"块"的形状和大小不定,这些面积将不断变化。空隙率为由蒸汽相占据的面积 A 的平均分数:

$$\alpha = A_g/A \tag{7.4}$$

为了处理简单的稳态均匀流动,简单平均的概念就足够了,但是通常各相可以以不同的速度运动,使用平均方法时需要仔细考虑。通过平均密度的定义,空隙率与相密度相关式如下:

$$\bar{\rho} = \alpha\rho_f + (1 - \alpha)\rho_g \tag{7.5}$$

7.7.2.2 质量 x_m

如果正在研究的一根 1m 长的管道可以被瞬间移除,考虑当时在那里发生的流动,在测量流体含量和蒸汽质量后,则可以得到蒸汽干度。另一方面,如果可以在管道的横截面上测量每个相的平均流量,则可以计算出作为蒸汽的流量的比例——这是质量,它具有流量的特征,而不是一个给定的质量:

$$x_m = \frac{\dot{m}_s}{\dot{m}} \tag{7.6}$$

平均密度可以用质量来表示:

$$\frac{1}{\bar{\rho}} = \frac{x_m}{\rho_g} + \frac{(1 - x_m)}{\rho_f} \tag{7.7}$$

7.7.2.3 质量流速 G

质量流速是单位面积的质量流量,即单位为 kg/(s·m²) 的质量流量:

$$G = \frac{\dot{m}}{A} \tag{7.8}$$

各相可以写成表达式。

7.7.2.4 体积通量或表观速度 j

它与质量流速类似,但为单位面积的体积流量而不是质量流量。体积通量被称为表观速度更为人所知,因为它具有速度单位 [m³/(s·m²)],并且可以针对总流量和每一相定义:

$$j = \frac{Q}{A} \tag{7.9}$$

7.7.3 均质流动控制方程

流动是垂直向上的、稳态的和一维的,只随 z 变化(垂直向上)。无论蒸汽和水的比例如何,它也是等温的、充分混合的。各相以相同的速度运动,这对平均过程有影响,因此影响平均密度的值。它是通过直径为 d 的管道的单组分流量（H_2O）。

连续性方程（4.7）在作为质量流量不变时的简单表述最为有效：

$$\dot{m} = \bar{\rho}w\frac{\pi d^2}{4} \tag{7.10}$$

动量方程减少到只有一个，可能认为它与式（4.10）和式（4.18）相似。但由于流动是一维的，因此有一些更多基本项：

$$\bar{\rho}w\left(\frac{\pi d^2}{4}\right)\frac{\mathrm{d}w}{\mathrm{d}z} = -\left(\frac{\pi d^2}{4}\right)\bar{\rho}g - \left(\frac{\pi d^2}{4}\right)\frac{\mathrm{d}P}{\mathrm{d}z} - (\pi d)\tau_\mathrm{w} \tag{7.11}$$

右侧这些项分别是作用在管道周长上的重力：压力梯度和壁面剪切应力。该等式可简化为：

$$\bar{\rho}w\frac{\mathrm{d}w}{\mathrm{d}z} = -\bar{\rho}g - \frac{\mathrm{d}P}{\mathrm{d}z} - \frac{4}{d}\tau_\mathrm{w} \tag{7.12}$$

由于流动处于稳定状态，因此能量方程是稳态流量能量方程（3.6）的一个版本。然而，在地热工程中，流动主要是绝热的——至少它们不会被加热，而且热损失很小，无论是通过套管还是通过绝缘管道——所以能量方程在这个方程组中没有输入。

将式（7.12）重新整理为压力梯度的表达式：

$$\frac{\mathrm{d}P}{\mathrm{d}z} = -\bar{\rho}g - \bar{\rho}w\frac{\mathrm{d}w}{\mathrm{d}z} - \frac{4}{d}\tau_\mathrm{w} \tag{7.13}$$

它可以解释为压力梯度是来自三个单独作用的分量之总和：

$$\frac{\mathrm{d}P}{\mathrm{d}z} = \left(\frac{\mathrm{d}P}{\mathrm{d}z}\right)_{\mathrm{grav}} + \left(\frac{\mathrm{d}P}{\mathrm{d}z}\right)_{\mathrm{accel}} + \left(\frac{\mathrm{d}P}{\mathrm{d}z}\right)_{\mathrm{fric}} \tag{7.14}$$

为了计算压力梯度，必须给出每个分量：重力、加速度和摩擦力。重力贡献仅取决于平均密度，其是流动状态和质量流量、水和蒸汽性质等细节的函数，并且必须从实验数据中获得。加速度分量是由于加热或闪蒸而造成体积流量变化的结果，同样取决于平均密度。摩擦项需要实验数据，与单相紊流的摩擦系数非常相似。

7.7.4 获取流动参数的关系式

审视式（7.12），引入实验数据来辅助求解的地方只有平均密度 $\bar{\rho}$ 和壁面剪切应力 τ_w。根据对固定管道直径、质量流量、局部质量、压力和温度等项的流动进行分析，从式（7.10）中可以得到平均密度，然后可以计算重力和加速度压力梯度分量。

管壁剪切应力可视为与流动的动力学压头成比例，摩擦系数为比例常数，与单相流体一样：

$$\tau_\mathrm{w} = \frac{1}{2}\bar{\rho}w^2 f \tag{7.15}$$

通过用更实用的参数替代动力压头可以使之更方便：

$$\frac{1}{2}\bar{\rho}w^2 = \frac{1}{2\bar{\rho}}\left(\frac{\dot{m}}{A}\right)^2 \tag{7.16}$$

但这只是简单延缓了提供正确摩擦系数这一真正问题。ESDU（2008）引用了采用相同方法的四位不同作者的实验数据关系式。假定摩擦系数与单相管流完全一致的雷诺数有关，由充分形成的紊流实验相关性表示：

$$f = 0.046Re^{-0.2}, \quad Re > 20000 \tag{7.17}$$

并且，充分形成的层流（$Re < 2000$）的理论解为：

$$f = \frac{16}{Re} \tag{7.18}$$

但是，不是用流体黏度 μ 来计算雷诺数，每个作者都提供了一个新的黏度定义，主要基于质量，并提供了一个计算公式，用适当压力和温度条件下水和蒸汽的黏度进行计算。每个公式都基于一组独立的实验。

采用均质流动模型可以非常严谨地定义一些流动参数，实验人员很少有选择将测量变量关联起来，但它很简单。分离流动和漂移通量模型的限制性较小，从而提供更好的预测机会。

7.7.5 渗透地层中的两相流

在 7.1 节中提到了工厂蓄能器，一半为饱和水充填，上面覆盖饱和蒸汽的大型容器。如果蒸汽需求量突然增加，饱和水闪蒸可以避免供应管线内压力突然下降；这个过程非常迅速。每个阶段都有各自的压缩系数，正如式（4.80）所定义的那样，但是，当处理饱和条件下固定体积混合物对压力变化的响应时，每一相的体积不但因为其各自压缩性而变化，而且由于各相之间的质量交换而变化。质量交换可以被认为是一种有效的压缩性。地层性质的瞬时压力测试依赖于测量由于井产出或向井中注水而引起的压力变化，如果被测试的地层含有两相流体，那么有效的压缩性非常重要。这方面工作中，Grant 和 Sorey（1979）以有效压缩性表达式的形式作出了重要贡献：

$$c_{tp} = \frac{\left[(1-\phi)\rho_R Cp_R + \phi S_f \rho_f Cp_f\right](\rho_f - \rho_g)}{\phi h_{fg}\left(\dfrac{\mathrm{d}P}{\mathrm{d}T}\right)_S \rho_f \rho_g} \tag{7.19}$$

在这个表达式中，各个相的可压缩性被忽略了，因为它们相对于由相变而产生的有效可压缩性而言较小。分母包含前面作为式（3.16）给出的 Clausius—Clapeyron 方程。

饱和度 S 出现在该方程中，定义为任一相占据的多孔介质的体积分数；它相当于质量分数的干度。关于饱和度的定律是：

$$S_f + S_g = 1 \tag{7.20}$$

并且，例如，平均密度公式如下，其他性质可以通过同样的方法得到：

$$\bar{\rho} = \rho_f S_f + \rho_g S_g \tag{7.21}$$

94

7.8　有溶解气体的地热液体

地热液体通常含有溶解气体，随着流体上升、压力下降，气体从溶液中析出。对于给定的溶液温度，溶液中气体的存在改变了水—蒸汽发生相变的压力，换句话说，即气泡形成的压力。纯水的饱和线现在是多余的，取而代之的是溶液中含有气体浓度的新关系式。气体的存在直接通过形成气泡，以及通过间接改变发生相变的参数来改变流动的力学性质；气泡中含有气体和蒸汽。幸好，溶解在地热水中的大部分气体都是二氧化碳，就目前的流动影响而言，它可以被认为是唯一的溶质。

理想的气体是除了弹性碰撞之外，分子彼此独立运动的气体。容器壁上的压力（单位面积的力）是由于分子撞击它时，动量变化而产生的。如果两种理想气体作为混合物存在，即红色分子和蓝色分子，它们仍然独立作用，则每种颜色分子都对压力作贡献，总压力是两者压力之和。这是由 Dalton（1802）建立的，被称为 Dalton 分压定律，每个压力贡献被称为该物质的分压。

对于一些化学物质对，在整个混合物强度的范围内形成的平衡蒸汽压力，从以蓝色物质为溶剂的红色物质稀溶液到其他方式，液体混合物上的总压力是各分压的总和，并且每种物质的分压与其浓度成比例。这是一种理想的天然气行为，被称为拉乌尔定律，但这不是一般规律。更常见的情况是，分压与浓度的线性关系仅在低溶质浓度下才会发生，被称为亨利定律：

$$P_{pp} = K_H \cdot C_M \qquad (7.22)$$

式中，P_{pp} 为气体的分压，bar；C_M 为溶液中气体的摩尔分数；K_H 为亨利常数，bar/摩尔分数。

并非所有的化学物种都表现为理想气体，并且引入了一个称为逸度的参数作为衡量脱离理想状况的指标。因为亨利定律对典型的地热计算来说精度已经足够，所以在这里不需要逸度。

Lu（2004）回顾了稀释的 CO_2 水溶液亨利常数的实验测量结果，以及 Alkan 等（1995）提出的关系式：

$$K_H = 406.41 + 47.088T + 7.6975 \times 10^{-2}T^2 - 7.4695 \times 10^{-4}T^3 \qquad (7.23)$$

$$25℃ < T < 172℃$$

Sutton（1976）描述了在一定压力和温度范围内，CO_2 在水溶液中的平衡质量分数的计算方法，从中可以计算出给定溶质浓度下新的沸点曲线。将在第 8 章中再进行讨论。

参 考 文 献

Alkan H, Babadagli T, Satman A（1995）The prediction of PVT/phase behaviour of geothermal fluid mixtures. In：Proceedings world geothermal congress, vol 3, Florence, Italy.

Blander M（1979）Bubble nucleation in liquids. Adv Colloid Interface Sci 10：1-32.

Browne PRL, Lawless JV（2001）Characteristics of hydrothermal eruptions, with examples from New Zealand and elsewhere. Earth Sci Rev 52：299-331.

Chou Y, Griffith P（1990）Admitting cold water into steam filled pipes without water hammer due to steam bubble collapse. Nucl Eng Des 121（3）：367-378.

ESDU 04006 (2008) Pressure gradient in upward adiabatic flows of gas-liquid mixtures in vertical pipes. IHS, Feb 2008.

Ghiaasiaan SM (2008) Flow, boiling, and condensation. Cambridge University Press, Cambridge.

Grant MA, Sorey ML (1979) The compressibility and hydraulic diffusivity of a steam-water flow. Water Resour Res 13 (3): 684-686.

Hahne E, Barthau G (2000) Evaporation waves in flashing processes. Int J Multiphas Flow 26: 531-547.

Hasan MN, Monde M, Mitsutake Y (2011) Model for boiling explosion during rapid liquid heating. Int J Heat Mass Transf 54 (13-14): 2837-2843.

IAPWS (1994) IAPWS release on surface tension of ordinary water substance. Orlando, USA.

Jones IR, Edwards DH (1960) An experimental study of the forces generated by the collapse of transient cavities in water. J Fluid Mech 7: 596-609.

Khademi MH, Rahimpour MR, Jahanmiri A (2009) Simulation and optimisation of a six effect evaporator in a desalination process. Chem Eng Process Process Intensif 48 (1): 339-347.

Lior N (1986) Formulas for calculating the approach to equilibrium in open channel flash evaporators for saline water. Desalination 60 (3): 223-249.

Lu X (2004) An investigation of flow in vertical pipes with particular reference to geysering. PhD thesis, University of Auckland, New Zealand.

Lyle O (1947) The efficient use of steam. HM Stationary Office, London.

McKibben R (2007) Force, flight and fallout: progress on modeling hydrothermal eruptions. In: Proceedings of the New Zealand 29th geothermal workshop, University of Auckland, Auckland.

Ohba T, Taniguchi H, Miyamoto T, Hayashi S, Hasenaka T (2007) Mud plumbing system of an isolated phreatic eruption at Akita Yakeyama volcano, Northern Honshu, Japan. J Volcanol Geoth Res 161 (1-2): 35-46.

Skripov VP (1974) Metastable liquids. Wiley, New York.

Stanmore BR, Desai M (1993) Steam explosions in boiler ash hoppers. Proc Inst Mech Eng 207: 133-142.

Sutton FM (1976) Pressure-temperature curves for a mixture of water and carbon dioxide. N Z J Sci 19: 297-301.

Ursic M, Leskover M, Mavko B (2012) Simulation of KROTOS alumina and corium steam explosion experiments: applicability of the improved solidification influence modeling. Nucl Eng Des 246: 163-174.

Wallis GB (1969) One-dimensional flow. McGraw Hill, New York.

Wang Y-C, Chen Y-W (2007) Application of piezo-electric PVDF film to the measurement of impulsive forces generated by cavitation bubble collapse near a solid boundary. Exp Therm Fluid Sci 32 (2): 403-414.

Watson A (2002) Possible causes of hydrothermal eruptions. In: Proceedings of the 24th New Zealand geothermal workshop, University of Auckland, Auckland.

8 排 放 井

一旦实现成功排放，则排放流量及其温度、压力和比焓都可以测量到。主要参数表示排放特征，这是电站控制所需的，同时也包含生产层位有关的信息。排放物的化学成分与排放特征同时测量，并提供关于生产地层条件的进一步线索。一些地热井以稳定的流量排放，随着地层压力的下降，可能会出现长期的递减过程，但有些井有周期性流动，甚至像间歇泉一样有规律的间歇性排放。有一种预测排放期间流动细节的方法有时是有益的，并且已经研发了数值排放预测方法。所有这些话题都将在本章中讨论。

8.1 排放特征

8.1.1 排放特征的形式

井的排出量相当于泵的排量，井也以类似的方式响应，在井口控制阀或泵出口阀打开时，流量增加。根据它们的特征选择相应的泵，在其关系图中，纵轴为压差，横轴为质量流量。这条曲线非常有用，因为管道系统的流动阻力与质量流量的平方呈正相关，并且可以用于计算一定范围内的流动；可以在特征曲线上再绘制阻力与质量流量的关系图。两条曲线的交点表示将两者结合在一起时将出现的质量流量和压差。

对于地热井，采用了不同的约定。也许是因为井口压力是控制变量，它绘制于水平轴上，排放的质量流量位于垂直轴上。然而，地热井排放需要质量流量和比焓这两个参数来定义，所以需要两个特性曲线，并且很方便绘制，如图 8.1 所示（它显示实际测量值和分

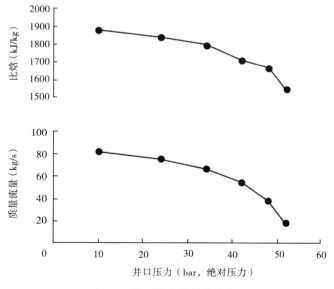

图 8.1 典型热流井的生产特征

布）。跟泵类似，一些质量流量特征表现出，在低质量流量时的井口压力有最大值，在接近零质量流量时自身往回弯曲。通常的做法是首先将地热井完全打开，直到排放稳定，然后逐渐节流，以确定是否有明显的最大排出压力，在图 8.1 的井中没有发现这一点。

地热井会排放数周，以确定其生产能力和资源特征，如地热气体和溶液中的化学物质。如果排放速度由井口控制阀（绝不使用主阀）控制，则闸门边缘会磨损非常厉害并且最终不能密封。对于长期排放，通常的做法是在输送管道中放置一个不太昂贵的控制装置，通常是一个带有孔的圆盘，足以通过所需的流量，因此控制阀可以完全打开，使闸板不会受流动的影响，从而避免损坏。一套孔板覆盖了要测试的流量范围，这是一个反复试验的过程。Lovelock 和 Baltasar（1983）在讨论排放样品的地球化学分析时解释说，PNOC－EDC（即现在的 EDC）排放测试持续 4~6 周。

由于生产地层中的压力可能会随着排放的继续而逐渐下降，所以，最好不要在测试过程中以均匀的步长将井口压力从高到低进行改变，而是随机排列顺序。通过逐渐把井打开，特征曲线上的点会形成一个规则的序列，任何同步的地层压力下降都会被隐藏起来。

对于井口压力为 P_{wh} 的两相流体排放井，在特定井口压力下的排放比焓和质量流量可从图 8.1 中读取。干度可以根据第 3 章中给出的公式进行计算，通过这种方式，可以在图 8.1 中添加显示饱和蒸汽质量流量与井口压力的第三张图。假设涡轮机的蒸汽速度为 $2.4kg/(s \cdot MW)$，也可以添加功率输出与井口压力的关系图，并且还可以显示待处理的分离水和冷凝水的量。

排放特征的测量很可能是该井进行长时间排放的第一次机会，并且在之后立即进行测试以检查是否有任何损坏。将井径仪放入井中，目的是检查生产套管的直径是否均匀，没有出现任何孔洞，并且没有显示出水溶液排出的固体沉积或酸腐蚀的迹象。井径仪是一种圆柱形仪器，它有几个臂与生产套管接触，并通过下入和起出以测量套管壁中的任何变形，正如第 5 章中讨论的那样，在地面记录测量信号。

在讨论如何测量排放特征之前，需要适当介绍有关它们使用的更多信息。

8.1.2 基于排放特征解释资源特性

最大井口压力是地热资源和流体组分的函数。排放特征的形状和第 6 章中描述的井下测量可以提供更多关于地层流动物理方面的信息。在评估流体通过井筒向上造成的热损失时，第一次评估是可以将其忽略，同样可以忽略针对重力做功造成的比焓减少。可能会发生以下几种情况：

（1）在明显低于饱和状态的温度下，该井仅从一个充满液体的地层中生产。流体在井中向上流动时发生闪蒸，它在整个可获得的井口压力范围内发生。排放的比焓在井口压力下保持不变。

（2）地热井在饱和温度或刚好低于饱和温度的情况下从地层中生产，因此，流体由于压力降低而在地层中发生闪蒸。压力降低从井筒中径向向外扩展，因此流体的饱和温度会随之下降。而在开始生产之前，岩石和流体处于相同的温度，流体温度现在开始下降，因此流体有可能从地层获得热量。驱动这种传热的温度差在压力最低的砂面处最大。如果发生传热，则排放的比焓会增加，这解释了用流动焓一词来描述排放比焓，提示它可能不是地层中未扰动流体的比焓。在这种情况下，该井据说会产生超额焓，预计在低井口压力下，其值最高。

（3）地层中的流体发生上述（2）中的闪蒸，但蒸汽能够比水更快地向井运动——蒸汽（严格地说，是地层和蒸汽的结合）被认为具有比液态水更高的相对渗透率。排放具有比生产地层的井下预排放测量值更高的比焓，并且井亦具有超额焓。

Menzies 等（1982）和 Lovelock 等（1982）给出了表现出过量焓井的例子。

当热流井有两个或更多生产层时，排放特征更难以解释，因为来自每个层的流量比例是一个变量。来自每个层的流量受井筒中在该点的压力控制。但这些压力并不是独立的，它们形成井筒内向上非线性分布的一部分，它与从地层中排出的比焓和质量流量有关。这个分布随着四个变量发生复杂的变化。Grant 等（1979）给出了一个在两个生产层位中射孔的例子，上面一个层生产干蒸汽，下面一个层则充满的是液体。假设下部层位具有高温并且能够高流量生产。在关井状态下，井眼上部因为与蒸汽层相连而充满蒸汽或气体；在该深度以下部分则充满液体。当井仅以足够小的排放速度生产时，蒸汽区以下井筒部分的压力梯度不受影响——为了使下部层位排出液柱，则必须闪蒸并降低其密度，故降低砂面压力，这就需要大幅度降低井口压力。在低流速下（井口压力稍低于关断值），排放将仅来自蒸汽层，而排放比焓将为地层压力下蒸汽的排放比焓。当井完全打开并且下部层位开始生产时，排放比焓将趋向于下部层位液体的排放比焓。比焓排放特性将相应改变。这强调在排放前对井进行好的测量和进行解释的重要性。顺便提一下，在这种类型的井中，不能只通过简单打开阀门，而在没有 6.5 节中所描述的采取增产措施的情况下，把井口压力降到足够低而进行排放。

如果某些地层被蒸汽充满，就会出现来自地层或井口的流动是否会过热的问题。需要考虑沿井筒上升流动的热边界条件（井筒热损失），以及针对重力做功形式的比焓的损失；换句话说，如果精确的过热程度是一个问题，则分析中需要更高的精度。

8.2 生产特征测量

有几种测量方法可供选择，具体取决于排出流体的热力学状态和更广泛的项目议题。本节后面将以图表形式列出替代方案。大多数方法结合了使用易于描述的设备进行若干单独测量的方法，并且保留至 8.3 节中进行讲述。詹姆斯唇形压力管是最先介绍的一种较复杂仪器。

8.2.1 詹姆斯唇形压力管

在 20 世纪 50 年代后期，在勘探和开发新西兰地热资源期间，詹姆斯（1962，1966）发明了唇形压力管。他进行了一些实验，将已知流量的单独的水和蒸汽流混合成两相流，然后通过"唇形管"，一种约 1m 长或更短的普通圆管排出，用法兰连接，以便它可以安装在输送流量的管道上。排出端向大气开放，并且非常精确地切断，垂直于轴线，留下尖锐的直角边缘。如图 8.2 所示，在靠近端部的地方安装了一个压力开关。詹姆斯（1966）给出了压力表接头尺寸的实验结果，这应该在设计管子时就

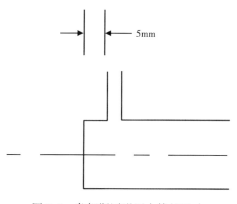

图 8.2　詹姆斯唇形压力管的尺寸

考虑到。

詹姆斯认识到，只要新出现的射流是超音速的，一个简单的相关式就可以将唇压管读数与质量流速和排放的比焓关联起来。相关性方程为：

$$\frac{Gh_{\mathrm{D}}^{1.102}}{P_{\mathrm{lip}}^{0.96}} = 22106 \qquad (8.1)$$

$$400\mathrm{kJ/kg} < h_{\mathrm{D}} < 2800\mathrm{kJ/kg}$$

式中，$G = \dot{m}/A$，为横截面积为 $A(\mathrm{m}^2)$ 的管中，质量流量为 $\dot{m}(\mathrm{kg/s})$ 时的质量流速，$\mathrm{kg/(m^2 \cdot s)}$；$h_{\mathrm{D}}$ 为排放时的比焓，$\mathrm{kJ/kg}$；P_{lip} 为唇压，kPa，绝对压力。

等式右边的常数是通过实验确定的，其值取决于等式中参数所采用的单位。其他单位对应的常量可以在文献中找到。如果采用不同于公式中使用的单位进行测量，则将其更改为公式单位进行计算并将结果转换回所需的单位，这样更安全可靠。采用这个公式还有一个深层次问题，要确定的变量是隐含的，其中一个（比焓）变为功率，所以不能简单地求解它。下面给出一个应用它的例子。

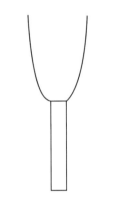

图 8.3　詹姆斯唇形压力管产生
超音速流动的示意图

当测试新井时，通过观察排放的形状，反复试验找出在最大排放时产生超音速流动的管道直径，如图 8.3 所示，排放的形状在超音速时具有喇叭形特征。声波在两相混合物中的速度低于任一单相中的速度，（Kieffer，1977），所以通常可以实现超音速排放。

测量完整的排放特征可能需要几周时间，并且需要安装大量的设备，因此通常使用直接连接到井口的唇形压力管进行初始估算。单独使用唇压管时，提供的信息不足以确定质量流量，必须同时估算井下测量的排放比焓，然后才能确定质量流量。

就排放流体的处理而言，这种方法存在一些实际问题。在新西兰，通常可以获得直接连接到井口的垂直管道短暂排放许可，并且倾斜微小角度，以便将流量从井身引开，但仍然使其落在井场内。由于噪声和污染的原因，排放限制在一个小时左右。井往往位于具有天然地面排放能力的地区，所以额外的污染可以忍受。

8.2.2　可用测量方法

图 8.4 展示了可用的主要测量方法，将排放状态分为蒸汽、两相和液体三种情况，它们决定了测量方法的复杂程度。有一种方法没有提及，即热量计，与大型电站项目相比需要大的排放相比，它只适用于排放量较小的井。

它由已知体积的绝热罐组成，部分填充已知体积、已知温度的冷水。将地热井排入罐中一段时间用于测量，并测量混合水的总体积和温度。排出的任何蒸汽必须在罐内冷凝，入口淹没在液体中以促进这种情况发生。井的质量流量和排放的比焓可以从质量和热平衡的简单的代数方程推导出来。该方法通常用于小直径井，如为家庭或小型商业用途供热的井。

在该图中有三个测量装置，即单相孔板、堰和詹姆斯唇形压力管，并将它们组合使用。流动可能必须使用分离器或大气压力分离器（也被称为消声器）进行处理，也在图中进行

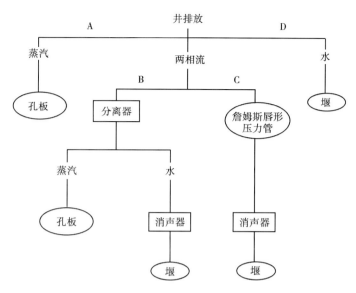

图 8.4　方法优选流程图

了展示。图中的四种方法分别被标记为 A、B、C 和 D，其中方法 D 只需要对测量堰进行解释，将在 8.3 节中介绍。

8.2.3　路线 A：只排放蒸汽的井（干蒸汽）

对仅生产蒸汽的井的流动，可以通过将其引入并通过单相孔板进行测量，它是带孔的圆盘形成阻挡，当流体流经该孔眼时，会产生小的压降，如图 8.5 所示。孔板必须按照标准制造和安装，然后可以通过测量到的压降和孔板上游管道中的压力来计算质量流量；这一点在 8.3.1 节中进行详细描述。使用测量的井口压力，可以从蒸汽表中找到井排放的比焓。通过管道和孔板的流动必须远低于声速。

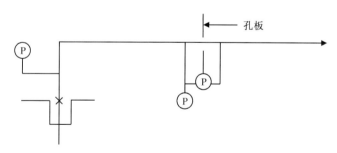

图 8.5　通过孔板排放蒸汽（图 8.4 中的路线 A）

作为对井口压力表的核查，并鉴于排放流体实际上是饱和蒸汽，通过将热电偶连接到生产套管或排放管的外部，可以很好地估计流动的温度，确保围绕热电偶的圆是绝热的，半径可能 10 倍于管壁厚度。

8.2.4　路线 B：生产两相混合物的井

在勘探过程中作为现场临时安排，实施路线 B 最为困难（昂贵的），因为它需要分离器和消声器，但它应该比路线 C 提供的精度更高。分离器本质上是封闭的垂直圆柱体，高度大于直径，其中水和蒸汽在内部以足够高的速度旋转，从而在离心加速作用下分离；需要钢结构来牢固地支撑它。消声器是一个大气分离器（本质上是一个没有顶部的分离容器），它可以与分离器一样高，但位于较大的底座上，这样更为稳定，在早期探测过程中通常使用橇装的可移动消声器。在建成的地热田，则安装永久分离器和消声器。为达到这样的目的，可以假设分离器和消声器分别在分离器压力和大气压力下将进入的两相流体分离成饱和水和饱和蒸汽流。

图 8.6 展示了设备布置和相关参数。分离器压力和大气压力下的比焓可以在测量压力下的蒸汽表中找到。

回顾一下两相流的干度 X，即蒸汽占总质量流量的比例，根据式（3.18）可知，它与比焓有关。图 8.6 中包括两个阶段，通过这两个阶段，两相流分离出水和蒸汽：在分离器中接收来自井的两相流量；在消声器中，接收分离器压力条件下的分离水并闪蒸到大气压力。因此可以写出分离器中的质量流量连续性（质量平衡）方程并重新整理，如下所示：

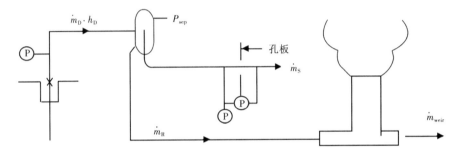

图 8.6　图 8.4 中路线 B 的设备布置

$$\dot{m}_D = \dot{m}_R + \dot{m}_S \tag{8.2}$$

$$1 = \frac{\dot{m}_R}{\dot{m}_D} + \frac{\dot{m}_S}{\dot{m}_D} = \frac{\dot{m}_R}{\dot{m}_D} + X_{sep} \tag{8.3}$$

对于消声器设备而言，同理：

$$\dot{m}_R = \dot{m}_{weir} + \dot{m}_{Satmos} \tag{8.4}$$

$$1 = \frac{\dot{m}_{weir}}{\dot{m}_R} + \frac{\dot{m}_{Satmos}}{\dot{m}_R} + \frac{\dot{m}_{weir}}{\dot{m}_R} + X_{sil} \tag{8.5}$$

虽然未对大气压条件下消声器排出的蒸汽进行测量，但是，因为测量了分离器压力 P_{sep}，因此可以从蒸汽表中获知质量流量 $\dot{m}_R$ 的比焓。因此使用式（3.18）：

$$h_R = (h_f)_{P_{sep}} = (h_f + X_{sil} \cdot h_{fg})_{atmos} \tag{8.6}$$

同时对大气压力也进行了测量，这样可以得到消声器的 X_{sil}。使用水堰测量了大气压条件下水的质量流量，这样可以通过式（8.5）得到进入消声器的水的质量流量。由于测量了离开分离器的蒸汽的质量流量 $\dot{m}_R$，以及测量的分离器干度，则通过式（8.2）可以得到从井中的总排放量。根据能量的连续性（能量平衡）原理，最终可计算出排放的比焓：

$$\dot{m}_D \cdot h_D = (\dot{m}_R \cdot h_f + \dot{m}_S \cdot h_g)_{P_{sep}} \tag{8.7}$$

计算从消声器上游进行，使用关键事实就是进入消声器的流量是已知压力下的饱和水。

计算示例：

（1）测量的参数如下：

分离器绝对压力 = 6.0bar；

大气绝对压力 = 1bar；

来自分离器的蒸汽排放速度，$\dot{m}$ = 6.2kg/s；

流过水堰的大气压条件下水量，$\dot{m}_{weir}$ = 35.3kg/s。

（2）收集所需物理量。

P（bar，绝对压力）	h_f（kJ/kg）	h_{fg}（kJ/kg）	h_g（kJ/kg）
6.0	670.5	2085.6	2756.1
1.0	417.4	2257.5	2675.0

应用上述方程进行计算。

式（8.6）	$670.5 = 417.4 + X_{sil} \cdot 2257.5$，得出 $X_{sil} = 0.1121$kJ/kg（精确到小数点后四位数字）
式（8.5）	$\dot{m}_R = 35.3 / (1-0.1121) = 39.76$kg/s
式（8.2）	$\dot{m}_D = 39.76 + 6.2 = 45.96$kg/s
式（8.7）	$45.96 \cdot h_D = 39.76 \times 670.5 + 6.2 \times 2756.1$，得出 $h_D = 951.85$kJ/kg

8.2.5　方法 C：生产两相混合物地热井的替代方法

路线 C 解决与路线 B 相同的问题，但是避免使用分离器。取而代之的是，在来自井口的流体进入消声器的地方安装了詹姆斯唇形压力管，且分离的液体通过测量堰。

如前所述，测量堰上的液体流量不是进入消声器的质量流量，因为一些排出的液体作为蒸汽损失到大气中。有足够的信息可以在计算中考虑到这一点。

这里，物质平衡方程式为：

$$\dot{m}_D = \dot{m}_{Satmos} + \dot{m}_{weir} \tag{8.8}$$

并且：

$$\dot{m}_D = \frac{\dot{m}_{weir}}{1 - X_{atmos}} \tag{8.9}$$

使用詹姆斯唇形压力管公式（8.1），排放的质量流量必须用 G 来表示：

$$G = \frac{4\dot{m}_D}{\pi d^2} = \frac{4\dot{m}_{weir}}{\pi d^2 (1 - X_{sil})} \tag{8.10}$$

消声器的干度 X_{sil} 不便获得，可以按以下方法消除：

$$1 - X_{sil} = 1 - \frac{h_D - h_{fatmos}}{h_{fgatmos}} = \frac{h_{gatmos} - h_D}{h_{fgatmos}} \tag{8.11}$$

采用这些替代，关系式就变成了：

$$\frac{4\dot{m}_{weir} \cdot h_{fgatmos} \cdot h_D^{1.102}}{\pi d^2 \cdot P_{lip}^{0.96}(h_{fgatmos} - h_D)} = 22106 \tag{8.12}$$

这个方程只有一个未知量 h_D，但它出现了两次。现场工作的一个简单方法是重新整理方程，使未知量出现在方程两侧：

$$\left(\frac{4\dot{m}_{weir} \cdot h_{fgatmos}}{22106 \cdot \pi d^2 \cdot P_{lip}^{0.96}} \right) \cdot h_D^{1.102} = h_{fgatmos} - h_D \tag{8.13}$$

然后计算方程的左边和右边，并绘制它们与一定范围内 h_D 值的关系图，直到两条线交叉。它们交叉处的 h_D 值即是排放流体的比焓，从中可以计算干度，然后是 G，最后是 $\dot{m}_D$。迭代方法是可用的。

8.3 测量设备详解

8.3.1 单相孔板

有几种标准可用于孔板，如 ASME、ISO 和 BSI。这里所描述的是英国标准 BS 1042，它提供了几个制造孔板流量计的选项。图 8.7 和图 8.8 中所示称为 "D 和 $D/2$ 版本" 的最常见，适用于从左到右的流动。

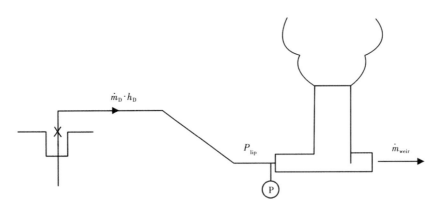

图 8.7　图 8.4 路线 C 的设备布置

孔板由精确加工的边缘制造而成，它安装在直径为 D 的直管段的两个法兰之间。上游压力是在上游距离孔板 D 处管壁上测量的，它是用于确定流体密度的绝对压力；这个位置称为 1。

另一个感兴趣的压力是流动通过孔口时横截面积最小的地方——该位置称为 2。事实证明，位置 2 的最佳位置是距离孔板下游 $D/2$ 的地方，所以管壁采样点放在那里。

将压差与质量流量相关联的公式是伯努利方程（4.28）的经验修正式，它是针对理想的无摩擦流体（黏度=0）。等式可以简化为：

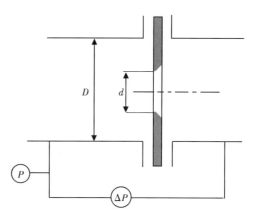

图 8.8　BS 1042 中单相孔板的截面

$$\frac{P_2}{\rho_2} + \frac{u_2^2}{2} = \frac{P_1}{\rho_1} + \frac{u_1^2}{2} \qquad (8.14)$$

因为在这么小的装置中，任何情况下通常都是水平的，重力作用可以忽略不计。对方程进行重新整理：

$$u_1^2 - u_2^2 = 2\left(\frac{P_2}{\rho_2} - \frac{P_1}{\rho_1}\right) \qquad (8.15)$$

根据 $\dot{m} = \rho u A$ 的定义，等式的左边可以变成：

$$\frac{\dot{m}^2}{(\rho_2 A_2)^2}\left[\left(\frac{\rho_2 A_2}{\rho_1 A_1}\right)^2 - 1\right] = 2\left(\frac{P_2}{\rho_2} - \frac{P_1}{\rho_1}\right) \qquad (8.16)$$

根据可以测量的压力和面积，以及在已知流体温度条件下计算的密度得出质量流量的表达式。除了选定压力接头的位置，A_1 和 A_2 分别为管道和孔板的面积。对于蒸汽流动，管道是绝热的，并且通过连接到绝热管壁的热电偶或温度计插孔在孔板附近测量温度。式（8.15）可以重新整理为：

$$\dot{m} = \rho_2 A_2 \sqrt{\frac{2\left(\dfrac{P_1}{\rho_1} - \dfrac{P_2}{\rho_2}\right)}{1 - \left(\dfrac{\rho_2 A_2}{\rho_1 A_1}\right)^2}} \qquad (8.17)$$

BS 1042 中用于真实流体的公式为：

$$\dot{m} = C \cdot \frac{\pi d^2}{4}\sqrt{\frac{2(P_1 - P_2)\rho_1}{1 - \left(\dfrac{d}{D}\right)^4}} \qquad (8.18)$$

式中，C 称为排放系数。

方程可以变得更相似。如果孔板上的压降很小，使得 $\rho_1 \approx \rho_2$，两者都采用 ρ_1，并且面积都用它们的直径来表示，则这些方程与 BS 1042 形式仅在包含流量系数 C 上不同。由于两种实际流体效应，流量系数是必需的。首先，流动的颈部不在孔板处，而是在下游——颈部被称为流动收缩面，其直径小于孔板中的孔。其次，由于在孔板的转角处形成涡流，所以在上游位置和颈部之间存在小的能量损失。在图 8.9 中对它们进行了说明，比较了理想（非黏性）流体和真实流体的流线。

在孔板之后形成的漩涡的压力还是相当均匀的，并且已经选择了下游的采集压力数据位置，它处于这个均匀的压力区域中。C 值约为 0.6，但对 BS 1042 中考虑的许多因素敏感，例如，它轻微取决于质量流量。该标准包含规定直管所需的上游长度、弯管程度等规则，而且，如果测量要达到规定的精度，则必须严格遵守这些规则。该孔板本身必须精确加工，沿尖锐边缘没有毛刺和缺陷（它不悬挂在孔眼附近的钉子上）。另外，通过管道的任何压力表接头必须小于管道壁厚，例如 1mm 直径，并且必须把钻孔毛刺清理干净，并在里面留下一个方形的孔眼。现场的开孔焊接很难收到好的效果——孔板是一种实验室技术，需要非常小心、注意细节。

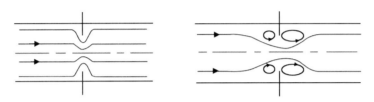

图 8.9　通过孔板时理想和真实的流线

8.3.2　两相孔板

多年以来，将孔板放置在流体中的简单易行性引起了人们将它应用于各种工业领域中两相流的关注。因为图 8.6 和图 8.7 中所示的设备组合简化为图 8.5 的设计，故在选择决策时，它非常有吸引力。

关于任何两相流动特征的预测问题已经在第 7.7 节中进行了解释——实验数据是必不可少的。因为需要大量的参数来定义两相流，所以如果实验中要提供数据以用于某一特定流量特性的综合关系式（在这种情况下为经过孔板的压降），则需要对大量的实验排列进行核查。增加这个问题是知道参数列表完整的不确定性。早期的经验相关式由 Murdock（1962）和 James（1965）提出，后者专门针对地热应用。Helbig 和 Zarrouk（2012）已经对他们及他人的研究成果进行了回顾和评价，并提出了他们利用现场数据进行检验了的新关系式。他们指出，流量的比焓不是孔板测量的结果，必须分别进行求解。

8.3.3　薄板锐缘堰

与孔板相比，甚至有更多标准规范堰流量测量——如 ASME、ASTM、AWWA、BSI、ISO 等。这里的描述采用英国标准 3680。跟通过阻碍管道流动进行测量的孔板一样，薄板堰是在明渠流动形成阻碍，流体流动受到控制，从而达到可以测量的目的，它与质量流量相关。在 19 世纪，水力工程师广泛使用测量堰，在使用过程中的许多有趣细节可以在旧流体力学教科书中找到。

英国 3680 标准中第 4A 部分与 BS 1042 标准一样，以与孔板相同的方式为薄板堰的建造和安装制定了精确的规则，尽管制造精度要求较低。在地热工程中，堰槽中的孔或槽形状通常为 "V" 形凹槽、矩形凹槽或梯形凹槽，如图 8.10 所示。

Cipolletti 堰槽，有时用于地热井测量中，它是一个特殊形状的梯形凹槽，边坡为 1:4。各种凹槽所具有的相应特征会影响到使用时的选择，但差异并不复杂。该面板必须是垂直的，主要的测量要求是水位要高于凹槽底部，尽管通过在顶部边缘以下测量实际上更易于对

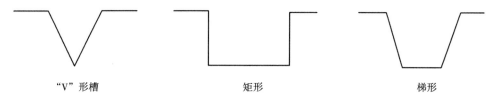

"V"形槽   矩形   梯形

图 8.10   常用于地热测量的堰槽模式

它进行推导。"V"形槽堰在该点的高度以上变宽，当流量增加时，其深度不需要按比例增加。这有助于在一定流量范围内保持测量的均匀性，而对于矩形堰，低流量会产生非常小的流量范围，其高度难以准确测量。梯形堰是矩形堰的另一种替代形式，这时在流量发生变化时，测量的深度变化相对较小。

无论选择哪种形状的凹槽，只有在没有碎屑和化学沉积物（方解石和硅石）、垂直安装且垂直于流动的情况下，并且水在上方正确流动，这样的测量结果才会准确。流过测量堰的水流假定以喷流形式出现——称为"水舌"，它不能与堰板的下游面接触。当水形成射流，其下面为明显的空气时（图 8.11），也就是说，这时水舌是充气的，这也是测量的要求；"水舌被淹"的情况下，得到的测量结果是不准确的。

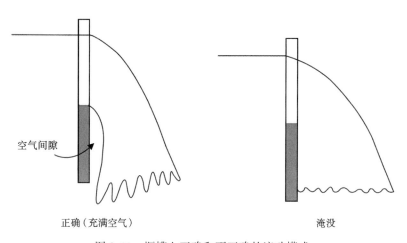

空气间隙

正确（充满空气）   淹没

图 8.11   堰槽上正确和不正确的流动模式

8.3.4   分离器

分离器，更确切地说，旋流分离器是蒸汽田设备的常规组成部分，在第 13 章中进行了详细讨论。可以建造适合试井的小型装置。

8.3.5   消声器

消声器实际上是一种去掉了上端圆顶的分离器，它与大气保持连通。它的工作方式与分离器完全相同，具有使气缸内流动旋转的切向入口，但蒸汽和气体可通过敞开的顶部排放到大气中。它的目的是把水分离出来，这样就可以对它进行计量，同时也减少排放时的噪声。许多消声器是按双栈制造的，单一入口形成反方向旋转和单一液体出口（Thain 和 Carey，

2009），它被称为大气分离器。生产出来的水溶液在与大气压相对应的饱和温度条件下离开容器底部，这里忽略生产水与纯水之间的性质差异并且采用纯水性质。用简单的堰测量水的质量流量；不需要测量从消声器顶部释放的蒸汽质量流量，正如在给出的例子中已经证明的那样。已经对堰槽进行了解释，通常唯一的问题是设计所需要的未受干扰的上游流长度，对于便携式消声器更是如此。一些消声器在几口井的易于铺设管道的距离内用永久性混凝土建成，也有一些消声器则由钢制成，还有一些则用木制板条圆筒制成。

消声器中的大部分噪声都是在入口喷嘴处产生的，将流体引入消声器筒体（高圆筒）的通道通常是厚壁混凝土结构，有助于降低噪声水平。混凝土管道和喷嘴之间的环形间隙可能有几厘米宽，并且空气被拽入，这也有帮助，但这些都是噪声装置。环形间隙通常由松散组装的钢板覆盖，因为射流中的空气会产生吸力，可能会对操作人员造成危害。

8.4 排放过程中的化学测量

虽然在本书中没有进行详细论述，但是了解资源流体的化学性质是理解作为对流活跃的化学反应系统整体资源特征的重要一环。通过单独检查资源的热流体动力学尚不能对它进行充分的理解。通过综合地球化学研究，有可能了解资源在自然状态下如何工作，并且理解在流体通过排放井排出流体，或者以更低温度下含有高浓度溶解物质的分离水替换（或不替换）原来的排放流体，没有气体时会发生什么。第 13 章和第 14 章中对可能导致的各种大规模影响进行了讨论。这些检测是由几种类型的地球科学测量结果产生的，包括地球物理学（例如重力变化），但也许最为重要的是排出流体的采样。地热井提供唯一的直接了解资源的方式，通过记录排放物中化学物质的变化，可以推断资源整体的变化。

单纯从机械工程角度来看，排出的气体对发电站的运行非常重要，因为它不会冷凝，必须最终从冷凝器中泵出来，它将消耗一些本来可以出售的电力作为代价。一些溶解的化学物质也一样重要，特别是二氧化硅，它经常从溶液中析出并在管道和涡轮机叶片上形成垢。在第一次闪蒸时，各种其他化学物质可能沉积在地热井生产套管中，这是地热资源特有的现象。

8.4.1 生产过程中的取样安排

化学取样通常在井口和排放测量设备之间，以及从连接到分离器的堰槽上游进行。Ellis 和 Mahon（1977）指出，最好在排放仍处于井口压力的地方进行取样，这样存在的蒸汽量最小，并经常使用井口侧阀进行。气体含量的取样最好靠近消声器，任何压力限制的下游，这样含水量最低。地热气体并不全部分布在蒸汽中，它们在水中的溶解不容忽视。

样品采集通常使用手提式旋流分离器，业内人士将其称为"韦伯"分离器（尽管韦伯总体上负责开发旋流分离器，但它们的产品包括用于地热资源的任何分离器）。手持式设备具有冷凝采集蒸汽样品的冷凝系统。

8.4.2 来自几个流体化学性质不同地层的地热井排放

考虑穿透两个生产层 A 和 B 的情形，每个层具有不同的化学组成，通过不同化学物质的浓度 C 和不同的比焓来区分。以质量流速 $\dot{m}$、比焓 h 和物质浓度 C 来表示质量、能量和化学物质的三个平衡方程式：

$$\dot{m}_A + \dot{m}_B = \dot{m}_D \qquad (8.19)$$

$$\dot{m}_A \cdot h_A + \dot{m}_B \cdot h_B = \dot{m}_D \cdot h_D \qquad (8.20)$$

$$\dot{m}_A \cdot C_A + \dot{m}_B \cdot C_B = \dot{m}_D \cdot C_D \qquad (8.21)$$

式中,下角分别为地层 A、地层 B 和总排量 D。

它们形成一组线性代数方程,例如,在 h 与 C 的图上,以各种比例混合的两个地热资源的结果显示为直线。这是混合模型的基础; h 和 C 可以被视为示踪剂,因为它们是被动的。根据 Durand 和 Torres(1996)的观点,Pinder 和 Jones(1969)使用这种方法检查地下水总径流化学成分的各自来源,并已公式化为"端元混合分析(EMMA)"。Fournier(1977)采用了相同的方法,在数学上尚欠缺明确的形式,但进行了明确的物理解释,展示使用地质温度计和混合模型来验证温泉。这些线性关系提供了一种检验总排放组成随时间和总排放量变化的手段。Glover 等(1981)用冰岛 Krafla 和菲律宾 Tougonan 的例子来解释总排放量中的含气量,并得出有关过量焓来源的结论。Lovelock 和 Baltasar(1983)用排放试验中的各种实例展示了相同的总体思路,并使用了如图 8.7 所示的测量方法。测量的不确定性是一个问题,因为一个点上的不确定性柱所表示的不确定性范围倾向于沿着作为结果的混合线,这强化了结论。然而,更大的问题是方程中的参数并不总是被动的,比焓随压力和温度而变化,一些物质在达到饱和浓度时沉积,并且物质的浓度由于闪蒸而增加,并且后者最为重要。

8.4.3 闪蒸导致溶解物浓度变化

排出的流体可能具有足够高的比焓,能够使其在排出测量设备中闪蒸,从而导致溶解固体的浓度增加;就现阶段目的而言,二氧化硅(SiO_2)的浓度是主要的兴趣所在。在化石燃料发电站中,这些发电站在高温高压(550℃和超临界压力)下使用高纯度水进行工作,溶解于蒸汽中的二氧化硅备受关注;但在排放井所在的压力范围内,其蒸汽中的溶解度可忽略不计,故可以假定它保持液相。由式(3.17)可知,确定闪蒸并形成蒸汽的原始液体比例的干度可用于计算剩余水中物质的浓度,表明原始液体的比焓为水和蒸汽所共有,并表明水的质量流量减少到原来的 $\frac{1}{1-X}$ 倍。化学质量平衡式为:

$$\dot{m}_D \cdot C_D = \dot{m}_g \cdot C_g + \dot{m}_f \cdot C_f \qquad (8.22)$$

式中,C 为物质浓度,从左至右分别为在总排放流体中、蒸汽和水中的浓度,并且由于在蒸汽中的浓度为零,所以剩余水中的浓度为:

$$C_w = \left(\frac{\dot{m}_D}{\dot{m}_f}\right) \cdot C_D = \frac{C_D}{1-X} \qquad (8.23)$$

在液体样品中测量的浓度必须根据闪蒸过程后剩余多少原始液体来加以修正。浓度随着液体质量减少而增加,并且可能在一段时间内达到饱和或过饱和,直到其沉积出来。二氧化硅将是蒸汽场设计中的重要考虑因素。

8.4.4 利用化学示踪剂测量质量流量

同样简单的混合代数可用于测量携带两相混合物的管道中的两相质量流量，并且采用这种想法的测量方法最初由雪佛龙公司（1988）获得专利授权。Lovelock（2006）解释道，将一种异丙醇示踪剂注入到流动流体中，并且在足够距离的下游，它已经与流体充分混合，将分布于液体和蒸汽之中。在180℃时，液体中的剩余量约为5%。示踪剂在排放井的井口附近注入，然后在下游一定距离处取水和蒸汽样品。蒸汽冷凝，实验室分析可以确定每个相态中示踪剂的浓度。由此确定每个相的质量流量。Lovelock（2006）也描述了相同的技术，但使用的示踪剂为六氟化硫（SF_6）。他给出了在干蒸汽井中进行测试的结果，其中流量已经用孔板计量（图8.5），发现两种方法之间的平均差值仅为1.2%。通过两种示踪剂对比，提供了一套两相流全面的测试结果。为获得理想的结果，从注入到采样点的距离以10~15m为宜。

8.5 稳态生产时对井进行测量并预测压力、温度分布

在第6章中对井下仪器进行了描述，这些仪器可以在井排放时使用。仪器部分堵塞了衬管中的流量，尤其是在输送全流的套管中，会产生一个向上的拖曳力，能够将仪器向地面提升，会损坏仪表并使钢丝绳发生缠绕。必须对仪器加重以防止这种情况发生。排放期间的测量有助于定位生产层位和得知从地层中出来的流体的温度。生产套管中的测量有助于设计计算程序以预测井内流动的详细情况。

能够预测流动井的稳态压力和温度分布有时很有帮助。例如，它们将显示出在液流中最先发生闪蒸的深度，这对于有方解石沉积的排放来说可能是重要的。对于有任何类型的上部轴向插入管的井来说，了解排放特性如何改变可能会有所帮助。当多于一个地层生产时，井口产生的混合物取决于来自每个层的流量，它与每个地层的砂面压力密切相关，这两者都源自井部分控制轴向压力分布。原则上可以对井内流动和地层进行组合分析。作为最后一个示例，生产套管直径可以根据从地层到井口的压降来选择；King 等（1995）以商业井筒"模拟器" WELSIM 为例，使用不同尺寸的生产套管进行成本效益分析。出于某种原因，尽管"模拟器"几乎普遍用于描述瞬态预测，但这种类型的数值预测被称为井筒模拟。Elmi 和Axelsson（2009）展示了一种更新的名为 HOLA 的仿真器应用。

对于单相流，可以应用标准管流解决方法，并根据适当的壁面粗糙度选择摩擦系数——雷诺数相关式。Leaver 和 Freeston（1987）提出了一个相关关系，根据它可以确定蒸汽生产井的排放特征。

因为生产套管的热边界条件不明确，所以预测流动产生的热量损失会是一个问题，必须使用井的平均值。通过割缝衬管的流动可以用等效直径来合理地表示，但是也需要有效的粗糙度，并且它对每个井都是经验值且特殊的，因为砂砾可能阻碍某些地方的环形通道。

至少早在 1964 年（Ryley，1964；Kestin，1980）对地热井和更早油井的研究中就对这个问题进行了研究。对核工业的两相流研究大致在同一时期开始。使用第 7 章中介绍的方法，所有携带两相流管道中的压力梯度的计算基本上是相似的。这里所提供的解释是使用基于ESDU（1978）中的水—空气和水蒸气混合物的计算程序；它由 Brennand 和 Watson（1987）发展用于地热井，后来为了教学目的而改写。它具有 Karaalioglu 和 Watson（1999）所讨论的缺点，可以通过使用更新的可收集到的两相相关式来避免这个缺陷。

式（7.14）是计算的基础，将其重新整理为：

$$dz = \frac{dP}{\left(\dfrac{dP}{dz}\right)_{grav} + \left(\dfrac{dP}{dz}\right)_{accel} + \left(\dfrac{dP}{dz}\right)_{fric}} \qquad (8.24)$$

计算过程从井中的已知位置 z 开始，并计算一个较短单元 dz 的压降。起点可以是井的顶部或底部，所以计算步骤可以是向下或向上。但是，不是指定 dz，而是指定单元上的压差 dP，将 dz 保留为未知量。这种方法可以计算出单元中各端的流体特性（压力，温度，液体和气体的密度和黏度），因此，考虑到这些性质的轴向变化，从而通过相关公式得到流动变化。如果流动是单相的，则使用单相关系式；否则，使用两相关系，它取决于诸如质量速度 G 和体积通量 j（在 7.7.2 节中定义）等参数。相关式在每个单元的端点为每个项给出了压力梯度、重力、加速度和摩擦系数，从而可以得到平均梯度。因此根据式（8.24），得出步长 dz 计算结果。所使用的两相关系式是基于均匀流动，在 ESDU 中给出了七个重力关系式和六个摩擦关系式，以及基于均匀或分离流动模型的加速度分量。

计算程序根据 Rotorua 地热井的一些数据进行了测试。这些井在几乎全部完钻深度范围内都采用小直径生产套管完井，因此在这些井中测量的质量流量特征是非常有价值的测试，因为流经套管的流量在所有深度都是已知的，并且没有直径的变化，割缝衬管或来自几个生产层位而导致流量增加，这些情况则需要做各种假设，因而使对比变得难于理解。此外，生产层几乎处于饱和点，因此存在很长的两相流（表 8.1）。

表 8.1　图 8.12 和 8.13 中 Rotorua 井的尺寸

井号	深度（m）	套管深度（m）	地层温度（℃）	比焓（kJ/kg）
715	122	100	165	610~720
901	149	129	183	730~790
703	206	193	199	860~900

测得的排放特性代表了图 8.1 中所示特性中最右边的低质量流量、高井口压力部分。它们显示井口压力最大值，如果它是一个泵的特性，则会导致流量不稳定——对应于单一井口压力，会出现两个质量流量——尽管流量表面上看起来是稳定的。在新西兰能源部（1985）的报告中给出测量的数据，并在图 8.12 中与 Brennand 和 Watson（1987）的预测结果重新绘制在一起。

对于井 703 的特征上某一点，这三个变量对总压降的贡献如图 8.13 所示。摩擦梯度在井顶部产生的贡献最大，因为流动的平均密度最小，而平均速度最大——摩擦通常与动力水头成正比。流体在井底附近密度最大，所以重力梯度也最大。加速度分量较小且随处可见，但随着流体的膨胀而增加。

对于测量值和预测值的比较，假设粗糙度高度为 0.0003m，它比新一代的商业钢管粗糙得多，并且假定井的热损失为零，因为它们已经连续生产很长一段时间，故周围的地面被加热。根据图 8.12，这些假设显然适用于井 703，但不适用于井 901；为了获得良好的拟合结果，可以通过反复试验来改变粗糙度高度，并且这需要针对每个井单独进行（这里没有做这方面工作来说明这一点）。一旦获得理想的拟合结果，就可以通过引入适当的直径变化来

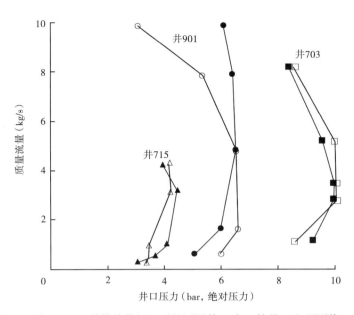

图 8.12　表 8.1 中 Rotorua 井排放特征显示的测量值（实心符号）和预测值（空心符号）

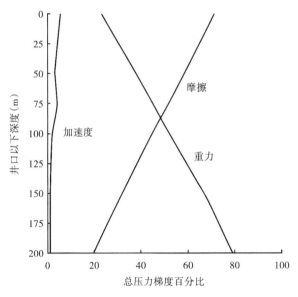

图 8.13　Rotorua 油井 703 的摩擦，重力和加速度对总压降的贡献百分比

评估它对井造成的影响，例如插入一段管子以修复套管中的孔眼。

　　在计算过程中没有考虑超过一个生产层位的情形，因为这时会出现可获得的自由度过多，从而使拟合结果的可靠性降低；前文已经解释了获得割缝衬管特定参数的困难。因此，Brennannd 和 Watson 的方法最适合检验仅从生产套管中出来的流动。最后，所使用的关系式不适用于接近声速的流动（节流后的流动）。

　　Karaalioglu 和 Watson（1999）使用相同的方法对大直径井的预测和测量结果进行了比较，并指出使用包括受热流动的ESDU（1978）关系式中存在的问题。对于化石和核电锅炉感兴趣的高热通量情形，加速度分量大大增加，因此产生关于它们的相关式。最近，已经为绝热垂直流动产生的实验数据和相关式进行了汇编，即 ESDU（2008），它将适用于地热井。

8.6 不稳定生产时的测量和预测

至少有两种不同的物理过程会导致井排放流体时发生周期性变化，这就是本节的标题所指。当井刚开始打开和关闭时，排放是不稳定的，但是没有足够动力去尝试预测地热井中的这种情况，尽管它是核工业中是非常重要研究课题，因为它与水从压力容器或水冷却反应堆破裂处的逃逸速度有关。

一个物理过程涉及一口井中两个（或更多）产层。地层压降与井筒中相态分布的相互作用给更深层位井筒压力发生重大变化提供了可能性。考虑这样一种情况，在一个较浅的层位，产生比较干燥的两相混合物，但渗透率低、压力下降，从而使得上面好的液体生产层位能继续排放下去。当下部层位排放低于某个特定的速度时，井中的两相区域便会崩塌，且下部层位的密度变大，这样该层就会停止或至少流量严重降低，从而使得地层压力朝着未受干扰时的状态恢复。该过程不断重复。当然这完全是推理性质的，Menzies（1979）对菲律宾 Tougonan 一口井的一系列令人印象深刻的测量结果给出了一个稍微不同的解释，该井排放速度的周期性变化非常规律。Lovelock 和 Baltasar（1983）通过在排放期间以频繁的间隔对排出流体进行化学取样来呈现这种类型特征的令人信服的证据，该井的周期为 4 个小时，允许取样的时间足够长。将结果绘制在两个排放组分氯化物和二氧化碳的图上，得到了上述 8.4.2 节中讨论的该类型的混合线。这两个地层中，一个是充满高氯化物液体的地层，一个是高气体含量地层（可能是一个较浅的蒸汽层）。

在一些间歇泉中发生不同的物理过程。间歇喷泉和间歇地热井产生极大的流量变化，即间歇性的流量。Lu（2004，2005，2006）回顾了始于冰岛的间歇泉的调查历史，以及工程设备中类似间歇泉的行为表现。虽然天然间歇泉的解释与上面提到的有多个生产层的井相似，但在工程设备中的间歇泉现象显然不属于这种类型。全世界有许多井表现出这种行为特征，在新西兰的 Te Aroha，这是 Lu 进行实验的主题。与用于稳态计算比较的 Rotorua 井一样，Te Arola 井统一采用直径为 100mm 的钢管固定到井底以上几米的范围内；该井深 70m，因此有很长的测试段可用。它在底部的最高温度为 83℃，排放温度在 70~75℃ 之间，产生高浓度溶解的二氧化碳。显然，水闪蒸为蒸汽并不会形成这种现象，在这方面，它不同于 Yellowstone 和 Rotorua 等地的自然地热间歇泉。关井时，井口绝对压力为 1.5~2.5bar，跟最近的降雨量有关，并且尽管将排放流量限制在较低值时，它能稳定排放，但当完全打开时，它会间歇排放大约 120s，并且周期为 700s。排放流体时是喷发性的，产出的水中伴随有大量的气体。通过将压力传感器放置在井中不同深度进行测量。通过放置两个距离间隔为 2~3m 的传感器并计算它们之间的密度来测量空隙率。

控制流量的方程是连续性的，表示为水和气各一个方程，有一个源项，它代表从溶液中出来的二氧化碳，而动量为早期形成的形式，如式（7.14）；由于井中的热损失很小，能量交换不会显著影响流量，所以地面上能量方程被忽略。亨利定律描述了二氧化碳的溶解度。

在计算中（它们代表了一个真实的模拟，因为它们遵循一个与时间有关的过程），动量方程中的重力项是使用计算出来的局部平均密度得到的，而摩擦项则假定为均匀模型。采用单独的守恒方程允许各相具有不同的速度，这又允许将漂移通量模型用于动量方程中的加速项——尽管假定摩擦项为均匀流。这本质上是基于对实验测量中获得的压降中哪个分量具有最大影响的直观理解。这个过程伴随着井筒内气泡形成深度（闪蒸深度）的周期性上升和下降，如 Lu 等（2006）证明的那样。测量和计算之间的一致性如图 8.14 所示。

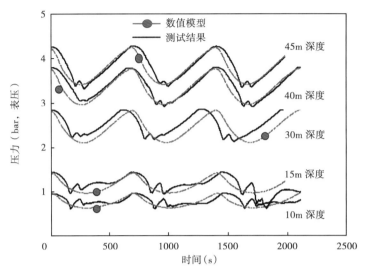

图 8.14　显示循环压力变化（据 Lu，2004）

预测与测量结果吻合非常好；它们显示的深度为 10~45m。主要扰动的周期和幅度都吻合得很好。二次测量的规则扰动，在 45m 处很小，但在表面附近相当大，在计算结果中没有得到体现。似乎有可能研究一种结合能量方程类似的计算方法应用到天然间歇泉，但在井筒中对流动突进进行定义会有问题。

参 考 文 献

Brennand AW，Watson，A（1987）Use of the ESDU compilation of two-phase flow correlations for the prediction of well discharge characteristics. In：Proceedings of 9th NZ Geothermal Workshop，University of Auckland.

Chevron Corporation（1988）US Patent No 4788848.

Durand P，Juan Torres JL（1996）Solute transfer in agricultural catchments；the interest and limits of mixing models. J Hydrol 181：1-22.

Ellis AJ，Mahon WAJ（1977）Chemistry and geothermal systems. Academic，New York.

Elmi D，Axelsson G（2009）Application of a transient wellbore simulator to wells HE-06 and HE-20 in the Hellisheidi geothermal system，SW-Iceland. In：Proceedings of 34th Workshop on Geothermal Reservoir Engineering，Stanford.

ESDU（1978）Guide to calculation procedures for solving typical problems related to pressure drop in two-phase systems，ESDU 780018.

ESDU（2008）Pressure gradient in upward adiabatic flows of gas-liquid mixtures in vertical pipes，ESDU 04006.

Fournier RO（1977）Chemical geothermometers and mixing models for geothermal systems. Geothermics 5: 41-50.

Glover RB, Lovelock BG, Ruaya JR (1981) A novel way of using gas and enthalpy data. In: Proceedings of 3rd NZ Geothermal Workshop, University of Auckland.

Grant, MA (1979) Interpretation of downhole measurements in geothermal wells, Report No. 88, Applied Maths Division, Department of Scientific and Industrial Research, NZ.

Helbig S, Zarrouk SJ (2012) Measuring two-phase flow in geothermal pipelines using sharp-edged orifice plates. Geothermics 44: 52-64.

James R (1962) Steam-water critical flow through pipes. Proc Inst Mech Eng 176 (26): 741.

James R (1965) Metering of steam-water two-phase flow by sharp edged orifices. Proc Inst Mech Eng 180: 549-566.

James R (1966) Measurement of steam-water mixtures discharging at the speed of sound to the atmosphere. NZ Eng 21 (10): 27.

Karaalioglu H, Watson A (1999) A comparison of two wellbore simulators using field measurements. In: Proceedings of 21st NZ Geothermal Workshop, University of Auckland.

Kestin J (ed) (1980) Sourcebook on the production of electricity from geothermal energy, US DoE, Contract No EY-76-S-4051. A002.

Kieffer S (1977) Sound speed in liquid-gas mixtures: water-air and water-steam. J Geophys Res 82 (10): 2895.

King TR, Freeston DH, Winmill RL (1995) A case study of wide diameter casing for geothermal systems. In: Proceedings of 17th NZ Geothermal Workshop, University of Auckland.

Leaver JD, Freeston DH (1987) Simplified prediction of output curves for steam wells. In: Proceedings of 9th NZ Geothermal Workshop, University of Auckland.

Lovelock B (2006) Flow testing in Indonesia using alcohol tracers. In: Proceedings of 31st Workshop on Geothermal Reservoir Engineering, Stanford University.

Lovelock BG, Baltasar SJ (1983) Geochemical techniques applied to medium term discharge tests in Tongonan. In: Proceedings of 5th NZ Geothermal Workshop, University of Auckland.

Lovelock BG, Cope DM, Baltasar AJ (1982) A hydrogeochemical model of the Tongonan geothermal field, Philippines. In: Proceedings of Pacific Geothermal Conference incorporating the 4th NZ Geothermal Workshop, University of Auckland.

Lu X (2004) An investigation of transient two-phase flow in vertical pipes with particular reference to geysering PhD thesis, Department of Mechanical Engineering, University of Auckland, New Zealand.

Lu X, Watson A, Gorin AV, Deans J (2005) Measurements in a low temperature CO_2 driven geysering well, viewed in relation to natural geysers. Geothermics 34: 389-410.

Lu X, Watson A, Gorin AV, Deans J (2006) Experimental investigation and numerical modeling of transient two-phase flow in a geysering well. Geothermics 35: 409-427.

Menzies AJ (1979) Transient pressure testing. In: Proceedings of NZ Geothermal Workshop, University of Auckland.

Menzies AJ, Gudmundsson JS, Horne RN (1982) Flashing flow in fractured geothermal reservoirs. In: Proceedings of 8th Workshop on Geothermal Reservoir Engineering, Stanford.

Murdock JW (1962) Two-phase flow measurement with orifices. J Basic Eng 84: 419.

New Zealand Ministry of Energy (1985) The Rotorua geothermal field; technical report of the Rotorua Geothermal Task Force.

Pinder GF, Jones JF (1969) Determination of the groundwater component of peak discharge from the chemistry of total runoff water. Water Resour Res 5: 438-445.

Ryley DJ (1964) Two-phase critical flow in geothermal steam wells. Int J Mech Sci 6 (4): 273.

Thain IA, Carey B (2009) 50 years of geothermal power generation at Wairakei. Geothermics 38: 48.

9 井流动时地层的不稳定响应：不稳定试井

量化地层中允许流体流经地层的能力是地热工程的重要组成部分，但值得庆幸的是，它与地下水和石油工程同样重要，自 20 世纪 30 年代以来一直在发展中。虽然它是一个基于流体力学的课题，但也可以被称为信号处理。本章介绍了基本原理，然后介绍了相关的基本方程、最常用的求解方法和进行试井设计的叠加原理。定义了试井的理想条件，并描述了处理单相流动中的表皮和井筒储存等有实际影响的方法的历史发展。本章最后描述了包含两相流体和干扰测试的地层流动的分析方法。

9.1 简介

假设研究对象在单一且广泛分布的地层内，地层均质且厚度一致，但是已知它与线性分界线相交并以断层形式流动。断层之上的地层与其他部分没有联系。假设钻了如图 9.1 所示的两口井，可以从井 W 发出一个信号，并用井 M 中的一些仪器接收信号。目前，信号的特征此时尚不重要。

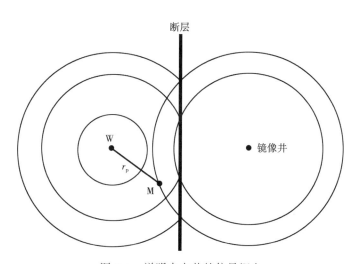

图 9.1 说明来自井的信号概念

假设信号从井 W 径向传播，从断层反射回来，并在井 M 中被检测到。只有井间距离 r_p 已知，并且没有足够的信息将断层绘制在地图上。在监控井 M 中接收到两个信号：首先是来自 W 井的直接信号，之后是反射信号，这与从虚拟井中的信号源接收到的信号相同，被标记为镜像井，它位于垂直穿过断层线并过井 W 的直线上；这是因为信号沿着直线传播并且以与它遇到的相同倾角从断层上反射回来，如同反射投射到镜子上的光一样。

断层和镜像井都不能绘制在图上。Vela（1977）提出了有说服力的证据，即镜像井必须位于以井 M 为中心的圆上，并且半径长度为井 M 到镜像的距离，这表明为了减少实验的不确定性，相当于钻了一口井或者甚至一些井，从而可以确定断层的位置。

问题在于信号。最好从井 W 以恒定的速度发送一个超短周期的脉冲，并在井 M 处接收一个超短周期的脉冲，这样可以准确测量到滞后的时间。压力扰动是从井中产生信号的最简单方式，但本质上，扰动能通过地层移动是每个孔隙中的流体膨胀或压缩的结果，但是时间上每一步变化中的大部分发生在原点，它很快就会失去锐度，如图 9.2 所示。如果物理过程是热传导或任何其他扩散过程，也会发生同样的情况。图中所示的稳定衰减在径向几何形状中要大得多，因为随着时间的流逝，信号中的能量分布在更大的圆周上。

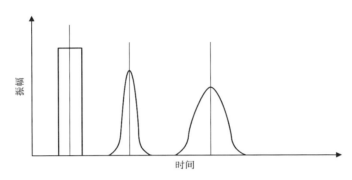

图 9.2　显示脉冲信号产生后随着时间推移的衰减及与信号源的距离

Johnson 等（1966）通过产生一个方形边界脉冲，并在 10~60min 后打开然后关闭一口井，并根据接收到的信号来估计滞后的时间（尽管信号是变形的），以研究刚描述的问题。另外，他们利用变形的信号，将其形状与通过可渗透地层的流体溶液进行拟合，通过改变地层特性进行反复试验。他们的应用是针对石油工程；然而，通用技术在物理学的许多其他领域中出现，使用声、光或电磁辐射，并且将它们都归类到信号处理的范畴。尽管在石油、地下水和地热工程中，物理过程是流体流动，但通过使用达西定律，在一步中省去了地层中的流动细节。

大多数瞬态压力测试是在单井进行，因此不会有机会测量任何干扰前面的信号。考虑一口井穿过单一地层的情形。可用于研究地层中发生情况的唯一测量点是对应砂面的井中，但是当信号进入地层中时，该点被留在信号后面。测量得到的作为时间函数的砂面压力是干扰效应发生后的。其目的是确定地层性质，该技术在使用方面，比介绍中的例子更简单。该信号是通过开井或关井而产生的，这样可以实现独立的排放或注入流量阶跃变化，这一过程旨在尽可能地产生一个明显的阶跃变化；通过考虑脉冲的前半部分，使用图 9.2 可以看出阶跃变化的前沿移动。预期的阶跃变化从一开始就不可避免地变圆滑，因为砂面被储存在井筒中的大量可压缩流体与井口阀隔开；井口处的压力变化以声速向井下传递，但井中的流体将随砂面压力变化的速度发生缓慢膨胀或压缩。解释结果的过程包括将通常非常缓慢和平滑的砂面压力变化（将会看到缓慢和平滑的变化）与一组图形或测量变化的斜率进行比较。

石油工程中关于瞬态压力试井的文献的确非常多。这就是石油产品的价值所致，这个主题在测量仪器和计算机数据分析方面一直在不断发展。由于经济和技术原因，用于油井中的仪器的改进并不总是可以转移到地热井中。石油流体的热值约为 40MJ/kg，它们运输方便，且在高温下释放热量，转化为功的效率非常高。相比之下，蒸汽的比内能小于相同质量石油所释放的能量的 1/10，它只能在相对较低的温度下获得，因此蒸汽中只有少部分可以转换为功，并且必须只能在它所生产的地方进行使用。撇开经济因素，在石油井中，可以测量生产地层或靠近生产地层的井的流量，并使用电子仪器。由于地层相互干扰，地热井中的测量信息价值相对少，全部井段通过割缝衬管打开，仪器不够复杂。

本章的大部分内容涉及单相流体，即现场测试的分析均是针对单相流体这一假设获得的控制方程来进行求解的。如果流体是蒸汽—水两相混合物，其物理特性需要特别注意，在第 9.6 节中进行了详细介绍。最后，讨论涉及多口井的干扰试井。

9.2 轴对称坐标中的控制方程、求解和应用

9.2.1 优先求解方法

这里描述的方程求解是首选求解方法，因为它是瞬态压力测试的基础。为了分析井和等厚度地层之间的流动，在轴对称几何形状中（图 9.3），需要具有微小、恒定可压缩性的流体等效方程（4.83）：

$$\frac{\partial P}{\partial t} = \left(\frac{k}{\phi\mu c}\right) \frac{1}{r} \frac{\partial}{\partial r}\left(r\frac{\partial P}{\partial r}\right) \tag{9.1}$$

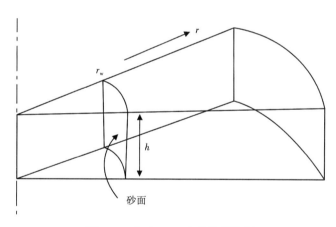

图 9.3　式（9.1）中的控制体积

假定地层为刚性且各向同性——只有流体对压力的变化有响应。为了方便起见，该图仅显示了其中一部分。井半径为 r_w。假设地层中的压力是均匀的，并且通过悬挂在地层的平均深度处的仪器可以测量地层砂面压力 P_w，对于重力来说，因为地层通常足够薄，因此不会产生显著的影响，尽管厚度足够使局部体积流量发生变化，假定对它进行平均处理。地层是封闭的，这意味着流体只能通过砂面离开或进入井筒中，井只与一个地层相交。这个方程出现在热传导和电路理论中，自 20 世纪初以来受到了极大的关注，对于所描述的基本问题有几种求解方法，但具有不同的边界条件。有几种方法用于确定的井半径和外部地层半径，以不同方法定义每个地方的流速或压力。一个更简单的求解方法是用一个恒定体积流量的线源或汇点表示的井，相当于一个无限大地层范围内半径为零的井。Theis（1935）针对地下水井解决了这个问题，后来由 Polubarinove-Kochina（1962）进行了求解，见 Ramey（1966）。

119

方程的解是：

$$P_i - P(r, t) = -\frac{Q\mu}{4\pi kh}\left[Ei\left(\frac{-\phi\mu cr^2}{4kt}\right)\right] \tag{9.2}$$

虽然 Ei 被称为指数积分，但它是后者的一个特例，其更通用地定义（Temme，1996）为：

$$E_n(z) = \int_1^\infty \frac{e^{-zt}}{t^n}dt \tag{9.3}$$

即对于 $z = x+iy$ 的实部和 $n = 1$，2 等。这里仅关注实部，$z = x$ 和 $E_1(x)$，其中 $E_1(x) = -Ei(-x)$。Abramowitz 和 Stegun（1965）提出了 E_1 的一系列扩展形式：

$$E_1(x) = -\gamma - \ln(x) - \sum_{n=1}^\infty \frac{(-1)^n x^n}{nn!} \tag{9.4}$$

式中，γ 为欧拉常数，为 0.5772。将它们替换到式（9.2）中并忽略求和，因为求和之后很小，得到下面的压差方程，当 $\frac{4kt}{\phi\mu cr^2} > 100$ 有效：

$$P_i - P(r, t) = \frac{Q\mu}{4\pi kh}\left[\ln\left(\frac{kt}{\phi\mu cr^2}\right) + 0.80907\right] \tag{9.5}$$

或

$$P(r, t) = P_i - \frac{Q\mu}{4\pi kh}\left[-\ln\left(\frac{\phi\mu cr^2}{4kt}\right) - 0.5772\right] \tag{9.6}$$

Abramowitz 和 Stegun 也提出了 $E_1(x)$ 的多项式近似值，这对数值工作很有用。

式（9.5）是用于测量渗透性和厚度的乘积 kh，即传导率的各种测试的基础。它定义了如图 4.12 所示的压降漏斗，为阶跃变化干扰所采用的形状。如果在钻井过程中已知地层厚度，则可以得到 k 值。式（9.5）和式（9.6）在本书中被粗略地当作 Theis 解。当一口井穿过某一地层并突然打开，流体被排出或注入时，这些方程给出了地层压力在时间和空间上的响应 $P(r, t)$。

9.2.2　方程和解转换为无量纲变量

引入无量纲变量的总体情况在第 4.3.3 节中进行了介绍。该过程从识别系统的特征尺寸开始。在井穿过地层的情况下，唯一适合的特征长度是井半径，因为垂直方向上没有变化，所以式中的 r 必须用无量纲半径 r/r_w 代替。没有明显的时间作比较，因此采用了以下变量：

$$r_D = r/r_w \quad , \quad t_D = t/\tau \tag{9.7}$$

式中，τ 为尚未确定的特征时间。进行这些替代，式（9.1）变成：

$$\frac{1}{\tau}\frac{\partial P}{\partial t_D} = \left(\frac{k}{\phi\mu c}\right)\frac{1}{r_w^2}\left[\frac{1}{r_D}\frac{\partial}{\partial r_D}\left(r_D\frac{\partial P}{\partial r_D}\right)\right] \tag{9.8}$$

尽管只有两个变量是无量纲的，但由于替换过程，该方程仍然是正确的。对方程检查得到：

$$\tau = \frac{\phi \mu c r_{\mathrm{w}}^2}{k} \qquad (9.9)$$

给出了方程最简单的形式：

$$\frac{\partial P}{\partial t_{\mathrm{D}}} = \frac{1}{r_{\mathrm{D}}} \frac{\partial}{\partial r_{\mathrm{D}}} \left(r_{\mathrm{D}} \frac{\partial P}{\partial r_{\mathrm{D}}} \right) \qquad (9.10)$$

只有 P 具有量纲，并且与 P 比较的线索来自在砂面上的恒定总体积流量这一边界条件：

$$Q = v \cdot 2\pi r_{\mathrm{w}} h \qquad (9.11)$$

式中，v 为径向速度，m/s。

达西定律已经在推导式（9.1）中被使用了。但它现在为边界条件中的 v 提供了一个替代表达式：

$$Q = -\frac{k}{\mu} \left(\frac{\partial P}{\partial r} \right)_{r=w} 2\pi r_{\mathrm{w}} h \qquad (9.12)$$

因此，

$$\left(\frac{\partial P}{\partial r} \right)_{r=w} = -\frac{Q\mu}{2\pi r_{\mathrm{w}} k h} \qquad (9.13)$$

引入无量纲半径，方程就变成了：

$$\left(\frac{\partial P}{\partial r_{\mathrm{D}}} \right)_{r_{\mathrm{D}}=1} = -\frac{Q\mu}{2\pi k h} \qquad (9.14)$$

右侧的这一项具有压力因次，并且根据求解条件，其为常数，这要求 Q 保持恒定。所以无量纲压力可以被定义为 P 除以该项。然而，地层压力在 $t = 0$ 时，各处均为 P_i，因此通常将无量纲压力定义为：

$$P_{\mathrm{D}} = \left[\frac{P_i - P}{\left(\frac{Q\mu}{2\pi k h} \right)} \right] \qquad (9.15)$$

用它进行替代，式（9.10）的无量纲等价形式为：

$$\frac{\partial P_{\mathrm{D}}}{\partial t_{\mathrm{D}}} = \frac{1}{r_{\mathrm{D}}} \frac{\partial}{\partial r_{\mathrm{D}}} \left(r_{\mathrm{D}} \frac{\partial P_{\mathrm{D}}}{\partial r_{\mathrm{D}}} \right) \qquad (9.16)$$

用边界条件进行求解：

$$\left(\frac{\partial P_{\mathrm{D}}}{\partial r_{\mathrm{D}}} \right)_{r_{\mathrm{D}}=1} = -1 \qquad (9.17)$$

求解跟以前的指数积分一样，针对它进行对数逼近是正确的：

$$P_{\mathrm{D}}(r_{\mathrm{D}}, t_{\mathrm{D}}) = \frac{1}{2} \left[\ln \left(\frac{t_{\mathrm{D}}}{r_{\mathrm{D}}^2} \right) + 0.80907 \right] \qquad (9.18)$$

特别是在砂面处，这里 $r = r_{\mathrm{w}}$ 和 $r_{\mathrm{D}} = 1$：

$$P_{wD} = \frac{1}{2}(\ln t_D + 0.80907) \qquad (9.19)$$

式中，P_{wD} 为砂层无量纲压力，这是地层处井中的压力。

式（9.5）和式（9.19）具有相同的形式，但在后者中，因变量乘以常数，这使得图形的形状不变，尽管轴向变量不同；这在稍后介绍的"典型曲线"使用中非常重要。

通过考虑无限地层中一口井这样的实际问题并使用近似求解方法，将最常用的求解方法转换为无量纲项时，有一个问题已被忽略。Theis 问题假定井的半径为零，外边界无限大，所以没有使半径无量纲的特征长度。取而代之的是采用结合了一般坐标 r 和 t 的参数，其实际上证明是无量纲的，并且方便地将偏微分方程简化为普通方程。它有时被称为玻尔兹曼变换，但它在 Grigull 和 Sander（1984）关于瞬态热传导的纯维基础上是合理的。Polubarinova-Kochina 在 Raney（1966）提出的解决方案中使用了这一替代方法。

9.2.3　简单压降过程中地层的压力分布

式（9.5）和式（9.19）的形式为线性，$y = mx + c$，所以绘制线性砂岩压力和时间对数将产生一条与地层性质相关的斜率的直线——半对数图形。如前所述，地层中的流体力学方面放到后面，但产生线性变化的流动状态被称为响应的无限作用阶段，因为干扰尚未达到任何可能影响地层压力变化的边界。如果有必要，很容易检验流动的细节，例如体积流量的径向分布。

通过以恒定流量开井并测量砂面压力来对未扰动地层进行的测试被称为压降测试，并且在上述假设的理想情况下进行求解，则压力与时间的半对数坐标图应为直线关系。测量其斜率可以得到 kh 值。如果地层和流体属性已知，则可以通过计算地层中的压力分布 $P(r, t)$ 对所求解进行更详细的检查。

假设一口井钻遇单一地层，地层具有以下性质：厚度 $h = 150m$，孔隙度 $\phi = 0.10$，渗透率 $k = 50mD$，并充满水，具有以下属性值：

密度 $\rho = 958kg/m^3$，黏度 $\mu = 279.0 \times 10^{-6}kg/(m \cdot s)$，$c = 4.74 \times 10^{-10}Pa$。

在地面测量的井的质量流速 $\dot{m}$ 为 $80kg/s$，由于 $Q = \dfrac{\dot{m}}{\rho}$，初始压力下的体积流速为 $0.0835m^3/s$。为了得到地层中流体速度的粗略估计值，假设上面的体积流量为流动中整个地层横截面积上的总体积，其在半径为 $50m$ 处为 $2\pi rh = 47.13 \times 10^3 m^2$。这样得到的速度为 $1.8 \times 10^{-6}m/s$，它为平均速度，考虑到整个地层横截面可用于流动，而实际上只有具有孔隙的横截面可用于流动。流体在靠近井筒时流动速度增加，但即使在半径 $1m$ 处，估计的平均速度也只有 $0.1mm/s$，说明信号通过地层的移动速度非常缓慢。

9.3　叠加及其在试井设计中的应用

简单的压降测试通常不在石油或地热井中进行应用，由于整个项目优先于测试，因此很少有地层在长时间内不会受到干扰。为了与其他活动相适应，试井设计使用了叠加原理，或者称为 Duhamel 定理（1833），它根据热传导进行推导，参见 Carslaw 和 Jaeger（1959）。该原理给出了可以叠加的线性常微分方程或偏微分方程的解。如果完全解可以叠加，那么他们的近似值也可以。

9.3.1 压力恢复试井

在压力恢复测试中，井排出一段时间，在此期间，地面压力下降。然后关井并测量压力恢复或回升。

考虑叠加图 9.4 中标记为 A 和 B 的两个解。

解 A 是在开始生产时采用阶跃体积流量 Q_p 生产后的砂面压力变化，$t=0$。该信息由左侧曲线图表示，根据 Theis 求解方法，右侧曲线显示压力从 $t=0$ 时的 P_i 随着时间的推移，降至更低的值。

解 B 针对同一个井和地层，但在时间为 $t=t_p$ 时开始以阶跃变化的 Q_p 速度注入，并随时间持续注入。右侧曲线显示压力 P_w 在 t_p 后增加到更高值。

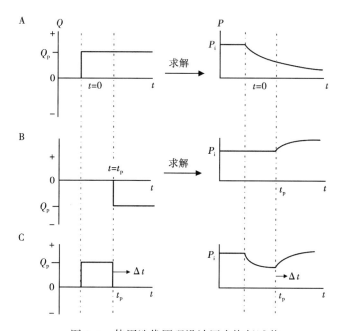

图 9.4　使用迭代原理设计压力恢复试井

叠加在同一个井上的这两种流动模式的综合效应得到解 C；流动从 $t=0$ 开始，保持稳定在 Q_p，直到 $t=t_p$ 立即停止。井口阀在 $t=0$ 时打开，在 $t=t_p$ 时关闭。叠加的砂面压力变化显示在解 C 的右侧；$t=0$ 之后压力下降，直到 $t=t_p$ 之后才向初始压力 P_i 恢复。出于这个原因，该测试被称为压力恢复试井（PBU），结果分析中使用的时间段超过了 $t=t_p$。所求解的结果是地层的渗透率与厚度乘积（kh），它是半对数图的斜率。

下面的代数显示了这个结果是如何得到的。以 P_w 作为砂面压力，解 A 为：

$$(P_i - P_w)_A = \left(\frac{Q_p \mu}{4\pi kh}\right) \left[\ln\left(\frac{kt}{\phi\mu cr_w^2}\right) + 0.80907\right] \tag{9.20}$$

对于解 B：

$$(P_i - P_w)_B = \left(\frac{-Q_p \mu}{4\pi kh}\right) \left[\ln\left(\frac{k(t-t_p)}{\phi\mu cr_w^2}\right) + 0.80907\right] \tag{9.21}$$

通过引入 $t = t_p + \Delta t$，换句话说，将 $t = t_p$ 之后的时间表示为 Δt，可以辅助得到如图9.4所示的模式中解C在时间超过 $t = t_p$ 时两个压力变化的叠加，从而，

$$
\begin{aligned}
(P_i - P_w)_A + (P_i - P_w)_B &= (P_i - P_w)_{\text{实际值}} \\
&= \left(\frac{Q_p \mu}{4\pi kh}\right)\left\{\ln\left[\frac{k(t_p + \Delta t)}{\phi \mu c r_w^2}\right] + 0.80907\right\} - \\
&\quad \left(\frac{Q_p \mu}{4\pi kh}\right)\left[\ln\left(\frac{k\Delta t}{\phi \mu c r_w^2}\right) + 0.80907\right]
\end{aligned}
\tag{9.22}
$$

它简化为：

$$
(P_i - P_w)_{\text{actual}} = \Delta P = \left(\frac{Q_p \mu}{4\pi kh}\right)\ln\left[\frac{(t_p + \Delta t)}{\Delta t}\right]
\tag{9.23}
$$

该方程的形式为 $y = m \cdot ln(x)$ 的直线，所以，只要能够根据地面测量结果确定地层处的体积流量，即可在在半对数坐标图上绘制结果，得到直线斜率，从而推导出 kh。这种形式的图形称为 Horner 曲线，值得注意的是，当 $t_p + \Delta t$ 增加时，绘制曲线的轨迹是从右到左——它是式（9.23）中 ln 项的结果。经常遇到的情况是，压力恢复试井是在已经排放很长时间并且 t_p 未知的井上进行的。在这种情况下，测量结果可以绘制为 $(P_i - P_w)_{\text{实际值}}$ 与 $\ln\Delta t$ 的简单半对数图，其中 Δt 是从排放停止时测得的时间；这是因为长时间排放后，当时间大于 t_p 时，解A曲线在图上几乎是一条水平直线，这一点可以从图9.4中叠加的解C中判断出。

9.3.2 压力下降试井

在压力下降试井（PFO）中，向井中注入一段时间流体，结果砂面压力增加。然后关井（停止注入），并且随着砂面压力向原始地层压力下降，测量其压力值。使用如上所述叠加数学原理，可以得到修改的时间变量产生线性半对数图。

9.3.3 地层外边界探测

作为有理想解的使用叠加原理的最后一个例子，考虑有一口井钻遇的理想地层，其外部不可渗透边界 $r = r_e$，这个井将以 Q_p（单位为 m^3/s）的体积流量进行简单的压降测试。这是图9.1的情形，但没有监测井。在初始压力扰动达到边界之前，砂面压力符合式（9.5）的近似解，给出一个斜率为 $Q_p\mu/4\pi kh = m_{NB}$ 的半对数图，其中，下标 NB 表示无边界。压力变化是图9.4中解A的压力变化。一旦扰动到达边界，影响地层压力的有效叠加的压力扰动就是真实井加镜像井压力扰动。镜像井的作用半径是 $2r_e$，即从它到真实井的距离——砂面压力的变化是两口井压力变化的总和：

$$
\begin{aligned}
P_i - P_w &= \left(\frac{-Q_p \mu}{4\pi kh}\right)\left\{\ln\left(\frac{kt}{\phi \mu c r_w^2}\right) + 0.80907 + \ln\left[\frac{kt}{\phi \mu c(2r_e^2)}\right] + 0.80907\right\} \\
&= m_{NB}2\ln t + \text{常数}
\end{aligned}
\tag{9.24}
$$

因此，在扰动到达边界时，半对数图上的斜率从 m_{NB} 变为 $2m_{NB}$，或者更确切地说，在测试持续足够长的时间，反射回来的扰动达到测量点之后，斜率突然加倍。这表明，尽管只有一口单井的局限性，但在干扰前缘后面进行足够长时间测量，仍然可以探测到地层的外边界。

124

9.4 存在实际影响下的地层测试

本章中迄今为止提出的求解方法是针对一组精心规定而在实践中通常不会遇到的条件。理论中可以适应几种偏离理想状况的情形，使上面介绍的通用的测试方法仍然可用，分别是：（1）表皮效应；（2）井筒储存；（3）地层缺乏一致性；（4）存在断层和相关压裂；（5）径向温度和相态变化。

正如 Andrino（1998）所报道的，前两者的影响可以用 Tongonan 地热田一口井的压力下降试井结果来说明。图 9.5 显示了所得到的半对数坐标图，最后的几十个时间差显示为一条直线，但较早的数据点可以跟直线部分拟合。应该使用哪些数据，以及为什么线性部分有这样一种缓慢的非线性方法？后面的直线段是理想解的无限作用部分的变化反应，具有可解释的斜率部分，缓慢的方法是由于表皮效应和井筒储存效应。

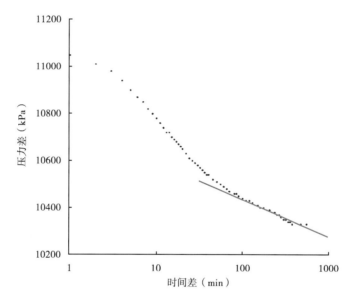

图 9.5　Andrino（1998）报道的 Tongonan 压力下降试井实例

9.4.1　表皮效应

钻井过程可能会改变砂面地层的微小结构。由于孔隙被钻井液阻塞或由于钻井液柱施加高压而被压实，可能会导致渗透率降低。另外，某些地层可能会因为一些基质颗粒被冲走而留下更大、更好的连通孔隙从而使渗透率增加，并且有时用浓酸对井进行酸化处理，通过该诱导过程来恢复降低的渗透率。

对自然结构进行任何修改，其结果都会改变砂面附近的压力分布。图 9.6 显示了 Theis 解的压力变化及对正表皮和负表皮的变化，将正表皮定义为渗透率降低（压降增加）、负表皮定义为渗透率增加（压降减少）。

在简单的压力下降中，砂面压力从初始压力 P_i 变化 $\Delta P = P_i - P_w$，如果存在表皮，其变化量用 ΔP_s 进行修正。因此，当存在正表皮时：

$$P_i - P_{act} = (P_i - P_{sf})_{Theis} + \Delta P_s \tag{9.25}$$

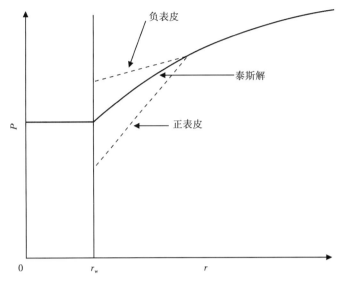

图 9.6 随 Thesis 解变化的表皮效应的定义

可以写成:

$$(P_i - P_{act}) = \frac{q\mu}{4\pi kh}\left[-\ln\left(\frac{kt}{\phi\mu cr^2}\right) + 0.80907 + \Delta P_s\left(\frac{4\pi kh}{q\mu}\right)\right] \tag{9.26}$$

式中, P_{act} 为砂面的实际压力。将其转换为无量纲项, 则:

$$P_{wD} = \frac{1}{2}(\ln t_D + 0.80907) + s \tag{9.27}$$

式中, s 为根据式 (9.15) 无量纲化的结果。请注意, 表皮的径向厚度根本没有进入讨论, 而只是对 Thesis 解中压力变化的修正。然而, 与 Thesis 解压力变化的差别可以认为是由于给地层添加了一层材料, Horne (1995) 阐述了从井筒半径 r_w 到有效半径 r_{eff} 的修正:

$$r_{eff} = r_w e^{-s} \tag{9.28}$$

为了讨论, 假定表皮在其整个厚度上具有均匀的渗透性 (但不太可能)。如果井口阀门打开实际上导致在砂面上流量 Q 的阶跃变化, 在很短时间内, 砂面压力随着时间的变化将是具有表皮的渗透地层压力变化。直到压力扰动到达有表皮的地层之外, P_w 的变化开始受到原始地层性质的影响。当干扰已经扩散到地层中足够远, 并且 ΔP_s 相对于 P_i-P_w 变小时, 半对数图的斜率将由正确的地层属性决定。这是表皮在压降测试中影响早期测试的原因。采用同样的方式, 如果流量在排放一段时间后改变, 例如在 Horner 测试中, 砂面流量的变化首先会在表皮范围内产生压力变化, 并且由于流体是可压缩的, 所以在砂面上的流量 Q 将与表皮外半径处的 Q 不同。这种表皮中的液体储存变化可以忽略不计; 然而, 在井中发生同样的效用, 其体积比较大, 因此不能忽略; 其效应称为井筒储存。

9.4.2　井筒储存和典型曲线介绍

当地热井井口阀门打开时, 占据井筒的流体首先流动, 并随着压力下降而膨胀; 然后逐渐形成流经砂面的流动。井排放的时候, 井筒效应起缓冲作用, 流量 Q 在试图发生阶跃变化时使拐点变得圆滑。随着时间的推移，井口和砂面处的质量流量趋于相同，并且，如果井口的体积流量不变，则砂面的体积流量也几乎不变——"几乎"二字在这里是必不可少的，因为只要井在流动，砂面压力就会持续下降，因此井内的平均压力也必然下降，从而允许更大的排放。然而，这个小的缓慢变化可以通过小的恒定压缩性假设来实现，并且当砂面体积流量与井口流量一致后，井筒储存效应可以忽略不计这一假设是合理的。这个过程需要多长时间取决于井的深度和井筒直径。地热井在套管鞋深度以下的所有地层都是打开的，所以可用于储存的容积大。而油井往往是在主井套管内用小直径油管完井，因此所涉及的体积较小。在流量 Q 发生阶跃变化之后不久，就会发生表皮和井眼储存效应，它们共同作用效果在如图 9.6 所示的拟合直线之前产生非线性数据。Ramey（1970）与 Agarwal 等（1970）几乎同时发表文章对这一问题进行了回顾，这就是所谓的 Ramey 类型曲线，并提供了它们应用于实际测量的例子（值得注意的是，HJ Ramey Jr. 的名字在本章的许多参考文献中隐藏在"等作者"中）。类型曲线是地下水研究中已经使用的一个术语，它是在不同表皮系数 s 和无量纲井筒储层系数 C 值下，无量纲压力 P_D 与无量纲时间 t_D 的对数轴参数图。

Horne（1995）分析了以不同于地热井的特殊方式完井的油井的井筒储存效应。对于地热井，考虑深度为 L 的单一生产层位，并定义了以下术语：

Q 为恒定的井口体积流量，从 $t=0$ 开始；Q_w 为砂面处的体积流量，滞后于流量 Q；ρ_{wh} 为井口流体密度；ρ_w 为砂面处流体密度。

井中的流体体积为 $V_w = \pi rw^2 L$，因此质量平衡方程可以写成：

$$Q\rho_{wh} = Q_w\rho_w + V_w\left(\frac{d\bar{\rho}}{dt}\right) \tag{9.29}$$

在该过程开始时，砂面体积流量尚未开始：

$$Q\rho_{wh} = V_w\left(\frac{d\bar{\rho}}{dt}\right) \tag{9.30}$$

需要一个方程表示平均密度的变化率：

$$c = \frac{1}{\rho}\frac{\partial\rho}{\partial P} \tag{9.31}$$

并且：

$$\frac{d\bar{\rho}}{dt} = \frac{d\bar{\rho}}{dP} \cdot \frac{d\bar{P}}{dt} \tag{9.32}$$

因此：

$$\frac{d\bar{\rho}}{dt} = \bar{\rho}c\frac{d\bar{P}}{dt} \tag{9.33}$$

并利用这个质量平衡，式（9.30）可写为：

$$Q\rho_{wh} = \bar{\rho}cV_w\frac{d\bar{P}}{dt} \tag{9.34}$$

或：

$$\frac{\mathrm{d}\overline{P}}{\mathrm{d}t} = \frac{\rho_{\mathrm{wh}}Q}{\overline{\rho}cV_{\mathrm{w}}} \approx \text{常数} \tag{9.35}$$

这只显示平均井筒压力的初始下降速度是线性的,它可能是图9.6中的情况,但是从开始偏离到无限作用流动直线段开始之间经过了很长时间。这一时段的求解方法由 Agarwal 等(1970)提出。该方法的应用得到了一条经验法则:无限作用阶段的直线段从数据离开45°斜率后的1½个周期开始。将它应用于图9.6中的数据,成图如图9.7所示,这次使用的对数坐标轴可以显示1½周期,可以看出,无限作用直线段可以在约 dt = 200min 后拟合得到。显示了曲线开始处的单位斜率,仅持续极短的几分钟时间。

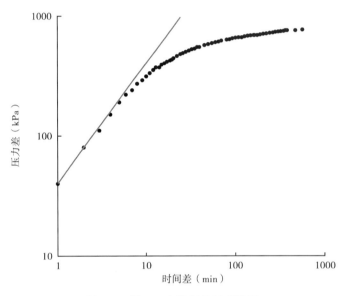

图9.7　图9.5中数据的双对数图

虽然这一经验法则有效,但 Agarwal 等开展的井筒储存问题的解决方案值得研究。他们希望能够解释以井筒储存为主的短期试井资料,以避免更长时间的测试,导致生产中断。要包含从第一次阀门开启时流体在井中的瞬时膨胀是非常困难的数学问题。他们采用了 Jaeger(1956)早些时候解决热传导问题的解决方法,即有一个孔的圆盘的问题,除了孔的周围,它是绝热的,通过对流流体带走热量。Jaeger 对这个问题进行了理想化,假定流体具有无限导热性。Agarwal 等能够将 Jaeger 的解叠加到 Theis 解上,因为在小的恒定可压缩性假设条件下,两个方程都是线性的。然而,控制大直径地热井瞬态流动的方程是非线性的,Jaeger 解的适用性也不能被认为是理所当然的,即使流体是液体——许多地热流体在井中闪蒸,这就产生了分析不了的问题。Miller(1980)详细讨论了这个问题的物理过程,特别是关于地热井的问题,并提出了井内瞬态流动的数值解。在开井后的简单压降测试中,考虑时间足够长的情况,即砂面压力变化可能被地层的无限作用行为所支配,井眼中的流动仍可能处于瞬态阶段,例如,由于热损失引起的热瞬态。

回到式(9.27),一定范围内 s 值的一组解可以绘制成 P_{wD} 与 t_{D} 的关系。如果也引入了一系列可能的井筒储存效应,则该集合将被称为类型曲线。Ramey 曲线类似于图9.8,根据一系列表皮因子和井眼储存系数,绘制了一系列曲线。

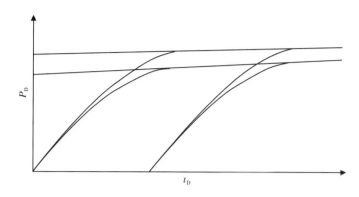

图 9.8 Ramey 类型曲线的通用形式，以及一定表皮系数和井筒储存系数范围的曲线簇

可以根据井的体积和井内流体的可压缩性来定义井筒储存系数的表达式，并且可以将其转化为合适的无量纲形式，但是地热井的值通常是曲线拟合的结果。Ramey 基于以下变量范围绘制了曲线：

$$10^2 < t_D < 10^7, \ 0 < s < 20, \ 0 < C_D < 10^5$$

Ramey（1970）解释了实际应用中如何使用类型曲线——它们可以用数字方式使用，但他介绍了那个时代的手工方法，为更易于理解，这里也将对它进行描述。目标是在透明图纸上绘制实测值，采用的坐标轴与印刷版类型曲线相同。例如，压力恢复试井得到的测量结果为一组 ΔP_w 与 Δt 值，即从停止流动后发生的变化。这些数据可以通过将每个值简单乘以一个常数而转换为无量纲变量，但这两个常数是未知的——目标就是对它们进行求解，因为它们是由要得到的地层属性组成的。因为只需要一个简单的乘法运算，所以 ΔP_w 对 Δt 的曲线形状与 P_{wD} 对 t_D 曲线的形状完全相同，如果绘制在同一个网格上，通常为双对数。一种简单的方法是复印一张纸质类型曲线，在其上放置一张描图纸，并使用类型曲线网格在描图纸上绘制测量数据点。将描图纸固定不动。与类型曲线上每个十进制线相关的数字和曲线本身将被忽略，并且网格仅用作新的（空白）双对数图纸——这就是将要使用的方法，除了它通常不是透明。当最终用这些数据制图并绘制成平滑曲线时，释放描图纸并移动它，直到绘制的曲线与其中一个类型曲线的一部分相匹配。Ramey 曲线总的特点是这样的（图 9.8），描图纸的一系列位置显然均能够拟合上。这个问题非常严重，但是已经得到解决，并将在下面进行解释，但无论如何，一旦拟合好，描图纸就固定在该位置。数据曲线上单个点的坐标是从描图纸轴和类型曲线轴读取的且相等；使用曲线上一个点的好处是其坐标是已知的。然后，在式（9.7）、式（9.9）和式（9.15）中使用无量纲压力和时间的定义：

$$t_D = t/\tau = t\Big/\left(\frac{\phi\mu c r_w^2}{k}\right) \tag{9.36}$$

$$P_D = \Delta P\Big/\left(\frac{Q\mu}{2\pi kh}\right) \tag{9.37}$$

输入属性值，曲线拟合中得到的两对坐标可以确定 kh。这是感兴趣的主要参数，但是，实验数据拟合的曲线簇中的特定曲线具有 s 和 C_D 的值，如果需要它们的话，这些都是井的参数值。Ramey 把 C_D 定义为：

$$C_D = \frac{C}{2\pi h\phi c r_w^2} \tag{9.38}$$

129

Gringarten 等（1979）提出了一套新的类型曲线，理由是 Ramey 曲线非常相似，以至于绘制在描图纸上的叠加数据不能放在正确的曲线上。这些作者使用了与 Agarwal 等一样的井筒响应的求解方法，并且这种方法在变量的选择上有所不同，并被声称它具有优越性。将曲线绘制为无量纲压力对（t_D/C_D），以单参数 $C_D e^{2S}$ 形成曲线簇，但是通过将构成每种类型曲线的解的导数结合到所谓的导数图中来代替该方法。

导数图是由 Bourdet 等（1983）提出的，它显示，在 dP_D—dt_D 的同一张图上绘制 $t_D dP_D/dt_D$—t_D 的曲线，对求解非常有帮助。变化的无限作用部分现在呈现为水平直线。Horne（1995）提供了许多例子。能否利用压力梯度随时间的变化取决于精确的测量，并且在石油工程中已经取得了适当的进展，但在地热工程中没有显著的进展。使用差分方法，甚至使用更复杂的仪器来计算图形的局部斜率，Horne 强调数据平滑的重要性。他建议，对于一个给定数据集 x_i，这里 i 为 1、2、3，不能利用紧邻点 $i-1$、$i+1$ 的差异得到 i 点的局部梯度，而是有些距离的点，即 $i+k$ 和 $i-j$，k 和 j 是在限制范围内通过反复试验来确定：

$$0.2 \leqslant \ln t_{i+j} - \ln t_i \leqslant 0.5, \quad 0.2 \leqslant \ln t_i - \ln t_{i-k} \leqslant 0.5$$

因为：

$$t\left(\frac{\partial P}{\partial t}\right) = \left(\frac{\partial P}{\partial \ln t}\right) \tag{9.39}$$

他建议进行下述的平滑处理：

$$\left(\frac{\partial P}{\partial \ln t}\right) = \left[\frac{\ln(t_i/t_{i-k})\, dP_{i+j}}{\ln(t_{i+j}/t_i)\ln(t_{i+j}/t_{i-k})}\right] + \left[\frac{\ln(t_{i+j}t_{i-k}/t_i^2)\, dP_i}{\ln(t_{i+j}/t_i)\ln(t_i/t_{i-k})}\right] + \left[\frac{\ln(t_{i+j}/t_i)\, dP_{i-k}}{\ln(t_i/t_{i-k})\ln(t_{i+j}/t_{i-k})}\right] \tag{9.40}$$

采用这种方法，Andrino（1998）分析了菲律宾 PNOC-EDC（现在的 EDC）公司的同事使用 Kuster 机械仪器得到的井的实测结果，该组织在测试和解释方面拥有丰富的经验。他的工作表明，该导数方法适用于使用传统仪器的地热井的瞬态测试。图 9.9 显示了使用与

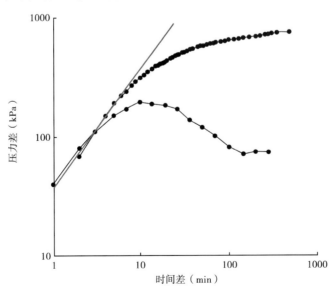

图 9.9　图 9.6 和图 9.8 中井的导数图

图 9.5 和图 9.7 中同一口井的 Andrino 的数据的导数图。

导数图的最显著特征如下：

（1）井筒储存以单位斜率开始，如双对数坐标图中所示，但随着时间的推移会逐步形成驼峰。

（2）驼峰高度随表皮因子增加而增加。

（3）在半对数坐标图上产生斜线的砂面压力变化会产生水平直线。因此，满足 Theis 解的地层会产生一个值为 $(\mathrm{d}P_\mathrm{D}/\mathrm{d}t_\mathrm{D})(t_\mathrm{D}/C_\mathrm{D}) = 0.5$ 的水平直线。

9.4.3　无限等厚地层几何形状的偏离情形

回到会妨碍 Theis 解直接应用的实际效果识别上，大多数高温地热资源都发生在受构造运动影响的地区，其地层厚度通常不均匀，而且在某些方向上的径向范围有限。不规则边界（即不以井中心轴对称）可能以封闭的（偏移）断层形式存在（图 9.10），或地层的变化，可能是不可渗透物质的火山熔岩流的前缘。对于满足 Theis 假设的地层，除了存在这种缺陷之外，在扰动到达边界之前，瞬态砂面压力将遵循无限作用形式，不同的作者已经解决了这个问题。Britto 和 Grader（1988）进行了一次调查。

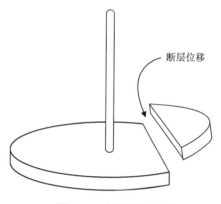

图 9.10　封闭断层图形

地下井对割缝衬管部分完井的所有地层都是打开状态，通常有几个层位（新西兰 Ngawha 地区实施了双管完井以分开不同的生产层，但这只是一个例外）。在地热井上的瞬态压力测试通常是并列的几个不同地层的测试。由于每个地区的 kh 值可能不同，每个砂面上的流量和压力会以不同的速度变化。对一个中心点的观察得出这样的结果。将测量仪器放在中心点上，假设它可以被准确找到，部分解决了这个问题，但没有提供一种方法来确定任何特定地层的 kh 值，如数值油藏模拟（第 13.3 节）所要求的。

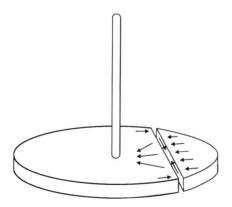

图 9.11　研究的地层中有断层及其对流体
流动影响情况示意图

9.4.4　地层中裂缝的影响

如果图 9.10 的封闭断层是没有位移的开放断层，那么它将提供一个流向井筒的较短路径。这时，将不是通过地层孔隙弯曲流动，而是采用阻力较低的流动通道——二维直角坐标中的式（4.37）将描述该流动。结果如图 9.11 所示，箭头指示流向。

对于工程师来说，断层与裂缝之间的区别可能并不重要。在本书中，裂缝用来描述地层中的平面破裂；裂缝的规模在数量级上有所不同，从单缝大块裂开到手掌大小的碎片，尽管在这个尺度上，它们必须像普通的一堆没有砂浆的砖块那样紧密贴合，而不是碎石堆或者一堆小石子。断层用于描述由地质起源的地球运动（隆起，裂谷等）而造成的大规模破裂。人们已经对断层类型进行了广泛分析，发生的情况取决于地层的应力状态。由于大多数岩石具有粒状、易脆等特征，天然断层伴随着裂缝。虽然断层的阶跃变化级别在地面是可以识别的，并且可能看起来有明显的、一定距离的平面断裂，但就流体流动而言，它们是一条很宽的地带，可能为宽达数十米、紧密结合在一起的裂缝岩石。尽管结合非常紧密，但是流动的摩擦阻力比通过可渗透物质的阻力要小得多，除非它们已经被化学沉积物胶结，断层提供了资源内流动的较短路径。钻井过程中可能导致无意的压裂，有时在地热井的套管鞋处。有目的压裂通常作为改善渗透性地层流体流动的一种方式，并且它是增强型地热资源中所有渗透性的来源；写作本书时，它已经引起了关注环境团体的注意，其在很多年前被详细研究过，见 Howard 和 Fast（1970），他解释说，通过加压致材料破裂点而在井中产生裂缝的方向取决于本地应力场。岩石的破坏与应用在钢铁中的理论不一致。如果局部地区没有受到任何水平应力作用，裂缝往往是垂直的，垂直裂缝中的流动已经在解析方面得到了关注，这是一个比图 9.11 所示更容易定义的问题。从达西定律的起源可以清楚地看出，裂缝中的流动（二维通道而不是管道）可以想象为在渗透性地层中流动。一些裂缝流动的处理方法没有清楚地描述物理思想；然而，Horne（1995）通过描述两种情况，即从地层到裂缝，以及沿裂缝进入井筒的流动边界条件、随时间变化的井的压力来解决这个问题。McLure 和 Horne（2011）展示了法国东北部 Soultz-sur-Forets 地区从深层地热井到裂缝岩石的测量分析方法。

Da Prat 等（1982）将表征裂缝介质的方法归因于 Barenblatt 和 Zheltor，他们在 1960 年提出将有众多裂缝的渗透性材料块，可视为具有不同尺寸孔隙的两种多孔介质的叠加。回到将有裂缝的材料看作是一堆结合不紧密的砖块的想法，如果这一堆物质具有外部防水特点，并被淹没在流体中，然后允许从穿过其外部的井眼排出，则水将迅速从裂缝流出。一旦流体被排空，或者压力下降，水将开始从多孔的（可渗透）砖整个表面渗出。无论几何形状如何，两种流动均由相同形式的式（4.72）控制，这是达西原来的想法——只要小的压缩性近似有效，两种流动都可推测认为为符合半对数压降。理论证实了这一点，Andrino（1998）包括了一个证明它的试井实例，如图 9.12 所示。具有这种类型特征的裂缝地层被称为具有

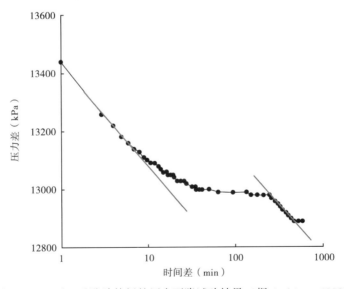

图 9.12　显示双重孔隙特征的压力下降试验结果（据 Andrino，1998）

双重孔隙度（半对数直线段可以用肉眼进行近似拟合）。

9.5 充满蒸汽地层不稳定试井

如果流体是遵循 $P/\rho=RT$ 规律的气体，其中包括蒸汽，除非各处的条件非常接近饱和线，那么可以导出控制方程的特定形式。回到式（4.78），并重写为 Theis 几何形状，它变成了：

$$\phi\mu\frac{\partial\rho}{\partial t}=\frac{1}{r}\frac{\partial}{\partial r}\left(k\rho r\frac{\partial P}{\partial r}\right) \tag{9.41}$$

结合式（4.80）中 c 的定义：

$$c=\frac{1}{\rho}\left(\frac{\partial\rho}{\partial P}\right)_T=\frac{1}{P} \tag{9.42}$$

结合状态方程，则变为：

$$\frac{\phi\mu}{RT}\frac{\partial P}{\partial t}=\frac{1}{r}\frac{\partial}{\partial r}\left(k\rho\frac{\partial P}{\partial r}\right)=\frac{1}{r}\frac{\partial}{\partial r}\left(\frac{kP}{RT}\frac{\partial P}{\partial r}\right) \tag{9.43}$$

去掉 RT，并重新组织表达式，变成：

$$\phi\mu\frac{\partial P}{\partial t}=\frac{1}{2r}\frac{\partial}{\partial r}\left(kr\frac{\partial P^2}{\partial r}\right) \tag{9.44}$$

如果 k 是常数，则可以通过引入 c 得到熟悉的项 $k/\phi\mu c$：

$$\frac{\partial P^2}{\partial t}=\left(\frac{k}{\phi\mu c}\right)\frac{1}{r}\frac{\partial}{\partial r}\left(r\frac{\partial P^2}{\partial r}\right) \tag{9.45}$$

因此，在绘制蒸汽井（钻入蒸汽地层的井）的瞬态测试时，应使用 P^2 而不是 P 生成半对数图，Economides 等（1980）奠定了其基础。

9.6 地层中两相流动

迄今为止描述的瞬态压力测试适用于具有较小且恒定可压缩性的单相流体。在主要为液体的储层中，排放地热井时将不可避免地会在地层中出现闪蒸。当地层中的流体由于压力下降而闪蒸，形成两相混合物时，有效压缩系数将不小——已由 Grant 和 Sorey（1979）推导出来（详见第 7 章）。此外，在没有压力梯度和混合物静止的情况下，在相同比例的压力梯度下，这些相不会通过地层，这是造成排放时比焓发生变化的原因。从 7.7 一节可知，需要分析瞬态测试的方法。

任何特定物质中的孔隙性质都会影响两相混合物向井流动的方式。两相以不同的体积流量流动，并且这在井排放过程中是可检测的——当蒸汽以比水快的速度流入井中时，排放的比焓升高。对于每个相，地层有不同的有效渗透率值，它通过定义每个相的相对渗透率应用到计算当中。达西定律可表示为式（4.72），q_v 为体积流量，乘以流体密度后，得到质量流量 q_m，这时式（4.71）变成：

133

$$q_m = -\frac{k}{\nu}\frac{\mathrm{d}P}{\mathrm{d}x} \tag{9.46}$$

式中，ν 为运动黏度 μ/ρ。

总质量流量由液体和蒸汽组成：

$$q_m = q_{mg} + q_{mf} \tag{9.47}$$

每一相的达西定律为：

$$q_{mf} = -\frac{k \cdot k_{rf}}{\nu_f}\frac{\mathrm{d}P}{\mathrm{d}x} \tag{9.48}$$

$$q_{mg} = -\frac{k \cdot k_{rg}}{\nu_g}\frac{\mathrm{d}P}{\mathrm{d}x} \tag{9.49}$$

已经提出了许多关于相对渗透率的公式，它们主要来自石油工业，Pruess（1987）列出了一些公式，包括通常用于地热计算的 Corey 公式。达西定律本身是经验式，现在又增加了一层经验式，虽然这样结果不令人满意，但是是不可避免的。然而，相对渗透率是储层模拟的一个组成部分，将在第 13 章中介绍，可以产生良好的结果，所以经验式还是起作用的。

为了将上述想法组合在一起，考虑解释一个简单压降测试的程序，其中测量的排放焓（流动焓）与作为时间函数的砂面压力一起测量。流量焓可以用相对渗透率来表示，使用上面得到的表达式，其被定义为：

$$h_{flow} \cdot q_m = q_e \tag{9.50}$$

能量通量为：

$$q_e = h_f q_{mf} + h_g q_{mg} = -k\frac{\mathrm{d}P}{\mathrm{d}x}\left(h_f\frac{k_{rf}}{\nu_f} + h_g\frac{k_{rg}}{\nu_g}\right) \tag{9.51}$$

上面已经得到了质量通量的表达式［式（9.47）、式（9.48）和式（9.49）］。

因此：

$$h_{flow} = \frac{q_e}{q_m} = \left(h_f\frac{k_{rf}}{\nu_f} + h_g\frac{k_{rg}}{\nu_g}\right)\bigg/\left(\frac{k_{rf}}{\nu_f} + \frac{k_{rg}}{\nu_g}\right) \tag{9.52}$$

该方程可进一步整理为：

$$\frac{k_{rg}}{k_{rf}} = \frac{\nu_g(h_{flow} - h_f)}{\nu_f(h_g - h_{flow})} \tag{9.53}$$

对于裂缝地热地层而言，通常引用的来源不明（对作者而言）的关系式为：

$$k_{rf} + k_{rg} = 1 \tag{9.54}$$

利用蒸汽表值和测得的流动焓，式（9.53）和式（9.54）可用于计算相对渗透率。在已经描述的任何半对数或曲线拟合方法应用之前还需要一个步骤。将式（9.44）、式（9.48）和式（9.49）这些部分写入式（9.47），得到：

$$\frac{k}{\nu}\frac{\mathrm{d}P}{\mathrm{d}x} = \frac{k \cdot k_{rf}}{\nu_f}\frac{\mathrm{d}P}{\mathrm{d}x} + \frac{k \cdot k_{rg}}{\nu_g}\frac{\mathrm{d}P}{\mathrm{d}x} \tag{9.55}$$

故：

$$\frac{1}{\overline{v}} = \frac{k_{rf}}{v_f} + \frac{k_{rg}}{v_g} \quad\quad (9.56)$$

Whittome（1979）给出了这种方法的早期应用。

9.7　采用多个干扰试井进行测试

本章描述并介绍了干扰试井，干扰试井是指同时在两口或多口井中进行测试。到目前为止，描述的试井的目的是确定近井地带的地层特性，有时限于短时间内完成以避免生产中断。在更广泛的范围内测量 kh 并确定流动边界线对规划资源钻探非常重要，虽然可以使用单口井探测边界的存在，但无法确定它的位置。为了达到上述目的，通常在一个井眼中提供干扰源，而在其他几口关闭的井中测量干扰的效果，关井是为了更准确地测量地层压力。由于监测井附近地层或监测井的井眼内几乎没有流体运动，所以井筒储存和表皮效应已经最小化并且通常可以忽略。另一方面，对地层压力的干扰可能非常小，小到有时候需要考虑月球潮汐改变对地层压力的影响，这样就需要较长的时间进行记录。另外，如果野外作业受到影响，干扰到达监测井的时间将会很长，而且费用可能也十分昂贵。如果需要使用现有的井而不是使用专门钻的监测井，而恰好它们相距甚远，则可能会使这些困难增加。如果使用机械仪器，时间受限可能会是问题，但毛细管可为此提供补救措施。

精确的井下压力测量方法已经开发出来，通常使用外径为 6mm 的小孔眼不锈钢管，虽然也可使用直径为 3mm 的铬镍铁合金管。这种设计如图 9.13 所示。

该技术的目的是将管子的下端装入短的厚壁管子中，管子的质量可以帮助其保持在所需的对应砂面的深度，并且在井内的液体与缓慢流入毛细管进而流入井中的气体有大的接触面。

气体通常采用氮气，通过压力控制器由气瓶供应，压力控制器的下游安装压力表。操作原理是，管道中气体的静水压头与砂面压力相比可以忽略不计；假设气体流速是恒定的并且非常小，由于流动造成的摩擦压降可以忽略不计，那么在地面测得的压力变化

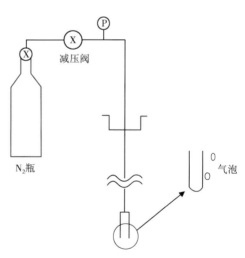

图 9.13　用于长期小幅度压力变化的毛细管设计。气瓶标有"氮气"，但也可以使用其他气体

则代表管端的压力变化。从充满水的管子开始，至少在其下部，如果气体压力逐渐增加，水将被驱回井中。当阀打开时压力不再增加，管子呈充满状态，并且有气泡冒出，气体流量可以最小化。如果气—水界面位于管内而不是末端，那么在地面测量的气体压力不是毛细管底部井中的绝对压力减去气柱的静水压头。然而，只要气—水界面保持在同一水平面上，最好靠近毛细管端部，井中的压力变化将精确地表示为气压变化。在实践中，很难确切地知道毛细管的井下端部在哪里，因为管是硬的，并且由于绕在滚轴上以便存放会发生弯曲，但是应

用同样的推理，可以精确地检测压力变化。

Leaver 等（1988）总结了干扰试井发展的历史，简要介绍了这方面一些重要的出版物，并分析了在新西兰 Ohaaki 进行的两口井干扰试井，确定了平均的油藏性质和存在的渗透率边界。

如果地层和流体压缩性满足 Theis 解的假设条件，则式（9.5）适用每口有注入或排放的井，并且每口井的压力干扰可以叠加。因此，对于两口井 W_1 和 W_2，距监测井的距离分别为 r_1 和 r_2，它们分别在时间 $t=0$ 时以体积流量 Q_1 和 Q_2 同时开始流动，监测井处的压力变化为：

$$\Delta P = \frac{Q_1 \mu}{4\pi kh}\left[\ln\left(\frac{4kt}{\phi\mu cr_1^2}\right) + 0.80907\right] + \frac{Q_2 \mu}{4\pi kh}\left[\ln\left(\frac{4kt}{\phi\mu cr_2^2}\right) + 0.80907\right] \tag{9.57}$$

在写出这个表达式时，已经假设整个地层的性质是相同的。ΔP 对 $\ln t$ 的半对数图原则上会产生一条直线，通过斜率可以从中得到 kh，与单井试井相同。

使用一组半对数曲线定位断层的方法首先由 Stallman（1952）设计，但 Sageer 等（1985）修改 Stallman 曲线以改善易用性并缩短测试时间。

本章的介绍描述了由 Johnson 等（1966）介绍的脉冲试井，它们已经在石油工程应用中得到了很大的发展，但似乎很少用于地热资源。Nakao 等（2003）描述了日本 Sumikawa 资源的脉冲试井。脉冲时间为 3~13h，并被纳入生产井和注水井系统的正常操作中。似乎可以估算裂缝渗透率以帮助确定地热资源的双重孔隙度模型。在增强型地热系统中，脉冲测试也引起了人们的关注，包括低渗透系统中的高压脉冲（Itoi 等，1994）。

9.8 结语

瞬态压力测试是一项耗时且相对昂贵的活动，在所需设施和人力资源方面非常昂贵。适合任一地热项目的最佳水平难以直观地估算，并且可能与石油工程的估算有很大不同，尽管这种推广也需要进行一些研究，然后才能确定，这取决于针对特定资源的储层模型发展水平。根据作者的经验，该活动成功地促进了对资源的认真研究，但成本效益分析可能是值得的。例如，来自瞬态测试的信息有助于储层建模，这也是一个耗时的工作，但是对于几个地层都打开的井，单个渗透率测量值使得需要估计每个地层的 kh 值，如果地质建模人员有更加确定的数据测试他们的模型，建模过程中可能就不会采用这些数据。作为进一步说明的例子，从完成测试中获得的井的生产能力，这些非常早期的估计对指导项目的影响一直是作者不确定的，但是通常要进行试井。

参 考 文 献

Abramowitz M，Stegun IA（eds）（1965）Handbook of mathematical functions. Dover，New York.

Agarwal RG，Al-Husseini R，Ramey HJ Jr（1970）An investigation of wellbore storage and skin effect in unsteady liquid flow：I. Analytical treatment. Soc Pet Eng J：279-290；Trans SPE，vol 249.

Andrino R（1998）A review of pressure transient analysis using the pressure derivative method，with application to ten wells of the Leyte Geothermal Power Project，the Philippines. University of

Auckland Geothermal Institute, New Zealand, Report No. 98.04.

Bourdet D, Whittle TM, Douglas AA, Pirard YM (1983) A new set of type curves simplifies well test analysis. World Oil 196: 95-106.

Britto PR, Grader AS (1988) The effects of size, shape and orientation of an impermeable region on transient pressure testing. SPE Form Eval 33: 595-606.

Carslaw HS, Jaeger JC (1959) Conduction of heat in solids. Oxford Science, New York.

Da Prat G, Ramey HJ Jr, Cinco-Ley H (1982) A method to determine the permeability -thickness product for a naturally fractured reservoir. JPT, June 1982.

Economides MJ, Ogbe DO, Miller FR, Ramey HJ Jr (1980) Geothermal steam well testing: state of the art. SPE9272.

Grant MA, Sorey ML (1979) The compressibility and hydraulic diffusivity of a steam - water flow. Water Resour Res 13 (3): 684-686.

Grigull U, Sandner H (1984) "Heat conduction", International series in heat and mass transfer. Springer, Berlin.

Gringarten AC, Bourdet DP, Landel PA, Kniazeff VJ (1979) A comparison between different skin and wellbore storage type curves for early transient analysis. Soc Pet Eng SPE 8205: 1.

Horne RN (1995) Modern well test analysis. Petroway Inc., Palo Alto, CA.

Howard GC, Fast CR (1970) Hydraulic fracturing. Monograph vol 2 of the Henry L. Doherty series. Society of Petroleum Engineers, New York.

Itoi T, Hirose Y, Hiyashi K (1994) Measurement of in-situ hydraulic properties from the pulse test for the case of unknown in-situ pore pressure and its application to HDR model fields. Geoth Res Counc Trans 18: 445.

Jaeger JC (1956) Conduction of heat in an infinite region bounded internally by a circular cylinder of perfect conductor. Aust J Phys 9 (2): 167-179.

Johnson CR, Greenkorn RA, Woods EG (1966) Pulse testing: a new method for describing flow properties between wells. J Pet Tech 18: 1599-1604.

Kuster Instruments. http://www.kusterco.com.

Leaver JD, Grader A, Ramey HJ Jr (1988) Multiple well interference testing in the Ohaaki geothermal field. SPE Form Eval 3 (2): 429-437.

McLure MW, Horne RN (2011) Pressure transient analysis of fracture zone permeability at Soultzsur-Forêts. GRC Trans 35: 1487-1498.

Miller CW (1980) Wellbore storage effects in Geothermal wells. Soc Petroleum Engineers Jnl 555-566.

Nakao S, Ishido T, Hatakayama K (2003) Pulse testing analysis for fractured geothermal reservoir. Geoth Res Counc Trans 27: 807-809.

Pruess K (1987) TOUGH user's guide. Lawrence Berkeley Laboratory, University of California, LBL-20700.

Ramey HJ Jr (1970) Short-term well test data interpretation in the presence of skin effect and wellbore storage. J Pet Tech 22: 97-104.

Ramey HJ Jr (1966) Application of the line source solution to flow in porous media-a review. SPE

1361, SPE−AIChE symposium, Dallas, Feb 1966.

Sageev A, Horne RN, Ramey HJ (1985) Detection of linear boundaries by d rawdown tests: a semi−log type curve matching approach. Water Resour Res 21 (3): 305−310.

Stallman RW (1952) Non−equilibrium type curves modified for two−well systems. Geological Survey Groundwater Note 3. US Department of the Interior, Washington, DC.

Temme NM (1996) Special functions: an introduction to the classical functions of mathematical physics. Wiley, New York.

Theis CV (1935) The relationship between the lowering of the piezometric surface and rate and duration of discharge of a well using groundwater storage. Trans Am Geophys Union 2: 519−524.

Vela S (1977) Effect of a linear boundary on interference and pulse tests−the elliptical interference area. J Pet Tech 29 (8): 947−950.

Whittome AJ (1979) Well testing in a liquid dominated two−phase reservoir. Geoth Resour Counc Trans 3: 781−784.

10　地热能利用有关经济分析

本章首先讨论为什么需要经济分析，以及是否应该将其称为经济或财务。然后介绍了一个独立的地热项目的成本和现金流量，首先，不需要对现金流量进行贴现，用以说明方法，然后将它纳入其中，因为它对项目的经济比较至关重要。解释用于项目经济比较的各种参数，并讨论敏感性分析，下一步考虑地热发电站在电网中的作用。其次是需要进行广泛的能源分析。本章结尾讨论蒸汽销售合同。

10.1　简介

地热能的开发规模差别很大。在极端情况下，单一住户利用了附近的泉水，根本不需要钻井；另一方面，政府组织或跨国公司则拥有数百兆瓦的发电能力，耗资数亿美元。在较低端，如果账户上有钱，只需从家庭银行账户中提取资金即可，但在更高层面上，则需要进行经济分析，决策过程复杂。

规模的上端可能就是政府致力于利用地热资源增加国家电力供应，从而避免进一步依赖燃料进口。所有国家面临的基本经济问题是如何把有限的资源（劳动力、资本、自然资源和外汇）分配到各种不同的用途中，以最大限度地为社会带来净收益。Turvey（1968）处理的问题是对可能产生的电力进行估价，以确定资源和资金的投资是否合理。对于一些有最好的地热资源所在的发展中国家来说，开发银行会提供资金，例如世界银行和亚洲开发银行。同样，在这个规模的上端，政府决定投资地热资源来应对全球变暖问题。这样的决策部分是出于政治动机，但必须在一定程度上得到经济分析的支持。科学家和工程师并不总是非常接近这一层面的经济分析。考虑在特定地点使用地热能的早期阶段，可能需要进行勘探和可行性研究以支持经济分析，形成一整套明确的信息，而这些信息可以在不需要进一步工作的情况下能够通过，但是，最终一个特定项目的决策依赖进一步的调查，以及必要的更广泛的参与。

一个项目可以用通用术语定义为投资建设一个可以生产商品的设施，其销售产生足够的利润来回收初始投资等。可能有几个项目处于争议当中，代表了可能生产商品的替代方式，并且必须决定投资哪些项目。已建立的方法可用来提供可将项目区分开来的数字，但它们是由会计计算，只能看出花钱多少，其他利弊必须以其他方式加以考虑。

在工程行业，化学工程师似乎已经在其他分支学科之前采用了这种方法，可能是因为化学工厂通常是独立的设施，它们的生产依赖于特定的市场。大量发电的发电站是不同的。在一般的商业领域中，制造商可以控制他们的货物供应，以使其利润最大化；然而，政府认为电力供应对国家的社会和经济福祉至关重要，它们力求限制私营企业的操纵。实现这一目标的一种方式是让政府拥有发电机，直到20世纪80年代在英国（中央发电局）和新西兰（新西兰电力部）都是如此，规模大小的例子都如此。另外，政府可以制定法规，将电力销售的利润限制在适合其政策的水平，这样，直接或间接控制发电公司的收入来源。这样做的意义在于，采用标准方法，根据其盈利水平对项目进行比较，所以，如果对盈利能力进行规范，则必须对其进行修改。事实证明，是针对观点进行修改而不是数字程序。

数字程序本身非常简单——大多数人通过利率的概念能直观地理解货币的时间价值，仅仅是比简单加法和减法稍高级的算术过程。然而，麻烦在于因为关注的焦点是现金流，它是根据有关国家或公司的税收、财务规则和习惯来修改的。在没有结合这些规则的情况下进行实际项目的经济分析是不可能的，例如折旧，但对于大多数工程师而言，规则和术语都是陌生的。庆幸的是，它们并不要理解方法论的基础，因此没有必要将其包含在这里，而且项目示例已分解到基本原理，用以说明时间对现金流量解释的影响。没有完整会计规则的经济分析在项目管理层面仍然具有价值。

这是讨论术语的正确阶段——本章中的问题是不是经济或财务问题？对工程项目盈利能力的评估传统上被称为经济分析，因此 Allen（1991）将其书命名为《项目的经济评估》，该书适用于化学工程行业。Marsh（1980）的书名为《电力公用事业发电的经济学》，其中包括财务模拟作为可用分析方法之一。Turvey 和 Anderson（1977）定义了差异，他们认为："对项目进行财务评估，可以确定其偿还债务的能力，并为借款人的后续投资做出支持，或确定给予投资者的回报。经济评估或成本效益分析旨在确定项目是否符合国家利益。"

在这里，一个确定的答案是不重要的，将使用"经济分析"这个术语，尽管主题将被包含在上面定义的财务评估中。不会尝试解释所有权（股权）、税收和折旧等纯粹的会计事项。讨论的地热项目也不能用来筹集资金。Ogryzlo 和 Randle（2005）在他们 Nicaraguan 项目融资的历史事件中说明了让许多参与方为项目提供资金的复杂性，科学和工程事项在这方面起着重要作用，例如，以对项目产生所需蒸汽的可能性和以预计成本发电的可能性提出独立意见的形式（尽职调查），但此类研究已明确界定，并且如前所述，形成互不关联的工作包。

首先剖析了一个独立的发电项目，假设其主要组件在考虑替代方案后已被组织机构选定。目的是说明现金流量的通用模式，以及它如何受到整个项目周期中的决策和发生事件影响。然后解决在选择之间做出决定所需的量化项目绩效的方法。本章的其余部分讨论与科学家和工程师有关的相关经济问题。

10.2　单一独立项目

地热发电项目是一项长期事业，涉及大量资金的支出，在建设期间几年内不会产生收入，然后是在较长时间内销售电力所得金额也较小。图 10.1 显示了一个电子表格，其中第一列代表项目年份，其他列则代表每年的发生成本、收入、收入总额和剩余债务，假设所有收入在每年结束的时候用于偿还债务。事实上，项目计划必须是 5 年以上的事项清单，这样才会更加详细，最好在表格中为每年设置一个列，并以行的形式输入现金项。

图 10.1 是一个 20 MWe 项目实例。该例子是有缺陷的（人为故意为之），因为其资本成本为零，并且对应获得的收入没有利息。根据新西兰地热协会（2009）给出的报告，成本数据是 2007 年的实际估计数据。未使用记录交易的标准会计惯例，参见 Marsh（1980）；相反，收入显示为正、支出为负。垂直的行代表以年为单位的时间。5 年施工期间的活动和建

设成本分列如下：

时间 (a)	现金流项目	费用 （百万美元）	收入 （百万美元）	年净现金流 （百万美元）	累计现金流 （百万美元）
0					
1	勘探和方案	3.50	0	−3.50	−3.50
2	钻三口勘探井	15.00	0	−15.00	−18.50
3	钻三口井、初步设计、获得许可	17.00	0	−17.00	−35.50
4	钻两口井、支付管道和发电厂费用的30%	28.60	0	−28.60	−64.10
5	工程造价支付平衡	43.40	0	−43.40	−107.50
6	第一年仅一半的产能	5.00	6.26	1.26	−106.24
7		2.20	12.52	10.32	−95.93
8		2.20	12.52	10.32	−85.61
9		2.20	12.52	10.32	−75.29
10		2.20	12.52	10.32	−64.98
11		2.20	12.52	10.32	−54.66
12		2.20	12.52	10.32	−44.34
13		2.20	12.52	10.32	−34.03
14		2.20	12.52	10.32	−23.71
15		2.20	12.52	10.32	−13.40
16		2.20	12.52	10.32	−3.08
17		2.20	12.52	10.32	7.24
18		2.20	12.52	10.32	17.55
19		2.20	12.52	10.32	27.87
20		2.20	12.52	10.32	38.19
	数据资料				
	装机容量（MWe）	20			
	满负荷净输出（MWe）	18.8			
	年负荷系数	0.95			
	操作和维护费用（百万美元/年）	2.2			
	总的年输出量（kW·h）	1.56×10^8			
	电力销售价格[美分/（kW·h）]	8.0			

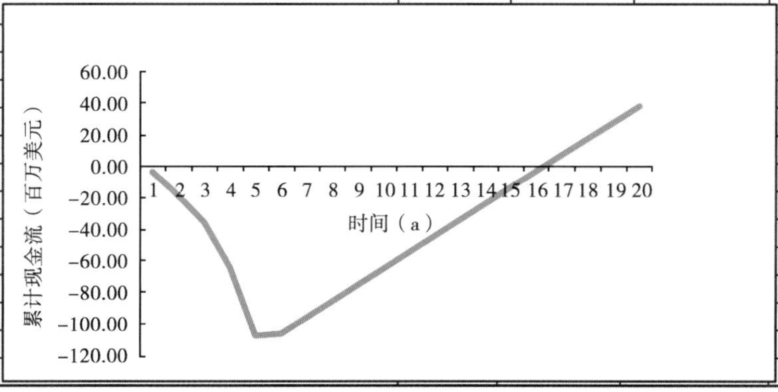

图 10.1　针对单个项目的简单电子表格

表中没有利息费用，对任何参数的变化做出了即时响应，因此可以用于累计现金流为零的日期敏感性分析

电站总输出 ＝20MWe；

电站成本＝220 万美元/MWe 时，总成本＝4400 万美元；

净产量为总电量的 94%，即 18.8MWe；

要求的总井数为 8 口（5 口生产井和 3 口注入井）；

每口井钻井成本 = 500 万美元；

蒸汽田费用 = 1800 万美元；

假设电站使用寿命期间的运营和维护费用为每年 220 万美元。

在项目的第一年，这些用于勘探和规划的费用，假设为 350 万美元。到第 3 年的钻井成本中，已经增加了 200 万美元用于初步设计和获取开发许可。蒸汽场和发电站本身的主要资本项目已被假定分为两部分支付，第 4 年支付 30%，第 5 年支付余款。

假定该电站的负荷系数为 95%，即以每年 95% 的全部生产能力运行。但是，在运营的第一年，假定负荷系数为 50% 的这一悲观值，这样给测试和早期操作可能出现问题时留出余地。如果电力销售价格为 P，则年收入计算方法如下：

$$\text{年收入} = \text{净输出量（kW）} \times \text{负荷系数} \times 8760\text{（h/a）} \times P\text{［美分/（kW·h）］}$$
$$= 18.8 \times 0.95 \times 8760 \times P/100\text{（美元）} \tag{10.1}$$

运营和维护成本已从每年收入中扣除，其余部分已支付以减少债务。

实际上，贷款将收取利息。在成本上升之前，资金不会被简单地支付到银行账户中；相反，需要提供随时得到这些资金的详细安排，年度会计方式显得不够充分。但是，这种模拟的目的只是为了展示构成项目的现金流。累计现金流量图已添加并且使用，可以对图表所做的更改做出即时响应。例如，电力销售价格可以输入到单个单元中，它在每年的收入计算中被选用。因此，电子表格可以用于查看各种变化的影响，要么是计算所需的参数，这些参数与表格中"数据资料"标题下单个单元格中的值关联，要么是现金流项目列的变化。例如，值得研究的变化可能是：

（1）4 年后延迟 1 年，没有做任何事情；

（2）需要在第 10 年和第 16 年分别钻一口替代井；

（3）年负载率从 95% 降至 80%；

（4）满负荷净输出减少到 15MWe（由于蒸汽供应短缺）。

图 10.1 所示的现金流量模式具有所有大型项目的特征形态：债务首先逐渐增加，然后急剧增加（包括利息时曲线更为陡峭），达到最大值（图中最小值），这与开始产生收入的时间相吻合。接下来年度的收入将逐渐减少债务，直到累计现金流量曲线穿过零轴时，债务还清。从第一笔支出到这一点的时间就是投资回收期，目前这个项目可以说是盈亏平衡了。在此之后，净现金流量为正值，并在项目剩余时间内实现盈利。图 10.1 显示，在生产后的第一年开始，如果电力以 8 美分/（kW·h）的价格出售，则到盈亏平衡点的时间为 16 年。

制订计划后，它可以用来分析项目计划的任何变化对经济的影响，但必须包括正确的货币价值，这将在下面讨论。

10.3 项目经济评价

所有主要电力项目都需要在几年的建设期内进行大量的初始投资，并可能需要 15 年或更长的时间才能收回投资。看起来很奇怪的是，这些项目的经济效益仍主要通过将项目生命周期内的可观现金流量减少为单一参数，然后比较所考虑项目的这一参数值来进行评估。根据 Leung 和 Durning（1978）的观点，整个电力供应行业的项目经济评价主要靠经验，直到 20 世纪 50 年代之后才开始使用这里介绍的方法。必须记住的是，对未来几十年事件和现金流的预测伴随着不确定性，即使详细地分析也无法消除。经济决策要求作出判断，而不仅仅依赖于正式分析的结果。一个负责选择备选方案的委员会让自己准备几个单一参数，但是另一方面，行使其集体智慧。

10.3.1　现金流贴现

涉及成本和收入时间价值的单参数方法可被描述为贴现现金流量方法。图 10.1 显示了第一项（勘探和方案）的成本为 350 万美元。如果贷款按年利率5%收取利息，那么在没有任何进一步支出的情况下，连续几年的债务在第一年后变为 368 万美元，然后分别为 386 万、405 万、425 万等。任何一年的价值是初始支出的 $(1+r)^t$ 倍，其中 r 为债务的利率，t 为债务发生后的年数。假设现在决定将资金拨到未来 3 年的时间使用，这笔钱是足够的吗？答案就是以每年 5% 的增长速度，刚好能达到 350 万美元，即年增长率为 1.05，则总额为 302 万美元。这个数字是支出的折现值或其现值，现值意味着把钱放到一边的时间。这个概念与利息的概念相同，但术语是不同的，因为钱的总数量是随着时间向后倒推，而不是向前，而且它们缩小而不是增长。因此未来总量为 Q，则其现值 PV 是：

$$PV = Q/(1 + r)^t \tag{10.2}$$

$1/(1+r)^t$ 被称为贴现因子，整个项目中的每项成本或收入可以在时间上折算回到第 0 年（或任何其他年份）估价的单个数字，方法是将其乘以相应的贴现因子。所谓的按时间向前计算的利率，当它往后计算时，就是所谓的贴现率，它们可能并不具有相同的价值。资金不一定是从银行借来的，它可以作为一家公司的债券发行，除了建设发电站外，它还有许多用途，其价值由利率体现，如果按照该利率，将资金用在其他事情上则可以盈利。它可能高于银行贷款利率。贴现率通常被称为资本成本。

10.3.2　净现值

包含贴现的新电子表格如图 10.2 所示。每年的贴现因子显示在 H 列中，根据下式计算：

$$贴现因子 = 1/(1 + i)^t \tag{10.3}$$

式中，i 为贴现率，t 为 A 列中给出的年份数。电子表格中第 8 年的公式为：

$$贴现因子 = 1/(1+0.01 \times \$C\$33T)^{A8} \tag{10.4}$$

因此，在单元格 C33 中以百分数表示的贴现率的变化，可以在整个电子表格中调用。

年度净现金流量是成本和收入的总和。成本和收入如图 10.1 所定义，但作为年末数据输入到此表中，没有任何利息。假设所有交易均于每年年底进行，而该年度并不发生任何利息。年度净现金流量是成本和收入的总和，并且通过应用该年度的贴现因子，获得一列每年的净现值——这些是未来任何一年的净现金流在现在（第 0 年）的价值。这些值在图中 J 列累计，从中可以看出，当资本成本为 10%、售电价格为 12.5 美分时，所有成本在第 20 年的时候都已经回收。这可能不是一个有吸引力的建议，而更高的销售价格和更低的资本成本会产生更高的累计净现值，它代表项目的美元价值，是一个利润概念。

如果直接或间接调节电力销售价格，项目结束时累计净现值对选择不同方案没有多大帮助——所有净现值可能相似。比较净现值将有助于不受监管的价格商品的生产者，因为选择利润最大的项目最具吸引力。对于电力行业来说，美国引入了一种被称为"收入的当前价值"的方法（Marsh，1980）；它代表了观点的变化，而不是计算程序的重大变化。选择可

143

时间(a)	现金流项目	钻井费用(百万美元)	总费用(百万美元)	收入(百万美元)	年净现金流(百万美元)	累计现金流(百万美元)	贴现因子	年净现金流现值(百万美元)	累计净现值(百万美元)
0	勘探和方案		3.50	0	-3.50	-3.85	0.9091	-3.18	-3.18
1	钻三口勘探井	15	15.00	0	-15.00	-18.85	0.8264	-12.40	-15.58
2	钻三口井，初步设计和获得开发许可	15	17.00	0	-17.00	-35.85	0.7513	-12.77	-28.35
3	钻两口井，支付管道和发电厂费用的30%	10	28.60	0	-28.60	-64.45	0.6830	-19.53	-47.89
4	工程造价支付一半的产能		43.40	0	-43.40	-107.85	0.6209	-26.95	-74.83
5	第一年造价仅一半的产能		5.00	10.95	5.95	-101.90	0.5645	-3.36	-71.47
6			2.20	21.90	19.70	-82.19	0.5132	10.11	-61.36
7			2.20	21.90	19.70	-62.49	0.4665	9.19	-52.17
8			2.20	21.90	19.70	-42.79	0.4241	8.36	-43.81
9			2.20	21.90	19.70	-23.08	0.3855	7.60	-36.22
10			2.20	21.90	19.70	-3.38	0.3505	6.91	-29.31
11			2.20	21.90	19.70	16.32	0.3186	6.28	-23.03
12			2.20	21.90	19.70	36.03	0.2897	5.71	-17.33
13			2.20	21.90	19.70	55.73	0.2633	5.19	-12.14
14			2.20	21.90	19.70	75.43	0.2394	4.72	-7.42
15			2.20	21.90	19.70	95.14	0.2176	4.29	-3.13
16			2.20	21.90	19.70	114.84	0.1978	3.90	-0.77
17			2.20	21.90	19.70	134.54	0.1799	3.54	4.31
18			2.20	21.90	19.70	154.25	0.1635	3.22	7.53
19			2.20	21.90	19.70	173.95	0.1486	2.93	10.46
20				21.90	19.70				

数据资料	
装机容量(MWe)	20
满负荷净输出(MWe)	18.8
年负荷系数	0.95
操作和维护费用(百万美元/年)	2.2
总的年输出量(kW·h)	1.56×10^8
电力销售价格[美分/(kW·h)]	14.0
资本成本(%)	10
每口井费用(百万美元)	5.0

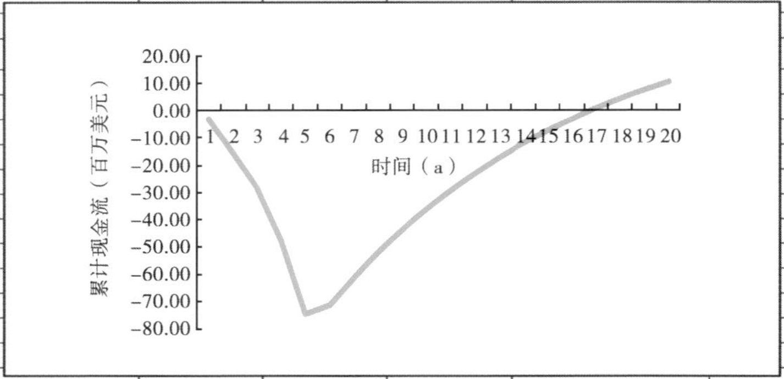

图10.2　图10.1中包含利息利折扣因素的单个项目

144

接受的投资回报并应用于所有正在考虑的选项，并且每年对此回报的支付将成为该项目的成本。年净收入不是按照预期电价和成本计算的收入之间的差额，而是取决于最初和追加的费用，它给从销售电力中收取的收入留下了一个数字。对收入要求最低的选项为首选目标。

10.3.3 投资回收期

判断经济表现的最简单的参数是投资回收期，即项目已经获得足够收入用于偿还开始支出后的投资时间——这是参照图 10.1 定义的，尽管它的计算并没有涉及贴现。对于图 10.2 所示的条件，投资回收期为 20 年。

在进行比较选择时，投资回报期最短的备选方案被认为是首选。使投资回收期成为唯一的标准将有效地使清除债务获得绝对的优先权。这可能有法律的原因，可能需要尽快为另一个项目提供资金，或者因为项目风险大且需要尽可能短的承担风险时间。计算中包括该项目迄今为止获得的收入，但后来的收入不包括在内，因此使用投资回收期作为单一标准并没有试图估计整个项目的收益。

10.3.4 内部收益率

即使寿命为 20 年，电力成本固定在 14 美分/（kW·h），图 10.2 的项目也有一个贴现率刚好能达到盈亏平衡。这可以通过调整单元格 31 和观察最终的累计净现值来得到，结果约为 12%。这种贴现率被称为内部收益率（IRR）或贴现现金流量回报率。它是根据净年度现金流量来计算的，也可以解释为现金流成本的现值恰好等于项目周期内收入流现值的贴现率。算术运算的顺序，即找到净现值然后贴现，没有什么区别。它标志着项目从经济利润转变为经济损失的贴现率。即使不能提供经济效益，该项目可能仍然是合理的。

内部收益报告能提供一些信息，但它提供的信息有限。必须为此计算定义项目寿命，从中可以看出，内部收益率是对投资回报期的改进，作为项目的代表。如果资本成本达到内部收益率，那么该项目只会达到盈亏平衡。资本成本越低于内部收益率，项目结束时的净现值越大，因此通常尽可能寻求大的盈利空间。但是，如前所述，电力成本通常是受到管制的。对于发电，可以说，它将提供远高于资本成本的内部收益率，而不是高利润，但是对于意外问题和成本的风险提供高安全性。

总之，内部收益率用于与资本成本进行比较，其计算不考虑净收入，因此不能得到项目的美元估价。

10.3.5 平准发电成本

上面已经证明，通过反复试验来调整贴现率，可以找到项目刚刚达到收支平衡的贴现率。同样，电力成本可以变化，以找到项目刚刚达到的贴现率的价值。这个价值被称为平准发电成本，它被定义为在整个项目周期内贴现成本除以贴现销售额（kW·h）的总和：

$$\text{平准发电电价} = \frac{\sum_{i=1}^{n} \frac{(\text{费用})_i}{(1+r)^i}}{\sum_{i=1}^{n} \frac{(\text{销售})_i}{(1+r)^i}} \tag{10.5}$$

平准发电成本通常用于比较备选的发电方法，如内部收益率，它为可能的盈利能力提供了一些指导。与电力实际销售价格相比，平准发电成本越低、利润率越高。

10.4 影响项目寿命的因素

项目寿命对计算项目净现值和内部收益率非常重要。地热项目的寿命主要取决于地热资源的寿命，相当于化石燃料站的燃料。与矿物燃料不同，地热能源不能长途运输，而且发电站必须建在靠近资源的地方。如果地热资源供应完全耗尽，通常别无选择，只能出售电站设备。在项目的整个生命周期内，地热流体的供给或其温度可能会减少。新西兰的 Wairakei 发电站由三级涡轮机，即高压、中压和低压机器构成。运行几年后，井中蒸汽的供给压力下降，因此高压涡轮机被移除并用于另一种资源。

通常认为重型机械工程设备拥有 25 年的使用寿命，但这是一个经验法则，而不是一个准确的答案。关键因素是磨损、腐蚀和机械应力（疲劳），并且已经进入设计考虑中的这些因素的详细计算水平取决于特定行业。在今天的飞机制造业中，从性能的角度来看，重量至关重要，而且如果结构重量要最小化，在给定的应力水平下，尤其是部件的使用寿命必须可预测，以确保乘客的安全。相比之下，Wairakei 发电站的涡轮机在 1956 年投入使用，并且在 56 年后的 2012 年仍然在运行，因为制造商必须留有余量以确保其设备的性能和安全性，并且那时不可能准确计算该余量。

10.5 其他经济因素：敏感性分析和风险评估

建议使用电子表格来核查拟议项目的变化，实际上是一种敏感性分析，因为它可以用来显示规划项目发生的任何变化或服务及部件成本变化对现金流量曲线的影响。敏感性分析还需要在项目选择阶段进行，那时正在考虑项目的单一参数表示法。目前有几种现代方法可以形象地用来表明风险，因此也具有敏感性，例如龙卷风图和蜘蛛图，但在这里只对基本方面进行介绍。

作为例子，考虑第 20 年累计净现值对钻井成本和已建成发电站年负荷系数变化的敏感性。当需要生成年度成本时，图 10.2 的电子表格允许从单元格 C34 调用每个井的成本数据。成本以 10% 的增量变化，包括正的和负的，把这些值分别用到每口井 500 万美元的基础案例中，计算的净现值都被记录下来，结果如图 10.3 所示。

在图 10.2 的基准情况下［14.0 美分/（kW·h）的售价和 10% 的资本成本］，20 年后的累计净现值为 1046 万美元。它随地热井的成本增加而降低，反之亦然，并且净现值的变化是线性的。该图还显示了净现值对负荷因子敏感性的分析，例如，由于资源输出减少。通过减少过去 5 年的负荷因子来模拟这种情况；图 10.3 显示，如果将作为基准值的 95% 负荷因子在相对较短的时间内迅速降低为 40%，它将使净现值减少到几乎为零，在这种情况下，项目仅只能达到盈亏平衡——从纯粹财务方面讲，这将使整个项目没有利润。

敏感性分析由 Allen（1991）进行了更详细地讨论，Sanyal（2005）考虑了地热发电成本对各种因素的敏感性，并使用增强型地热系统解决了最小化平准发电成本（Sanyal，2010）。

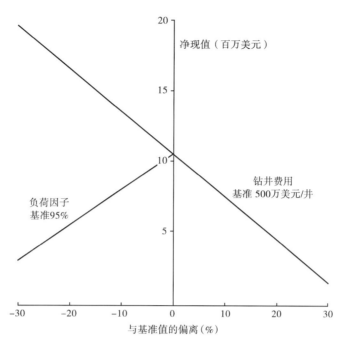

图 10.3 根据图 10.2 的数据，对过去 5 年钻井成本和负荷系数变化的净现值敏感性分析

10.6 电网中地热发电站的考虑因素

供电网络是一组可用的互联电站，它们组织起来提供电力。被称为电力负荷的电力需求很可能要遵循已经确定的规律模式，特别是在将电力输送到新的乡村地区时。在西方国家，由于用户开始一天的工作，国内电力负荷通常会从夜间的低水平迅速增加到一个早晨高峰。早餐后负荷下降，午餐时间短暂增加，下午下降，晚餐时间达到高峰，并在夜间恢复到低水平。对于一些活动，例如采矿和矿石加工、商业和轻工业来说，工业负荷实际上是连续的，在早餐和午餐之间达到峰值，然后在下午再次达到峰值，直到当天工作和业务停止。负载在任何时候都是不可精确预测的，受到随机因素影响。这里考虑的单一发电公司可能有几个发电站，一些化石燃料（煤、气或柴油）电站、一个地热电站和一个水电站。由于自身无法储存电力，因此必须控制正在运行的电站的总输出量，使其与总负载完全匹配。电力可以转换为可以储存的其他形式的能源——电网中所有发电站的旋转涡轮机提供这样的一些储存，并且已经建议采用调速轮，但尚未使用。抽水蓄能也是一种选择，其中多余的电力驱动泵将水从低水位的湖转移到高水位的湖中，再将水从高水位流经水力涡轮机回到低水位，从而水能再次转变为电力。从纯粹的工程角度来看，这很有吸引力，因为抽水和发电都是机械上有效的过程，所以没有太多能量损失。但是很少这么实施，很可能是因为它们的资本成本不合理。

总负载可能不稳定，但其中很大一部分可能是恒定的。为系统生成负载持续时间曲线，该曲线能显示总负载总共有多少兆瓦电力一直是存在的，这被称为基本负载。运行中的发电站根据发电成本及其对负载变化快速响应的能力进行排序，这样每个发电站都对应负载持续时间曲线的某个部分。

10.6.1 边际成本和负荷跟踪

汽车越快，每千米行驶的燃油消耗量就越大；从经济角度而言，速度增加会导致相关的成本增加，这被称为边际成本增加。当有多个发电站可以在负载增加时提供电力，则应首先使用边际成本最低的发电站。然而，这不是纯粹的经济因素考虑，而是取决于任何可用发电站增加其负荷的速度——轴向蒸汽轮机在可以施加的温度上升速率方面受到限制，由于热膨胀，可能会产生机械方面的问题。

10.6.2 基本负荷服务

一般而言，发电站是向各种负荷分配电力的传输电力网络的组成部分。这样的系统可能由该国政府或商业公司拥有和运营。

图 10.4 显示了化石燃料发电站和地热电站之间资本和运营成本模式的差异。

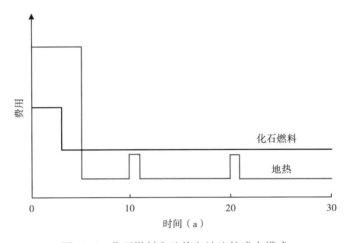

图 10.4　化石燃料和地热电站比较成本模式

化石燃料发电站建造时间为 3 年，需要在其整个生命周期内为其提供燃料，假定它为 25 年。由于购买燃料，整个发电站的使用寿命期内都有很大的现金流量。地热发电站在 6 年内以较高的成本建造；其中包括勘探和钻井，以确认地热资源能够提供足够的地热流体来满足该电站供电 25 年的发电需求。地热发电站是资本密集型，因为 25 年的大部分成本都是在该电站开始生产之前投入的。无论是否使用该发电站，都会产生成本，而化石燃料发电站如果不使用则避免了燃料成本。地热发电站应该连续运行，以提供一直需要的那部分负荷，这被称为基本负载。地热电站与核电站共同拥有这种资本密集的特点，核电站也用于满足基本负荷，并且由于不同的原因，这两种类型电站都无法实现最快的负荷跟踪性能，它更倾向用于提供基本负荷。水电站也是资本密集型的，原则上，燃料成本为零，跟地热一样，因此它可成为满足基本负荷的候选者。然而，它们能够快速实现负载补充，而且它们的燃料供应量每年都是季节性的和不可预测的，因此必须加以保存；这些因素都会影响其自动化使用以满足基本负荷。

10.7　能量分析

目前在新西兰，有可能购买小型铸铁水管配件，其成本不够支付溶解制造这些配件所需要的电力，更不用说其机加工和运输到市场。孤立地看，销售价格是不经济的。原因可能在于，建立了铸造厂并开始生产铸件，它需要加工大量金属，生产小件物品的边际成本足够低，使其有利可图。大型项目需要对价值进行同样审查，但评估不是直观的。这个问题出现在 20 世纪 70 年代，与英国的核电发电计划有关，当时由 Chapman（1974）提出。当时，全球石油供应受到限制，并有人建议建设核电站以提供替代电力来源。这需要建设一系列由浓缩铀作为燃料并用重水（D_2O）缓和的核反应堆，这两种核反应堆所用产品都是能源密集型加工的产物，因此需要现有化石燃料发电站来供应电力。Chapman 的回应是（Wright 和 Syrett，1975），虽然这些反应堆中的一个可以生产比其建造中使用的更多的能量，但以高速建造很多这样的反应堆，并不能得到减少全国对化石燃料的依赖这种希望的结果。有人认为，该计划在完成之前，在将来许多年，它将吸收所有生产的电量甚至更多。

这个问题今天得到了更好的理解，例如，Frick 等（2010）在一个分析中研究了这个问题，并将其称之为生命周期评估。他们的推理与 Chapman 的相似，即减少温室气体排放和有限能源消耗的政治努力已经导致通过二元发电厂提取低温地热水用于发电建议的提出。受热力学第二定律的控制，低温地热转换效率很低，而钻井、管道和电厂的建造则需要高等级（高温）能量。二元循环电厂的辅助电力消耗较高，低温地热流体源需要泵来生产流体。所有这些因素延长了项目投资回收期。不可避免的是，由于原则上涉及对电站建设作出贡献的每一项能源消耗活动，问题如此复杂，Frick 等人的分析仅得出一般性结论。他们贡献的价值在于继续吸引人们对这个问题的关注，并展示如何对它进行核查。

10.8　蒸汽销售合同

有一些地热发电项目，其中地热井和管道由一方拥有，而发电站和输电线路则由另一方拥有。这种安排将本来无缝连接的工程承包分成两个独立的部分，这些部分需要非常密切地合作。分割不是物理的，而是组织上的，如图 10.5 所示。每一方都有自己的员工和管理结构，他们的互动在蒸汽销售合同中定义。定义了几个物理节点，在这些点上，责任从一方转移到另一方，例如，主蒸汽管道上的一个点和将冷凝蒸汽输送回现场进行处理的管道上的一个点。就职责范围而言，考虑发电站周围有围墙是很方便的。

作为蒸汽供应商（资源公司）和发电运营商（发电公司）各方，合同的目的是安排足够的可靠蒸汽供应，以便发电站能满负荷运行。假设要以基本负荷运行，合同将说明以兆瓦电力为单位的预期输出量，以及达到这种产量所需的蒸汽条件和流量。发电站运营商向蒸汽供应商支付实际供应的符合质量要求的蒸汽量，因此计量设备必须安装在（假想的）围栏附近的约定地点。测量的参数可能是流量、压力和干度，假设蒸汽是饱和的，以及输送的任何液体的流量及其化学物质。蒸汽将包括气体，它在通过涡轮时会产生功率，但需要电力将其从冷凝器中移除。如果气体流量在长期内是变化不定的，那么必须考虑这一因素并写入合同。测量和所有相关数据、仪器规格等必须提供给双方，并且与合同有关的用于计算的水属性（蒸汽表）应与计算程序一起共同指定。必须对仪器进行维护以保持测量值在制造商

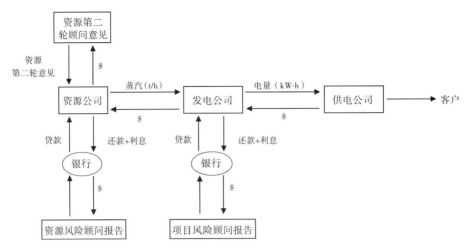

图 10.5 由蒸汽销售合同服务的各方组织图

的容差范围内。发电站输出将需要在规定的点进行测量，因为电压通常在交流发电机的下游阶段逐步升高，并且每个变压器都会造成损失；可以选择交流发电机之后的第一个变压器的输入端口进行测量。由于测量的目的是确定发电站运营商向蒸汽供应商付款的金额，因此，如果实际供应量与目标不同，则可能会指定每月或每季度的目标值，付款可以变化。双方都需要激励措施来保持他们的表现符合预期，因此任何数量不足都会导致惩罚。根据电力销售安排，超出目标的产量可能对发电站运营商具有吸引力，在这种情况下，付款方案中将包括这种可能性。

必须定义合同期到期时的安排。合同可以是可延期的，但如果不是，那么资源公司建设的资产的所有权必须在合同中得到解决。

除了供应蒸汽之外，还有次要问题需要签约。需要电力来操作地热井、管道、仪器仪表、供水、处理泵和员工设施，而且由于地热站通常位于偏远地区，因此发电站通常会提供这种电力供应。由于供电价值必须在交易中进行核算，因此必须在合同中定义电力负荷。

根据围栏的位置和从蒸汽供应中分离水的布置，分离的水可能不得不从发电站泵送回蒸汽田。蒸汽中冷凝水肯定自然要在围栏内处理。

例如，执行合同所需的钻井、套管和人工成本增加，可参照国家经济指数予以调整，以避免承包商随意的突发建设事宜。

刚刚描述的合同细节对于现有的地热田开发和发电站的定义是相对直接的，已经对资源有很好的理解，并且发电厂已经存在。有时从一开始就预测蒸汽销售合同，但可能是由于一方无法为整个项目筹集足够的资金。然后需要讨论设施的设计方面。例如，蒸汽射流喷射器使用蒸汽，但比机械式气体提取器具有更低的资金成本，后者消耗电力。发电公司通过使用喷射器降低其资本支出和寄生电力负荷等激励措施，但这会增加对蒸汽的需求，对地热资源公司不利。有关各方将在就任何相关支出承诺之前，就此类问题和合同形式达成协议。资本回收的时间长了，每一方都需要确定另一方能按要求执行。

很少有已经公开发布的蒸汽销售合同，但 Puente 和 Andaluz（2001）回顾了墨西哥公共电力公司 CFE 和私人承包商之间的在 Cerro Prieto 地热资源上的蒸汽销售合同情况。该合同从 1991 年开始，为期 10 年，供应 800t/h 的蒸汽；看起来 CFE 已经拥有自己的地热井和提供给发电站的蒸汽供应系统。它在投标后获得批准，并在前几年运作良好，直到墨西哥遭受经济危机，结果承包商的供应量低于合同规定的量，导致经济处罚，从而使得其状况更糟。由于缺乏投资，CFE 自己的蒸汽供应量下降，导致 CFE 和承包商与第二家（美国）承包商达成协议，签订供应量为 1600t/h 的合同，是原合同流量的两倍。在撰写这篇文章的时候，合同已经到期，并且正在寻求签订一份新的合同。

<h2 style="text-align:center">参 考 文 献</h2>

Allen D（1991）Economic evaluation of projects. Institution of Chemical Engineers，UK.

Chapman P（1974）The ins and outs of nuclear power. New Scientist，19 December 1974.

Frick S，Kaltschmitt M，Schroder G（2010）Life cycle assessment of geothermal binary power plants using enhanced low-temperature reservoirs. Energy 35：2281-2294.

Leung P，Durning RF（1978）Power system economics：on selection of engineering alternatives. J Eng Power 100：333-343.

Marsh WD（1980）Economics of electric utility power generation. Oxford Engineering Science Series，Oxford.

New Zealand Geothermal Association（2009）http：//www. nzgeothermal. org. nz.

Ogryzlo CT，Randle JB（2005）Financing the San Jacinto-Tizate geothermal project，Nicaragua. World Geothermal Congress.

Puente HG，Andaluz，JI（2001）Steam purchase contract：a singular Mexican experience Geoth Resources Council Trans 25：33-36.

Sanyal SK（2005）The cost of geothermal power and factors that affect it. Keynote Lecture，World Geothermal Congress.

Sanyal SK（2010）On minimizing the levelised cost of electric power from enhanced geothermal systems. In：Proceedings of World Geothermal Congress.

Turvey R（1968）Optimal pricing and investment in electricity supply. Allen and Unwin，Australia.

Turvey R，Anderson D（1977）Electricity economics：essays and case studies. Johns Hopkins University Press，California，US，for World Bank.

Wright J，Syrett J（1975）Energy analysis of nuclear power. New Scientist，9 January 1975.

11 发 电 站

全球大部分发电的原动机是涡轮机，加上一个冷凝器和交流发电机。工作流体经过温度和压力的变化循环，并通过原动机产生扭矩，这涉及对周围环境的供热和散热。选择的工作流体仍然主要是水，蒸汽循环经历了一个多世纪的发展。地热蒸汽不是作为封闭循环的一部分提供的，但传统（化石燃料）发电站的涡轮机只需要进行相对较小的设计修改即可使用。然而，与化石燃料锅炉相比，大多数地热供热的低温已经导致开始选择有机流体作为工作流体，为此，发电站设备，包括涡轮机和冷凝器的设计必须相应发生显著改变。

本章讨论蒸汽循环发电站的历史趋势，然后解释蒸汽 Rankine 循环的发展，以及为使其更接近 Carnot 循环而进行的改进。除了提供了地热蒸汽厂的背景知识外，它还为考虑替代工作流体设计提供了一个起点。本章系统介绍了地热蒸汽发电站的涡轮机、冷凝器和辅助设备的详细情况，同时讨论了有机 Rankine 循环和三边闪蒸循环装置。

11.1 简介

电力是由一个线圈在磁场中旋转而产生的，发电站安装这样一些机械来实现这一点。自 1900 年以来，大多数发电站已将汽轮机用作驱动装置（原动机），并使用化石燃料作为热源。使用地热蒸汽驱动涡轮机与利用化石燃料二者之间的不同之处在于，蒸汽从地热井中进入发电站，而在离开的时候为冷凝物——涡轮机是放置在一次通过的蒸汽流中的机器。在化石燃料发电站中，锅炉产生的蒸汽通过涡轮机进入冷凝器并返回到锅炉中。这样非常便利，因为水可以保持在高纯度水平，减少腐蚀，从而金属可以在高温下长期使用。但它还不只是便利，它符合 Carnot 提出的热力发动机概念。热力发动机被定义为一种通过一个循环的过程获取固定质量的流体——工作流体的机器，在这一过程中，热量在流体中来回传递，并产生机械功。因此，使用地热蒸汽的蒸汽轮机不是严格意义上的热力发动机，因为它不能在相同质量的蒸汽上连续运行。这是一个理论而不是实际的问题，地热蒸汽轮机与化石燃料发电站几乎相同，与现代化石燃料发电厂相比，除了蒸汽温度和压力相对较低，要求设计稍有差异。涡轮机本质上是一种机械装置，在它内部，蒸汽流的动量传递到旋转轴；它并不是蒸汽循环的组成部分，事实上涡轮叶片设计中很少涉及热力学。同样的关于循环问题出现在不断更新工作流体的内燃机中，但是它们的性能如同它们是真正的热机一样被计算出来。

尽管如此，在考虑地热涡轮机时，研究适用于化石燃料发电的 Rankine 循环是有意义的。这是以水为工作流体的蒸汽设备的主要循环，并且直接应用于使用除水之外的工作流体（有机流体）的地热涡轮机，由于成本和环境原因必须节约，因此用于真正的热机循环中。无论何种工作液体，Carnot 循环都是理想状况，Rankine 循环与它有偏离，但它是最接近实际的替代方法。20 世纪为了使其更接近理想状态而对循环进行了各种修正，并且这些修正也影响了发电厂设计的修正。以化石为燃料的蒸汽 Rankine 循环是一个基准，一旦理解之后，将其引入到地热应用中的变化很容易掌握。将会发现电厂的设计涉及大量的优化。与大多数重型工程设备一样，实际的设计细节在商业上是敏感的，购买者必须从根本上了解设备的基本操作（或聘请顾问）对其进行严格检查。

本书中不建议讨论电力本身。如前所述，Faraday 于 1831 年确立了发电原理，但发电机直到 19 世纪 70 年代才建成。Riemsdijk 和 Brown（1980）给出了简短的历史回顾。对于大规模发电，自早期以来，一直常用的是三相交流电，发电机被称为交流发电机。电压频率为 50Hz 或 60Hz，交流发电机分别以 3000r 或 3600r 的转速旋转。交流发电机由原动机驱动，蒸汽涡轮用于最大的电力输出，并且涡轮机通常被设计为与交流发电机相同的速度运行。涡轮机和交流发电机通常直接耦合，它们的轴线在一条直线上，把它们一起称为涡轮发电机或更具体地说是涡轮交流发电机。将涡轮机设计以同步速度旋转，即给出 50Hz 或 60Hz 的电力输出，并且精确的速度控制是必不可少的。有时会使用变速箱来改变速度，但仅适用于较小的功率输出，因为变速箱比涡轮机或交流发电机昂贵并且磨损更大；使用有机工作流体的涡轮机不适合像汽轮机那样高速旋转并且可以使用变速箱。传输电网需要分配产生的电力，工作电压通常在 440kV 或更高，远高于一般 11kV 的发电电压，涡轮发电机送入变压器和开关站以连接电网（见图 1.2）。地热发电站有几个电气设备设计问题。其中之一是地热发电站周围大气中异常高浓度的硫化氢，部分原因是许多地热资源区域的自然地表活动，另一部分是从冷凝器中提取的非冷凝的气体排放到大气中。气体会导致暴露的开关和相关导体中的铜发生腐蚀。另一个问题是接地，即埋在发电站基座下方的大量铜导体网，以提供良好的接地连接作为基准电压电平。地热改变的土壤给掩埋的铜导体提供了具有非常酸性、腐蚀性的环境。

11.2　热力发电站历史趋势

在 120 年的历史中，不仅仅是地热能，各种类型的分布式电力供应的主要特点是电力消费和装机容量的增长，预计这种情况将持续下去。国际原子能机构（2012）估计，在 2000—2030 年期间，世界电力供应量将翻倍，每年需要投资相当于 5500 亿美元的新建和接替电厂。大约一半的投资用于发电，另一半用于配电设备。蒸汽已经并将继续成为用于驱动涡轮发电机的主要工作流体，典型的单机输出从 1900 年的 1MWe 增加到 1912 年的 25MWe、1928 年的 128MWe、1960 年的 600MWe 等，目前最大的单机容量为 1000MWe。

效率始终是一个重要的考虑因素。事实上，自从蒸汽机首次使用以来，这一直是一个重要的考虑因素——那些用于排水的英国煤矿燃烧了如此之多的煤炭，为了尽可能将水排到水车的上游以回收部分价值。由于蒸汽温度和压力的持续增加，使得在 1970 年的这段时期，效率不断提高；到 20 世纪 60 年代，蒸汽温度已经达到 550℃左右，由于叶片材料问题（蠕变），没有超过这个水平太多。当地热资源在 1950—1960 年间投入使用时，地热蒸汽条件远低于当代化石燃料站的地热蒸汽条件，并且意味着热能转化为电力的效率退步；当时核能产生的蒸汽也是如此。

现代化石燃料蒸汽装置的压力现在通常超临界。20 世纪 70 年代的石油冲击刺激了进一步的研究和开发，有人担心全球石油燃料的供应和随之而来的价格上涨。联合循环发电厂变得很普遍，燃气轮机的排气为现在被称为蒸汽发生器的锅炉提供热量，热效率远高于 40%。在寻找更好地利用低温热源的方法时，还注意到除水以外的工作流体。替代性工作流体早已被考虑，1923 年的汞和 1934 年的二苯基氧化物。这两种物质都具有非常高的临界温度和中等的临界压力，有利于循环的高温部分，而有机流体是旨在应用于循环的低温部分，作为废热回收装置。例如，后者的小尺寸设备由 Ormat 公司开发，它可以独立从合适的来源回收热量，通用类型被称为有机 Rankine 循环发电厂。这开始了较小设备尺寸的趋势，它适合应用于地热能源，并且有别于将整个发电厂安装在建筑物内的做法。露天的独立式设备单元成为可能，并且在偏远地区利用资源的作业变得更容易和更经济。新开发的地热资源的最终容量和勘探的资金成本使其适合分阶段建设发电站，而可利用的小型发电站也会有所帮助。

在当今时代，全球变暖和对环境的普遍关注是地热发电开发和使用低温流体的另一个推动力量，而对替代工作流体的第二轮研究已显而易见。

11.3 在一个循环中使用蒸汽作为工作流体发电

11.3.1 Rankine 循环代替 Carnot 循环

Carnot 循环在第 3 章中作为定义熵的方法进行了介绍，采取固定质量的流体通过改变其热力学状态，但使其回到起点的四个过程。流体没有流动；它在任何一个阶段都没有速度，只是改变了其热力学状态，因为它依次呈现在四个不同的热边界条件中。现在重点放在图 11.1 所示回路，周围的水稳定流动，一个锅炉向蒸汽轮机和冷凝器供应蒸汽，并将液态水泵送回锅炉。

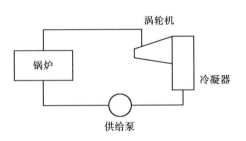

图 11.1 化石燃料发电站流动路径

大量的流体不断流经回路，通过改变热力学状态的设备。将热量添加到循环中，并获得其做所的功，但所有变化率均为零——在循环中的任何固定点测量的任何参数都不随时间变化。以热力学术语来说，这被描述为闭环设备。流体现在具有速度，并且它的每个粒子都流经如第 3 章中一样的固定质量循环。

Carnot 循环是理想的，只能在实践中进行近似处理。图 11.2 显示了在水的 T—S 图上的 Carnot 循环 GCDFG 和 Rankine 循环 ABCDFA。饱和条件的包络线可以根据蒸汽表绘制；对于其他流体，它具有不同的形状，其具有的重要含义将在稍后进行讨论。回想一下，包络线上的水平线表示流体从 C 处的饱和水变为 D 处的饱和蒸汽所经历的路径，相反，则从 E 变成 A。流体在包络线以内的任何地方都是两相的。Carnot 循环有两条等温线，温度为 T_1 的 CD 线和温度为 T_2 的 FG 线，以及两个等熵阶段 GC 和 DF。它不是用水和蒸汽作为工作流体，而是用单相气体。由于冷凝和蒸发是等温过程，所以容易与工作流体之间实现等温供热和散热。然而，即使在今天，从 F 点刚好到 G 点停止冷凝在经济层面上很难设计，并且等熵膨胀和压缩过程是理论上的理想情形。Rankine 在 1854 年提出了一个可实现的循环，它可以用来近似 Carnot 循环，并且以他的名字命名。它适用于往复式发动机和涡轮机，但这里假设的是涡轮机的情形（图 11.3）。

选择 A 点作为 Rankine 循环的开始点，工作流体在较低温度时为饱和液体，液体压力升高直至达到 B 点处的锅炉压力，然后在锅炉中以恒定压力加热，沿着 BC 线。它在 C 开始沸腾，并且在低—中等的上限温度 T_1 下，CD 线上的蒸发热量增加值远大于 BC 线上的热量增

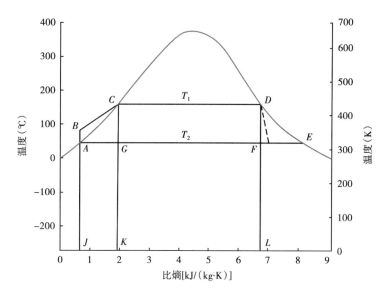

图 11.2　在水的 T—S 图上的 Carnot 循环和 Rankine 循环

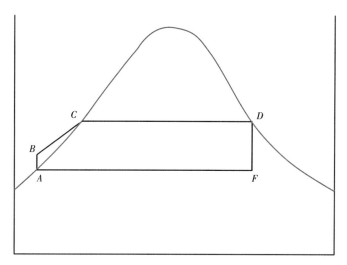

图 11.3　水的 T—S 图上的 Rankine 循环

加值，因此该循环通过在恒定温度下接收大部分热量来逼近Carnot循环。沿 AB 线对流体做功，但由于水是不可压缩的，因此，当与 D 处的饱和蒸汽通过涡轮机膨胀时所做的功相比，它非常小，沿着 DF 线，蒸汽是可压缩的。由于涡轮机流动路径中的摩擦，沿 DF 线膨胀不是真正的等熵——实际路径如图 11.2 中虚线所示；摩擦将机械功转换成额外的热源，从而偏离 Carnot 的理想环境。在膨胀结束时，流体从 F 进入冷凝器，在 A 处完全冷凝成饱和液体。在 FA 路径上，热量被等温移除，并且该过程仅在 G 点时偏离 Carnot 循环，但不就此停止。

　　循环周围各点的参数可以用非正式的方式进行计算，因为质量流量始终保持不变——只需要使用最简单形式的稳态流动能量方程，以及比熵、比焓和干燥度的定义。非正式的意思是说，虽然质量和能量的连续性方程在每个点都求解，但没有必要正式写出这两个方程。对于 Carnot 循环，假设图 11.2 中的上限温度为绝对压力 6bar 时的饱和温度，即 158.8℃，而冷凝器

155

在绝对压力 0.1bar 下运行，饱和温度为 45.8℃。计算所需的物理量见表 11.1。

表 11.1 计算所需的物理量

P_s（bar，绝对压力）	T_s（℃）	S_f	S_{fg}	S_g	h_f	h_{fg}	h_g
6.0	158.83	1.931	4.828	6.759	670.5	2085.6	2756.1
0.1	45.81	0.649	7.500	8.149	191.8	2392.1	2583.9

比熵的单位为 kJ/（kg·K），比焓的单位为 kJ/kg。参考图 11.4，首先找到 X_G，G 处的干燥度：

$$1.931 = 0.649 + X_G \times 7.500 \text{kJ/（kg·K）}$$

得出 $X_G = 0.1709$，因此，$h_G = 191.8 + 0.1709 \times 2392.1 = 600.69 \text{kJ/kg}$。

现在找到 X_F：

$$6.759 = 0.649 + X_F \times 7.500 \text{kJ/（kg·K）}$$

得出 $X_F = 0.8147$，因此，$h_F = 191.8 + 0.8147 \times 2392.1 \text{kJ/kg} = 2140.56 \text{kJ/kg}$。

使用稳定流动能量方程，式（3.6）：

$$Q - W = (h_2 - h_1) + \frac{1}{2}(u_2^2 - u_1^2) + g(z_2 - z_1)$$

忽略动能和势能项，并且假设没有热损失，涡轮机的功输出和将压力从冷凝器绝对压力提高到 6bar 的功输入分别是：

$$h_D - h_F = 2756.1 - 2140.56 = 615.54 \text{kJ/kg}$$
$$h_C - h_G = 670.5 - 600.69 = 69.81 \text{kJ/kg}$$

因此，循环的净功输出为 615.54-69.81 = 545.73kJ/kg。

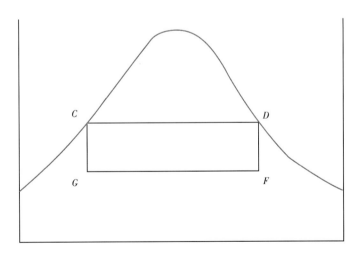

图 11.4 用于水的 $T—S$ 图上的 Carnot 循环

或者，净功输出可以计算为增加热量与散发热量之间的差值，即图 11.2 中面积 KCDL—面积 KGFL：

$$（158.83-45.81）\times S_{\text{fg6 bar abs}} = （158.83-45.81）\times 4.828 = 545.66 \text{kJ/kg}$$

156

这两者只是由于舍入误差而不同。

Carnot 循环的效率 η_c 是净功输出除以所提供的热量，即：

$$\eta_c = 545.73 / \left[\,(158.83+273.15)\times 4.828\,\right]$$
$$= 0.2617$$

或者根据定义：

$$\eta_c = (T_1 - T_2)/T_1 = (158.83 - 45.81)/(158.83 + 273.15) = 0.2616$$

在这里应该保留到小数点后两位，干度系数应在蒸汽表的工作中计算到四位有效数字，通过计算以摄氏度为单位的温差来简化算法，而不是将其转换为开尔文温度，最好避免在实践采用危险捷径方法。

效率的计算等于计算冷凝器中供给热量与散发热量的比值，并且对于任何循环都是相同的。这对 Carnot 循环来说非常简单，对于 Rankine 循环来说则不那么简单。被排出的热量是矩形 JAFL 的面积，并且不存在问题，但所提供的热量是 JABCDL 的面积。如果补给泵做功被忽略，并且路径被假定为 JACDL，则这涉及得出包络和温度轴之间的面积，如图 11.5 中阴影所示的区域。这是饱和水的 Gibbs 函数，过去为了蒸汽动力厂设计者便利，它曾被列入早期蒸汽表中。

图 11.5　阴影区域是饱和水的吉布斯函数

由于这里的重点是地热发电厂，所以不需要完整的 Rankine 循环计算，但是三个循环修正非常有意义。首先是采用供给加热使循环形状更接近 Carnot 循环；从图 11.2 中可以看出，与它之间的主要偏离是由于无法停止在 G 处的冷凝过程。偏离的影响可以通过与 Carnot 循环引起的面积变化来判断，这里的变化是 JBCK，它与 KCDL 相比相当显著。它代表了向冷凝器排出额外热量，因此它必须在物理尺寸上更大且更昂贵。由于涡轮机中膨胀的等熵偏离，这种偏离远大于该面积的改变。凝结水是在恒定的压力下进行加热的，并且在 20 世纪早期就已经意识到，通过在各个阶段从涡轮机提取少量蒸汽的膨胀会提供热量，这些热量会转移到冷凝物上，从而绕过冷凝器。假设在图 11.2 中膨胀时，T_1 和 T_2 中间温度条件下的蒸汽会在几乎相同的温度下被转移到冷凝物中。因为蒸汽的凝结仅仅提供了小温差的传热，这种情况是可能的。其结果是涡轮机中的功率损失，但是冷凝器中排出的热量更小，因此节省了冷凝器成本。这种做法被称为再生供给加热，在大型化石燃料电厂中，在膨胀过程中，它通常在三个有代表性的压力（温度）下提取蒸汽来实现。如图 11.6 所示，在第一个加热器中放出 h_{fg} 后，在最高温度回收的蒸汽冷凝液闪蒸到第二个加热器中，以供下一级蒸汽回收，以此类推。最佳级数

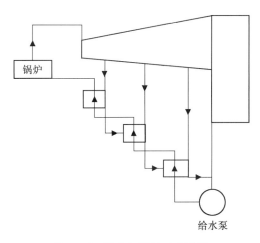

图 11.6　给水加热的三个阶段

是工程—经济综合分析的结果。当首先出现给水加热的想法时，就开始使用低温锅炉的排放气体来提供热量，但经济优化得出是否使用回收的（排出）蒸汽。

与 Rankine 循环的第二次和第三次偏离均涉及过热蒸汽；迄今为止将 Rankine 循环称为饱和蒸汽 Rankine 循环可能更准确。饱和包络线在临界点处温度最高，并且随着顶部温度 T_1 增加，即随着锅炉压力增加，在饱和蒸汽循环的蒸发部分中增加的热量占循环中增加总热量的比例较小。与 Carnot 循环的偏离则更大。对蒸汽表的核查发现，h_{fg} 随着饱和压力的增加而下降。底部的温度名义上由大气条件确定，这代表着实际可行的最低排放温度，为 25 ~ 30℃。为提高热效率，需要寻求提高顶部温度的办法；然而，到达冷凝器之前，饱和蒸汽从高压膨胀时，在涡轮机中变得非常湿；如果湿度大于约 10%，则水滴通过侵蚀涡轮叶片而对它造成损害。图 11.7a 展示了一种补救措施，被称为过热，其中从锅炉蒸发部分排出的饱和蒸汽通过暴露于锅炉中的较高温度而使其过热至点 1。该点的熵高于原始饱和蒸汽的熵值，并且饱和包络的形状是这样的，即在它膨胀至点 2 处冷凝器温度之后，向右移动点 1 使蒸汽湿度降低。

图 11.7b 显示了被称为再加热的循环修正。供给涡轮机的蒸汽过热至点 1 并膨胀至饱和包络区域中点 2 处的温度，在该点处从涡轮机中回收并返回锅炉中，在较低压力下再加热至点 3，并且在点 4 处膨胀至冷凝器条件。实际上，涡轮机可以由两个独立的机器组成，其与交流发电机在同一轴线上耦合，一个仅通过高压蒸汽而另一个通过再热蒸汽。优化最高过热温度和第一次膨胀的结束时间同样是一个复杂的工程—经济问题，在本书的内容中，它是一个需要对每种不同工作流体进行重新核查的问题。

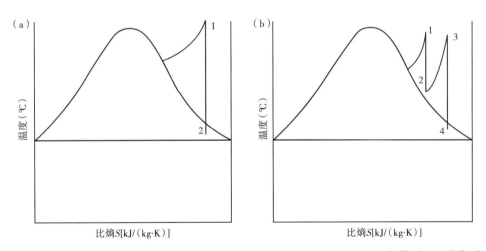

图 11.7　（a）过热，从 1 膨胀到 2；（b）再加热，从 1 膨胀到 2，然后重新加热到 3 以膨胀到 4

11.3.2　蒸汽透平应用

高速往复式蒸汽机是在 20 世纪初开发的，但已经被涡轮机超越。除了大约在公元 50 年由亚历山大的 Hero 发明的经常用来解释反应式涡轮机的工作原理的装置外，由意大利的 Giovanni Branca（1629）第一次对汽轮机进行了描述。英国的 Parsons（1884）、法国的 de Laval（1889）和 Rateau（1898）、美国的 Curtis（1896）和瑞典的 Ljungstrom（1910）建成和发展了涡轮机——在同一时期，其中很多工作都基于同样的想法。

意味着使用涡轮机能带来益处的 Rankine 循环本身并没有任何东西。van Riemsdijk 和 Brown（1980）引用了 Parsons 解释他推理的一个讲座，也就是，因为水力涡轮机具有很高的机械效率，达 70%~80%，他归因于水的压缩性很小，因此，制造多级的蒸汽轮机，使得每个级的压降都足够小，这样可能使该级中的蒸汽膨胀也相应变小。以此类推，预计制造与水轮机相同的高级效率蒸汽轮机是可行的，因此，整个多级涡轮机的机械效率应该远高于往复式蒸汽机的机械效率，尽管热力学效率仍将受到通过 Rankine 循环的热力学第二定律控制。这是 Parsons 所考虑的机械装置的机械效率。涡轮机几乎可以完美平衡，并从进入冷凝器入口的上游流动中回收能量；而在往复式发动机中，活塞的运动质量在每次冲程结束时改变方向并利用一些蒸汽膨胀来清理汽缸。从机械效率角度看，涡轮机非常适合用于发电，需要的维护成本低、旋转速度高。

涡轮机的图片可以在涡轮机制造商的网站上找到，例如三菱重工（2012）等。大型机器设备可能把不同的涡轮机安装在同一个轴上，这样，整个蒸汽的膨胀可发生在机器的不同阶段中。分成多个阶段可能与周期或机械原因有关。一些涡轮设计的重要方面可以根据不同类型的机器来加以说明。

冷凝式涡轮机在最低可行的温度条件下排出蒸汽并做功，它即是设计的冷凝器温度。背压式涡轮机排出的蒸汽压力允许获取更多功或热量。原因可能是允许蒸汽用于某种其他目的，如化学加工厂，或将蒸汽传回锅炉进行过热或再加热。由于机械设计的原因，高入口压力机器可以简单地分成几个阶段，例如改变叶片旋转的平均直径带来的益处。或者，可能存在两种蒸汽源，入口处的高压蒸汽和低压供给。在这种情况下，涡轮机排出的蒸汽与另一个供给汇合到一起，这时需要具有较大横截面面积的涡轮机用于流动。

蒸汽通过涡轮叶片产生驱动交流发电机的旋转，同时也产生轴向推力，在大型涡轮上可能需要非常大的轴承表面来承载它。有时涡轮机被设计成背对背的，这时，蒸汽流进入中心并且分流成相反的方向流动。叶片设计必须不同，以产生相同的旋转，但轴向推力被抵消——制造商仍需要优化研究。

图 11.8 显示了一个用于核电站的混合压力涡轮机，用来说明上述要点。高压蒸汽从图纸的顶部进入，并通过高压涡轮机向左运动，高压涡轮机有四个阶段，每排叶片前面有一排固定叶片，称为喷嘴，用于改变蒸汽流动。在离开高压涡轮机时，流动方向改变 180°，低压蒸汽加入进来，所有的流量在离开并重新加热之前，通过具有四级的第二个涡轮机。通过第二个涡轮机的蒸汽通道的半径较大，提供了更大的横截面面积供流动，通过增加的额外蒸汽增加了质量流量。根据 Parsons 的想法，每个阶段的压降都很小。尽可能平衡八个阶段中的每一个轴向推力，以保持较小的净轴向推力；推力轴承可以结合起来抵消净推力，但会引起摩擦力矩和功率损失。涡轮机的转速由交流发电机的输出频率决定，但仍然有几个变量用于操纵和最小化净轴向推力。

从中可以看出，蒸汽可按设想的那样流过叶片，但也可绕过叶片，因为旋转部件（轴和叶片）与固定部件（喷嘴及其附件到固定的外壳）之间必定存在间隙。旁通路线在制造时要尽可能小，因为流过它的蒸汽均被浪费了，这就是该区域结构复杂的原因。精密的密封方法已经被开发出来。

所有的轴流式汽轮机看起来都是一样的。在高压端，涡轮叶片相对于其直径较短，但当接近冷凝器时，由于体积流量增加所需的横截面积增大，它们必须变长，并且其有效长度比半径要大。相对于涡轮机轴线的通道横截面形状如图 11.9 所示，其中第一个喷嘴被绘制为实际的喷嘴，它们有时出现在较旧、较小的设计中，而其他喷嘴组作为固定叶片。旋转和固定的叶片紧靠在一起，流动通道是形状弯曲的狭窄曲槽。

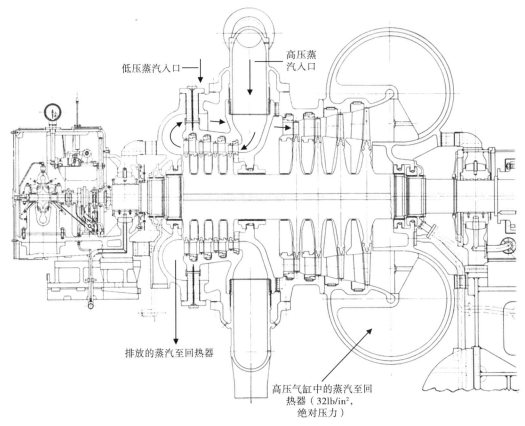

图 11.8　一台 325MWe 的混合压力涡轮机

展示了蒸汽流动路径、经过高压阶段后的蒸汽增加、流动方向和通道直径的变化

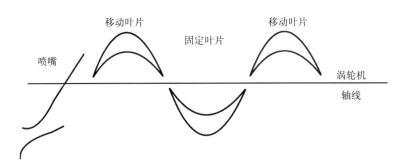

图 11.9　沿径向朝涡轮旋转轴线向内看

展示了单个喷嘴、移动叶片和固定叶片，固定叶片也被称为喷嘴；流体从左向右流动

　　每一级上的喷嘴和叶片组都可以设计成脉冲型或反应型；它们具有不同的通道形状并且代表了极限情况，实际上，一些涡轮机被设计成具有代表不同比例的脉冲和反应效果的混合通道。在图 11.10 中对这两种类型进行了比较。

160

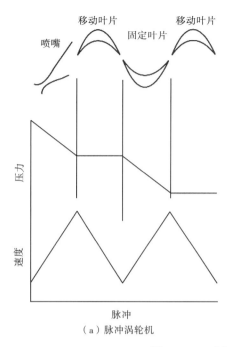

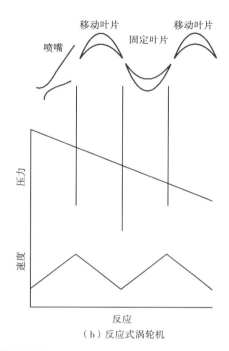

（a）脉冲涡轮机　　　　　　　　　（b）反应式涡轮机

图 11.10　两种基本涡轮机类型对比

根据伯努利定理，在脉冲涡轮机中（图 11.10a），通过使压力下降，蒸汽在喷嘴中加速，但叶片通道设计成在那里没有压力降低。这表明采用均匀的流动横截面积，但为了适应由于摩擦引起的压力降低，横截面积略微增加。但是，旋转叶片槽的速度会降低，因为流动会将动量传递给旋转的叶轮（请注意，是速度而不是流速，此处未考虑流向）。下一组喷嘴再次使流动加速，以换取进一步的压降，以此类推。另一种类型是反应式涡轮机（图 11.10b），通过选择合适的叶片槽大小，使压力均匀地落在喷嘴和叶片之间。如前所述，喷嘴中的速度增加并且在叶片中下降，但是速度低于脉冲式涡轮机中的速度，因为设计者的目的是使得叶片上的力是动量变化加上直接由压降引起的力的结果。

通过脉冲式涡轮叶片的压力保持不变简化了构造，这是因为没有压力梯度使得蒸汽通过端部周围叶片时发生泄漏，以及不需要迷宫一样的密封。动叶片与壳体之间、隔膜与转子之间的径向间隙可以从其通常非常小的值中放宽限制。

大约在 1897 年，美国的 Curtis 采用了所谓的速度复合脉冲级次。它在图 11.11 中被示意性地表现出来，并且通常是在涡轮机的第一级。蒸汽离开喷嘴的速度为图 11.10a 所示的两倍。它的动量以两倍增量传递，一半的速度在第一组运动叶片中损失，另一半在第二组中损失掉，从而使蒸汽速度再次降低到低水平，通常在管汇中。第二级管汇用于使蒸汽压力沿轴向变得更加均匀，因为它通过部分完整的喷嘴环，一种蒸汽入口的常见布局，可能已进入涡轮机。因此，两个 Curtis 级次叶片可以装在由入

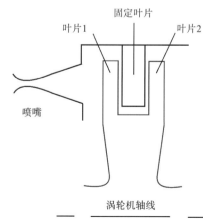

图 11.11　柯蒂斯速度复合阶段

161

口和出口管汇之间的单个圆盘，如图 11.11 所示。

任何一种涡轮机的第一级由于叶片高度较短而损失效率，因此蒸汽通道中的大部分表面积是外环和内部转子表面的面积；它们不会做功，但是会造成摩擦损失。由于喷嘴不移动，喷嘴将蒸汽改变角度而不会做功，但是代价是进一步的摩擦损失。另外，如果喷嘴环不完整，在任何特定的时间，只有一部分叶片环得到蒸汽供应并且能够做功。摩擦损失导致蒸汽升温并恢复一部分下降的比焓，这种效应被称为"再热因子"［Wrangham（1948），该作者认为，较旧的教科书是涡轮设计的一个很好信息来源，另见 Kearton（1945）］。叶片的平均圆周速度是一个设计因素，并且可以由设计者通过提供每级环形区域的增加方式进行调整——这种增加是必要的，因为蒸汽通过时，蒸汽的比容增加了。级的增加可以通过在内半径或外半径、在两端增加根半径来增加叶片的长度实现。

最后，还需要证明蒸汽通道的设计涉及什么。它是一个流体力学问题，而不是热力学问题，它基于伯努利形式的稳态流动能量方程。最早的涡轮机设计早于计算机和计算器，其设计方程式与流体流过孔板的方法类似，见 8.3.1 节，引入了考虑到摩擦损失的因子等。管道中的孔板毕竟是可变横截面积的流道。涡轮机叶片之间的通道面积是矩形的，并且必须与喷嘴之间的通道相匹配，但是每个都沿着流动方向变化以产生所需的速度或压力变化，并且弯曲以产生方向上的变化，从而产生速度变化，它可以用速度图进行分析，如图 11.12 所示。

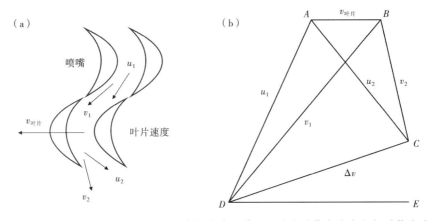

图 11.12 （a）喷嘴和涡轮机叶片组中的流动通道，以及绝对蒸汽速度和相对蒸汽速度；
（b）绘制的达到这一对扭矩和轴向推力的速度图。旋转轴线（未显示出）是垂直的

图 11.12a 中，离开喷嘴的蒸汽的绝对速度为 v_1。喷嘴是静止的，但叶片向左移动，v_1 与叶片的相对速度为 u_1。流体以相对于叶片表面的速度离开叶片槽，但当考虑叶片的运动时，它具有绝对速度 v_2。速度图如图 11.12b 所示，最感兴趣的部分是蒸汽经过叶片通道的速度变化 Δv。如果质量流量为 $\dot{m}$，那么每个叶片槽上作用在叶片上的力为 $\dot{m}\Delta v$［(kg·m)/s^{2}或 N］。该合力与运动方向成一定角度，并且驱动叶片的实际力是 $\dot{m}$（DE），它是垂直于旋转轴线的分量，即产生用于驱动交流发电机的扭矩。与 CE 段速度相关的动量变化产生转子上的端部推力；为了清楚起见，该速度分量未在图中绘出。叶片速度随安装在转盘上的叶片半径而变化，很容易看出喷嘴和叶片角度必须随半径变化。例如，在靠近排入冷凝器的位置，很长的涡轮叶片必须被扭转。

11.3.3 蒸汽透平瞬态特征

涡轮机对负载变化的响应在任何类型的发电站中都很重要，并且其特性由涡轮机制造商进行了量化。Kosman 和 Rosin（2001）在研究中报道了启动和负载变化对涡轮机部件使用寿命的影响。必须保持恒定的旋转速度以产生正确的频率（50Hz 或 60Hz），并使用精密的调速器。此外，功率输出必须平衡交流发电机的负载，因此蒸汽调速器必须能够提供小幅和大幅的流量变化。通过限制可以进入涡轮机的蒸汽流动面积来实现所需的变化，由此减小压力，这不会导致比焓（发生节流）的显著损失，尽管失去了做功的机会。在蒸汽流量大的机器上，有时会通过几个端口进入喷嘴，每个端口都安装一个阀门，随着需求的增加，通过蒸汽的阀门数量也会增加，以避免单个大阀门进行少量调整的难度。

图 11.13 显示了威兰斯线（Willans line），即蒸汽消耗和功率输出之间的变化，它是威兰斯在 1888 年通过实验发现的，如果涡轮机受节流控制，二者呈限线性关系（Wrangham，1948）。该直线斜率为 B，可用下式描述：

$$\dot{m}_{turb} = BL_e + \dot{m}_0 \tag{11.1}$$

式中，$\dot{m}_{turb}$ 为到涡轮机的总蒸汽流量，kg/s；L_e 为电力负载，MWe；$\dot{m}_0$ 为当负载趋于零时，使涡轮机保持同步速度所需的最小蒸汽质量流量，kg/s。Kearton（1945）认为 $\dot{m}_0$ 是满负荷时质量流量的 10%～14%。

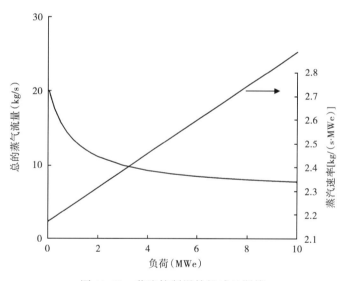

图 11.13　节流控制涡轮机威兰斯线

图 11.13 中展示了相反的曲线，用 $\dot{m}_{turb}/L_e$ 表示，单位为 kg/（s·MWe），它对于每兆瓦电力的蒸汽流量值渐近于载荷轴线，这对于表征涡轮机性能是有用的，并且有时被称为蒸汽速率。随着负荷降低，速率增加，因为蒸汽被节流，并且，叶片虽然以相同的速度旋转，但不是在其设计条件下工作。对于以入口绝对压力为 6bar 运行的地热冷凝汽轮机，蒸汽速率通常为 2.2～2.4kg/（s·MWe）。

地热蒸汽为低压、高比容，这意味着与化石燃料设备相比，对于涡轮机的功率输出来说，调节阀的物理尺寸要大，并且支撑调速器阀的蒸汽入口管的直径也要大。再加上蒸汽中含有二氧化硅，这促使三菱重工（1998）开发出一种蝶阀。

与瞬态汽轮机性能有关的另一个问题是非基本负载使用。正如第10章所解释的那样，它们的成本结构使得地热发电站的基本负荷使用非常可取，因为可以实现约95%的可利用。出现基本负载利用最优的实际原因是在涡轮机的移动部分和固定部分之间所需的非常小的间隙限制了各级之间的蒸汽泄漏。如果部件触碰时，其间隙不能减小到零，则需要固定部件和运动部件之间的微小温差。有必要缓慢地增加涡轮机的温度，制造商为详细设计指定最大升温速率。在过去，一些发电站的做法是在蒸汽进入之前将热空气通过涡轮机。Kearton（1945）指出，Ljungstrom 径向流汽轮机比轴流式汽轮机加热要快得多；它们建成的容量高达50MWe，已经由 Marcuceilli 和 Thiolet（2010）进行了核查，目的是提供应用于地热的有机 Rankine 循环发电厂看法。

11.4 使用地热蒸汽

11.4.1 在多个压力下闪蒸地热井排放流体

排出特性因井而异，井被分组，排出的流体在预定压力下闪蒸。保持涡轮入口压力，进而使入口温度尽可能高是有好处的，因为这会提高转换效率。然而，闪蒸压力越高，分离出的水中剩余的能量就越多，但它可以在更低的压力下闪蒸并产生更多的蒸汽。这些蒸汽可以在沿着其长度的中途添加到由第一次闪蒸供给蒸汽的同一个涡轮机中，它们被称为贯流式涡轮机或混合压力涡轮机，图11.8中展示了一个示例。在使用以液体占主体的地热资源中，仅使用两级或三级闪蒸，如图11.14所示。但是，闪蒸压力的选择和级数取决于地球化学因素的考虑，而不仅仅是涡轮机的性能，这一点在第12章中将会阐释清楚。

Wairakei 地热资源的设计老旧，它是由于情况异常而使设计变得复杂，这一点在第14章中进行了解释，它采用了大量相对较小的涡轮机。蒸汽以绝对压力为13.4bar、4.45bar 和1.0345bar供给，高压涡轮机的排出物与从分离的水中闪蒸的新蒸汽结合，最后一台涡轮机排入冷凝器——参见 Thain 和 Carey

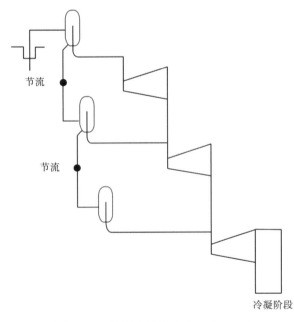

节流

节流

冷凝阶段

图11.14　热流井排出物三级闪蒸流程

（2009）以了解详细设计。

对于给定排放特性井，针对一次闪蒸或两次闪蒸的情形，可以计算其最佳井口压力，但即使是相邻的井也可能具有不同的特性，并且对涡轮机的类型和数量的选择是更广泛优化的结果，涉及制造成本和资源地球化学所限制的热力学性能。仅考虑排放和流动分离的理论最佳化可能对采用的设计影响很小。

地热发电站中的蒸汽并不遵循地热发电站本身的循环，但是资源、地热井和蒸汽场设备与发电站的整体组合可以合理地视为一个循环。为了比较不同的系统，必须进行基于热力学第二定律的分析，通常称为有效能分析。本书没有涉及，但是 ASTM（2006）已经进行了定义，并且由 DiPippo（2012）和其他热力学教材进行了详细阐述。有效能分析越来越多地应用于比电站更大的实体，例如国家地区（Sciubba 等，2008），并且值得受到比这里更广泛的对待。

为了计算提出的闪蒸级数的功率输出，需要如图 11.15 所示的 T—S 图。这个图代表了上述 Wairakei 各级的压力。当地的大气条件决定了热量损失的温度，所以没有必要继续使 T—S 图达到绝对零度。通常假定在闪蒸膨胀中比熔是守恒的，并且如果资源中的流体是高温液体，等熔线从左上方进入并在第一闪蒸压力下结束，饱和温度为 193℃，位于 A 点。然后混合物在 T—S 包络线的两侧分别分离为饱和水和蒸汽，分别为点 b 和点 c。控制两相混合物性质的简单算术规则已在第 3.4.2 节中进行了解释，并已在上面用于分析 Carnot 循环。蒸汽和水的质量比例如图 11.15 所示，使用下式计算：

$$h = h_f + X h_{fg} \tag{11.2}$$

式中，h 为资源流体的比熔，属性值和干度系数都有对应的温度，在该案例中为 193℃。干燥系数为：

$$X = \frac{\dot{m}_g}{(\dot{m}_g + \dot{m}_f)} \tag{11.3}$$

所以质量流量与线段 bA 和线段 Ac 的长度成正比。第一次闪蒸后的分离水在第二次闪蒸后到达点 D，同样，在第三次闪蒸后到达点 E。产生的蒸汽温度为 148℃ 和 101℃，用点 d 和点 e 表示。来自高压涡轮机的排放物必须加入到计算出的来自第二个分离的水闪蒸的 e 处的质量流量中，并且在考虑最后的涡轮机入口时也是如此。由于进入任何一级涡轮机的蒸汽都是饱和的，所以在离开时是湿的，并且可能需要使用级间分离器以确保正在工作的蒸汽在涡轮机入口处干饱和。

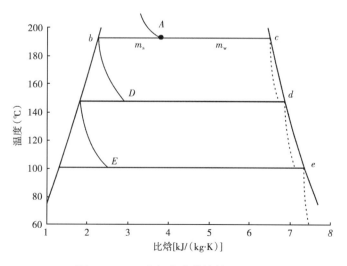

图 11.15　三次闪蒸井排放的 T—S 图

11.4.2　地热蒸汽透平

地热蒸汽携带水，溶解固体和不可凝结气体。来自以液体为主的地热资源的蒸汽供给可能会带有一些含有溶解的二氧化硅和碳酸钙的水。其结果是，在涡轮机叶片上产生固体沉积物，Kubiak 和 Urquiza-Betran（2002）考虑了减少叶片和喷嘴之间通道面积和形状的影响。在通过冷凝涡轮机的某一点上，蒸汽穿过 T—S 图的包络线并变湿。水滴在流动通道中的特征不像蒸汽，因为它们的动量不能有效地传递到叶片上，并且由于它们的冲击会损坏叶片和喷嘴。随着蒸汽变湿，蒸汽质量流量逐渐减少。周围安装了排水槽，旨在捕获水滴并将其从流动中移除。不可冷凝的气体实际上会在流过涡轮机时会做功，但如下所述，仍需要将这些气体从冷凝器中除去。Sakai 等（2000）和 Matsuda（2006）解决了蒸汽携带溶解固体导致的涡轮机所需维护问题，讨论了应力腐蚀开裂和由于冲击和腐蚀造成的表面损伤。

11.4.3　使用外部热源过热操作可能性

使用外部热源原则上允许地热蒸汽过热和重新加热，类似于图 11.7，这将导致更高的电力输出。这方面已经进行了几项研究，见 Kestin 等（1980）。然而，地热蒸汽携带溶解的固体，可能会在过热器中产生沉积和腐蚀问题。此外，在足够高的温度下没有明显的热源，无法在非地热发电站中更有效地使用；然而，可能存在的特定情况会使该想法在经济上具有吸引力。

11.4.4　地热蒸汽发电厂散热：冷凝器及相关设备

地热蒸汽设备的散热问题比化石燃料设备的散热问题要大，因为地热蒸汽伴有上述的不会凝结气体。然而，由于蒸汽不是高纯水循环的一部分，允许使用直接接触式或喷射式冷凝器，其中从涡轮机出来的蒸汽进入喷射冷水的容器，从而通过能够将蒸汽与冷却水混合来简化冷凝器结构。混合后，冷却水和蒸汽冷凝水不能分离。另一种方法是通过使用带有冷却水的管式冷凝器将蒸汽和冷却水分开，冷却水位于外部暴露于蒸汽的管束或管矩阵的内部。这些技术在化石发电厂有很长的使用历史，但地热厂的要求有细微的差别，例如，通过管矩阵的间隙能让不能凝结的气体通过，这是减少维持真空所需的泵送功率的一个条件。地热站内的管状冷凝器并不为人所知。冷凝器面上凝结和不凝结气体的覆盖模式已经在第 7.5 节进行了讨论。

图 11.16 显示了气压计直接接触式冷凝器的概念，因其与气压计（见图 3.1）相似而得名。该容器装有喷射设备，并安装在大约 10m 长的大直径垂直管上，位于坑内或地上。设想一下当容器和管道充满水时，管道底部的阀门打开的情形。随着水用完，该容器将被抽空，并且只要水位保持在管中并且不能冷凝的气体被连续地移除，该容器在使用时将保持这样。冷凝物在管中收集，并且通过允许其从管端流出来维持水位从而保持真空。如果这是在一个坑内，那么水可能不得不被抽出，进一步消耗电力。

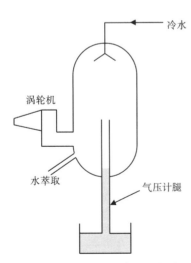

图 11.16　气压计腿直接接触式
冷凝器的图示设计

在化石燃料发电厂中，涡轮机通常直接安装在物理尺寸较大的冷凝器上方，这样最小化蒸汽通过大直径管道的长度——因为低压蒸汽的比容非常大，并且来自涡轮机出口的流速减慢会使动能损失最小化，故采用大直径。

Kestin 等（1980）的研究详细讨论了地热利用的冷凝器，包括建设材料，目前仍然密切相关。

尽管地热蒸汽发电站产生的冷凝物多于补给湿式冷却塔所需的冷凝物，但获取用于冷却化石发电站和核电站的廉价清洁水的可能性却不断下降，从而导致更多地使用空气冷凝器。欧洲已经建成了非常大型的该类型冷凝器，包括通常用于湿式冷却的自然通风混凝土冷却塔。更通常的情况是，翅形管以一定角度布置两组管束，被称为 A 型框架。

冷凝器真空通常通过在各级中使用蒸汽喷射器来提取不可凝气体得到维持。喷射器是基于伯努利方程的装置，其中蒸汽，一种可获取的、可压缩的、高压流体，通过喷嘴加速以在其喉部达到最小压力（小于所需的冷凝器压力）之后流动面积增加、流量下降、压力上升。喉管连接到收集不可凝结气体的冷凝器，混合后的流量进入小型喷射冷凝器，其真空由第二级喷射器产生。离开第二级喷射器的流体压力高于大气压，因此不需要将更多的能量消耗排放到大气中，尽管 H_2S 的浓度要求其以高水平排放或以某种方式分散。正如 Ozkan 和 Gokcen（2010）回顾的那样，喷射器的蒸汽消耗量很大，并且使用了生产真空的替代方法。多级径流式气体压缩机很常见，三菱重工（1998）说明了这一点，在高产量的情况下，可以采用物理尺寸上大型的设备。也使用了液环式真空泵，一家制造商展示了其运行原理由，见 Nash（2012）。

散热的最后阶段是将从冷凝器收集的热量传递到环境中。所有类型的热力发电站都尽可能靠近河流或河口建设，以便为它们散量（即用它们充当冷却水源）。Wairakei 就是这种情况，河水清洁到足以用于喷射式冷凝器；有关水污染的问题在第 14 章中提到。另外一种替代方法是，可以通过冷却塔将热量排放到空气中。从冷凝器出来时，将冷却水喷射到由位于开放式板条结构顶部的风扇产生的上升空气柱中，通常带有木制板条；风扇使用产生的电力。冷却水落入下面的一个水池，从那里返回冷凝器。冷却塔的性能取决于大气温度。在化石燃料发电站中，自然通风冷却塔很常见。热的冷凝器冷却水在塔内运送到一定高度，并向下面的横截面积上喷射。由于塔的上部形状像喷射式喷射器，使暖空气加速向上，并吸入新鲜空气，所以大气进入塔的底部，其开放的高度仅为几米，与强制通风塔不同。塔由钢筋混凝土制成。新西兰 Ohaaki 的自然通风冷却塔，设计用于 120MWe，似乎是用于地热发电站的唯一该类型冷却塔。从冷凝器中提取的 H_2S 释放到塔中上升的空气柱上，在水喷雾器上方。

11.5 不用水作为工作液的发电厂

蒸汽是一种合适的工作流体，适用于在涡轮机入口处 160~550℃ 的温度范围内将热量转化为功。尝试从化石燃料中转化更大比例的能源导致进行了其他工作流体单独的试验或与蒸汽结合的试验，但在过去几十年中，仅发现将它们用于地热发电——事实上，从数据上讲，它们中大多数如此。Dipippo（2012）提出了有机 Rankine 循环地热发电厂（和地热蒸汽发电厂）的详细周期分析，其中，它们的设计在许多应用中是不同的。

11.5.1 有机 Rankine 循环

在第 11.3.1 节中对 Carnot 循环和化石燃料 Rankine 循环的比较中，确定了后者与理想情形的偏离情况。这些偏差降低了热量转化为功的效率，并且在一定程度上，水的饱和度包络线形状将加剧这一影响。由于在高温下对材料强度的提高，人们在电厂开发的早期阶段寻求替代工作液体——Wood（1970）指出，"声称某些其他液体比水更优越是一种反复出现的现象"，但请继续注意其对低温热源的适用性。适用于高地热温度的材料是可以获得的，温度可远高于水的临界温度。为了保持汽化的优点，需要使用在500℃或更高温度下仍为两相的工作流体。Rogers 和 Mayhew（1967）展示了一个"二元循环"的数值例证，其中一个具有两种工作流体，即水和水银，它们在两个独立但组合的循环中运行，使用不同的涡轮机。水银有一些所需的理论特征，但在面临实际困难时却被放弃了。

许多用于生产水或两相井排放流体资源的现代地热发电厂以二元循环运行，蒸汽与有机工作流体结合。后者必须在封闭循环中运行，因为它价格昂贵且不宜排放到环境中。目的是使用蒸汽发电厂，将更多的热量转化为功。Angelino 和 Colonna di Paliano（2000）发现了铸造的碳酸盐燃料单元的同样问题——在初级转换装置中，释放的大部分热量不能被充分利用。他们回顾了各种有机工作流体的热回收利用，然后与"常规"ORC 工厂一起使用。任何应用的工作流体的选择都受到毒性、大气污染的潜在可能性、火灾危害、运输便利性、成本和可获取性等方面危害程度的控制。目前许多不同的工作流体被考虑用于增强型地热资源中，见 Kalra 等（2012）。与此同时，使用传统地热资源，大量安装的地热有机 Rankine 循环发电厂采用 Ormat 技术公司（2012）的设计和制造技术，使用异戊烷或正戊烷作为工作流体。异戊烷的临界点为 187°C 和 33.8bar 绝对压力，在近似温度或更低的温度下，可以获取地热分离出来的水。

虽然本书没有显示，但蒸汽轮机设计人员会选择 h—S 图表而不是 T—S 图表，有机 Rankine 循环设计人员会选择 P—h 图表。就目前而言，T—S 图表最好地显示要研究的要点。图 11.17 显示了异戊烷和水 T—S 饱和包络线的一般形态；几种其他潜在的工作流体也具有在包络线气体一侧向后倾斜的重要特性，因此 S 随着 T 减小而减小。图 11.17 的包络线已经被叠加，以用于比较形状，而实际属性值是完全不同的；正确绘制的两条包络线将分得很开且大小也不相同。曲线 A 是水的 T—S 包络线的正确表示，但是曲线 B 是通过肉眼绘制，它不意味着代表任何特定的有机流体，但具有与其作为工作流体的热力学性能有关的总体特征。

根据包络线的形状，Rankine 循环发电厂设计方面的重要差异如下：

（1）只要在适当温度下开始膨胀，对于水，饱和蒸汽的等熵膨胀将在涡轮机出口处形成湿的混合物；对于工作流体 B，将形成过热蒸汽。这消除了液滴侵蚀叶片的担忧。

（2）对于流体 B，包络线液体侧的斜率比水要小，所以对于有机流体来说，偏离 Carnot 循环会更大，孤立来看，它将比

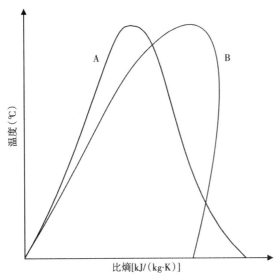

图 11.17　比较 T—S 包络线的一般形状

曲线 A 代表水，曲线 B 代表一些有机工作流体（包括异戊烷），包络线未按比例绘制或放置在轴上正确的相对位置上

蒸汽 Rankine 循环在再生加热方面更具吸引力。

（3）工作流体 B 的饱和包络线在顶点附近相当宽，这有利于最大限度地增加蒸发过程中的热量比例，并有助于减少由液态加热引起的 Carnot 循环偏离的影响（图 11.2）。

（4）在30℃时，是把热量散发到环境中的适合温度，即循环中可能需要的最低温度，特别地，异戊烷的饱和压力约为绝对压力 1bar。因为冷凝器泄漏可能性已经最小，因此机械上很便利。

（5）气态的有机流体密度很高，对于给定的输出而言，这导致选用相对较小的涡轮机——叶片中的动量传递速率随着密度增加而增加。

（6）对于分离的地热水，选择220℃的上限温度和30℃的散热温度，饱和蒸汽的比容率（V_{220}/V_{30}），对于水而言为382，对于异戊烷及其他有机流体，大约小一个数量级。至于密度方面，在相同温度条件下，有机 Rankine 循环涡轮机能够比蒸汽涡轮机采用更少的级数（回顾 Parsons 在第 11.3.2 节中的最初推理）。

（7）有机流体中的声速低于蒸汽，并且涡轮叶片尖上的速度必须保持亚音速。这可能需要涡轮和交流发电机之间的变速箱，以将交流发电机转速提高到同步转速。

目前使用异戊烷的发电厂范围内，它们通常有两级涡轮机（Legmann 和 Sullivan，2003），符合上述观察结果。关于再生式加热，涡轮机中采用少级数降低了泄漏工作流体的可能——流量足够大，但温度差异可能太小，并且一些热量传递必须大于所需温度差来进行，从而打败接近 Carnot 循环要求的计划。然而，再生加热的优点在于其降低冷凝器容量和改善循环效率的效果，并且可以从这方面受益。由于地热资源温度低，冷凝器中大部分热量供应被散发出去，从而使得冷凝器的热负荷很大。典型的空冷式冷凝器消耗电力，体积很大。纯粹就循环效率而言，考虑到液体侧 $T—S$ 包络线的斜率，再生供给加热对于有机工作流体循环比对蒸汽循环更为有利。在分离的地热水流中有低温热源。

关于过热或再加热，由于蒸汽循环中已经采用的原因，气体侧的 $T—S$ 包络线的斜率使得不必采用过热或再加热。必须利用加热流体的最高温度，并且与 Carnot 循环的偏差不是避免过热的原因，而许多有机 Rankine 循环在其优化配置中使用到。Sohel 等（2010）报道了未详细说明的 5.4MWe 有机 Rankine 循环发电厂性能的动态模型。它们提供了一个 $T—S$ 图，显示工作流体过热，但在到达冷凝器条件之前离开涡轮机，进入换交换器（称为换热器），该换热器将热量传回循环的工作流体加热部分，可能实现从降低冷凝器热负荷的涡轮机交换功。

目前有许多关于从大量有机流体中选择工作流体的文献。例如，Franco 和 Villani（2009）详细讨论了地热流体温度在 110~160℃ 范围内这种类型发电站的设备优化方法和要素。所提供的流体范围是它们的重点在于方法而不是工程因素。

大部分 Ormat 公司设计和制造的有机 Rankine 循环设备最引人注目的特征可能是它们能够保持开放，原动机很小，比壳管式热交换器小得多。冷凝器采用空气冷却，工作流体位于带有冷却风扇翅形管的几乎水平管束中——管子与水平面成一定角度，使液体排出以便收集。冷凝器占据一个明显的区域，但可以升高到工厂其余部分的上方。这些特征将对设计的工程经济优化产生影响，因此无法从纯工程性能角度进行分析。

在上述回顾的化石为燃料的 Rankine 循环的发展历史中，通过操纵循环来寻找最佳经济表现似乎是主要关注点。然而，必须记住的是，设计和供应主电站工厂的全部商业活动涉及研发、设计和制造，其中包括考虑铸造厂和机械加工厂的资本资产，然后考虑人力、财务、运输到工地、维护、可靠性、整体环境影响和能量分析，如第 10.7 节中所讨论的类型——这其中没有小事情。工厂的热效率很重要，无疑是选择的主导因素，不能孤立地看待。与所有商业开发的电力工业设备一样，市场化是私人制造业优化的结果。

11.5.2　双工作流体发电厂实例

Legmann 和 Sullivan（2003）描述了新西兰 Rotokawa 1 号开发项目，该项目是直接在背压式汽轮机中使用来自井中的蒸汽，并将其废气与分离出的水一起供应给有机 Rankine 循环发电机的一个例子。该电站由 Ormat 公司设计和制造。该设备的总设计产能为 30 MWe，其中 14 MWe 由多级反应蒸汽轮机生产，其余电量由三台 2 级有机 Rankine 循环涡轮机生产。汽轮机以 3000r/min 的转速旋转，有机 Rankine 循环机器以 1500r/min 的转速旋转。图 11.18 显示了文中所述的详细重建工艺流程图，从中可以看出，两个有机 Rankine 循环设备从汽轮机排气口接收热力供给。

另外两个以串联对的方式运行，利用分离出来的水的热量。这个过程是最简单的，文章报道说发电站非常可靠，可利用性达 98%，输出功率比设计数字高出 10%。

Ormat 公司在 Rotokawa 提供了一个二级发电站，这是一个更简单的工艺流程设计，见 Sohel 等（2009）的展示。蒸汽流驱动一台 35MWe 的汽轮机，该汽轮机将蒸汽排入异戊烷热交换器，从而为 7.5MWe 的有机 Rankine 循环装置提供热量。分离的水为相同输出功率的第二个有机 Rankine 循环单元提供热源。Sohel 等通过使用水提高风冷式冷凝器的散热能力，夏季运行的效率得到了提高。最热一天获得的发电量增长达 6.8%，但全年平均仅为 1%；它反映了天气条件的变化，并未为发电厂设计人员采用的最佳循环配置判断提供依据。

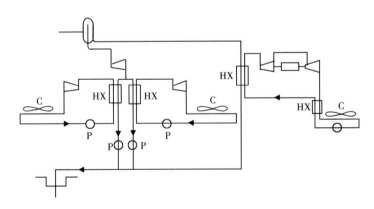

图 11.18　由 Legmann 和 Sullivan（2003）描述的蒸汽和有机 Rankine 循环联合装置的解释
闭环包含异戊烷，HX—热交换器，P—泵，C—空气冷却冷凝器

11.5.3　Kalina 循环

Kalina 循环似乎首先通过 Kalina 和 Liebowitz（1989）的论文进入了地热文献领域，该论文考虑了使用氨—水混合物作为工作流体的循环的应用。

现在将从 3.3 节中开始回顾，Carnot 将热量转化为功的理想环境要求降温必须做功；否则，热流将被浪费。对于 Carnot 循环而言，蒸发液体保持恒温是非常方便的，因为它提供了理想的恒温热源。现在考虑在一个长的热交换器中将地热液体（例如分离出的水）中的热量传递出去。加热液体保持单相，并且当其将热量传递给另一种流体时，其温度在入口和出口之间逐渐下降。图 11.19 展示了这样一种情况，分离的水加热从右侧进入的流体，并且在传递其热量时经历下降的温度，如直线 A 所示；暂时考虑横轴代表通过热交换器的距离。沿相反方向运动的是有机 Rankine 循环的工作流体，从左侧以较低温度进入直线 B 处。工作流体在曲线图的 a 处加热至饱和温度，并保持等温直至在 b 处完全蒸发，之后，它显示出与之前一样的随位置温度升高。如果在点 a 以合适的速度交换热量，如果超过该值，温度差就不必要这么大，加热流体的温度被降低，形成浪费。为了阐明其中细节，横轴表示传热量，它与加热流体温度变化线性相关。这个图表出现在许多行业的热交换器中，化学加工和核电，化石能源和地热发电厂（包括有机 Rankine 循环工厂）。Kalina 循环的好处是，工作流体是氨—水混合物，随着混合物温度的升高，氨从溶液中分离出来，混合物的饱和温度升高。它可以作为标记为混合物的直线而变化，图 11.15 中的线条 C，它平均显示了加热流体和蒸发混合物之间的较低温度下降。如果可以遵循该线条而不是单一组分的线，那么，只从流动的单相液流（即比热几乎恒定）获得热量的热力发动机将具有更高的效率。

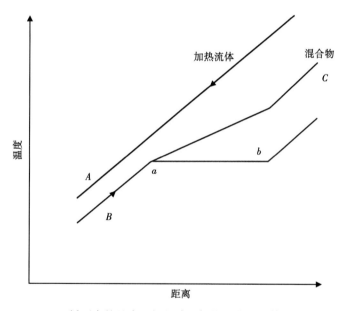

图 11.19 Kalina 循环中的基本思想是减少加热和蒸发流体之间的温差变化

潜在地，Kalina 循环比有机 Rankine 循环具有更高的效率，Lu 等于 1997 年进行的一项研究表明，他们提出的被称为 KCS11 的 Kalina 循环设计预期具有比现有的有机 Rankine 循环发电设备更高的效率。Walch 和 Boyle（2010）报道了两座 Kalina 循环发电厂的设计和建设。Dipippo（2004）对几个有机 Rankine 循环装置和唯一运营的地热 Kalina 循环发电厂进行了比较性能分析，并得出结论认为 Kalina 发电厂在相同的运行条件下可多产出 3% 的输出功率。所研究的发电厂具有不同的当地条件；Kalina 工厂位于冰岛，因为环境温度较低，所以比在美国有机 Rankine 循环工厂的排热相对容易。Kalina 循环发电厂比有机 Rankine 循环发电厂更复杂，并且尚未吸引大量资本投资。它在层次结构中的适当位置尚未建立。

11.5.4 三边闪蒸循环和两相原动机

三边闪蒸循环在图 11.20 的 *T—S* 图中显示，该图是对水作为工作流体的图 11.2 的 Rankine 循环图和 Carnot 循环图的修正；该循环也被建议用于有机工作流体。饱和水达到冷凝器的 *A* 点，被泵送到最大压力的 *B* 处，自 *B* 处开始，以压缩的液相形式加热到 *C* 处。从 *C* 处开始，水膨胀至 *G* 处，从那里它发生冷凝回到 *A*。循环具有三角形状。等熵膨胀 *CG* 在图中已经显示出来，但实际上流体状态将略微处于 *G* 点的右侧，因为膨胀流体中的摩擦热使比熵增加。比熵的增加量可能大于汽轮机中的增加量，因为工作流体在 *C* 处是饱和液体，并且此后是杂乱无章的两相混合物。该图已绘制成最大压力为绝对压力 6bar 和冷凝器绝对压力为 0.1bar，因此工作温度在 46~159℃ 之间，Carnot 效率是面积 *ABCG* 与面积 *JBCK* 之比——比较相同温度条件下，图 11.2 中的 Carnot 循环和 Rankine 循环的等效面积。热量传递到流体的平均温度低于图 11.2，因此理论效率必然低于 Rankine 循环的理论效率，但设备要简单得多。

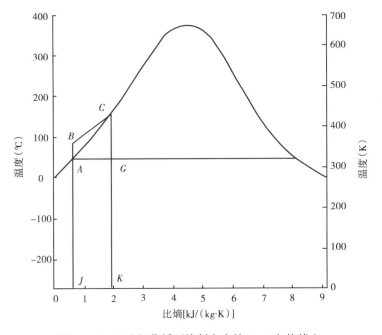

图 11.20　三边闪蒸循环绘制在水的 *T—S* 包络线上

这里所示的循环被描述为湿蒸气循环。Smith（1993）指出，Ruths（1924）根据他的想法取得了一项专利，即储存在蓄能器中的热量可以通过往复式蒸汽机或涡轮机排出全部容量来获得优势。Ruths 建议的地热当量应该是将从井中生产的两相流直接排放进入原动机。Smith 等（1995）对适用于地热和化学工业开发的原动机（包括双相涡轮机和螺杆膨胀机）进行了回顾，他后来专注于地热利用——Smith 等（2005）。螺杆膨胀机继续引起关注，但很少建成；在美国早期建造的一套设备最近已被标准的有机 Rankine 循环设备所取代（Buchanan 和 Nickerson，2011），但由于极少量的开发工作被应用到机械设计中，这一点几乎没有意义。Welch 和 Boyle（2010）提供了最近开发的类型的信息。

两相混合物中的流体不会以均匀的速度运动，直观上看，应该比通过涡轮机的有序流动具有更低的转化效率。然而 Brown 和 Mines（1998）比较了有机 Rankine 循环发电厂和三边闪蒸发电厂，并得出结论认为，三边闪蒸循环系统的原动机仅需要76%的机器效率，就可以使其具有与有机 Rankine 循环发电厂相同的总的热功转换效率，它的典型涡轮机的机械效率为85%。如前所述，在考虑使用三边闪蒸循环和两相原动机时，热力循环问题很容易解决，真正的问题是终生能量（有效能）优化——在制造设备中消耗的热力学功是否比它所产生的热力学功多，并且总体的环境影响是否值得？Smith 等（2005）介绍了将螺杆膨胀机集成到有机 Rankine 循环发电厂的原因，提供了增加产能和降低成本的证据。

参 考 文 献

Angelino G and Colonna di Paliano P（2000）Organic Rankine cycles（ORC）for energy recovery from molten carbonate fuel cells AIAA 2000-3052，35th Intersociety Energy Conversion Engineering，Nevada，USA.

ASTM American Society for Testing and Materials（2006）Standard guide for specifying thermal performance of geothermal power plants，ASTM E974-00.

Brown BW，Mines GL（1998）Flowsheet simulation of the tri-lateral cycle. Geoth Resour Counc Trans 22：105.

Buchanan T and Nickerson，L（2011）Expansion and repowering of mammoth geothermal resource：selection of generating cycle and expander technology. Geothermal Resources Council Annual Meeting，San Diego，USA.

DiPippo R（2004）Second law assessment of geothermal binary plants generating power from low temperature geothermal fluids. Geothermics 33：565.

DiPippo R（2012）Geothermal power plants：principles，applications，case studies and environmental impact. Butterworth-Heineman，Oxford.

Franco A，Villani M（2009）Optimal design of binary cycle power plants for water dominated medium temperature geothermal fields. Geothermics 38（4）：379-391.

IAEA（2012）World energy supply，Bulletin 46/1 http：//www. iaea. org.

Kalina AI，Liebowitz HM（1989）Application of the Kalina cycle technology to geothermal power generation. Geother Resour Counc Trans 13：605.

Kalra C，Bequin G，Jackson J，Laursen AL，Chen H，Myers K，Hardy HK，Zia J（2012）High potential working fluids and cycle concepts for next generation binary organic Rankine cycles for enhanced geothermal systems. In：Proceedings of 37th workshop on geothermal reservoir engineering，Stanford，USA.

Kearton WJ（1945）Steam turbine theory and practice. Pitman，London.

Kestin J，DiPippo R，Khalifa HE，Ryley DJ（eds）（1980）Sourcebook on the production of electricity from geothermal energy. US DoE，Brown University，Rhode Island.

Kosman G，Rosin A（2001）The influence of startups and cyclic loads of steam turbines conducted according to European standards on the component's life. Energy 26：1083.

Kubiak JA，Urquiza-Betran G（2002）Simulation of the effect of scale deposition on a geothermal turbine. Geothermics 31：545-562.

Legmann H，Sullivan P（2003）The 30MWe Rotokawa I geothermal power project；5 years of operation. Iceland Geothermal Conference.

Lu X, Watson A, and Deans J (2009) Analysis of the thermodynamic performance of Kalina cycle system 11 (KCS11) for geothermal power plant—comparison with Kawerau Ormat binary plant. In: Proceedings of ASME Energy Sustainability Conference, San Francisco, USA.

Marcuccilli F, Thiolet D (2010) Optimising binary cycles thanks to radial inflow turbines. In: Proceedings of World Geothermal Conference, Bali, Indonesia.

Matsuda H (2006) Maintenance for reliable geothermal turbines. GRC Transact 30: 755.

Mitsubishi Heavy Industries Ltd (1998) Geothermal power generation, a company booklet, revised edition.

Mitsubishi Heavy Industries Ltd (2012) http://www.mhi.co.jp.

Nash (2012) http://www.gdnash.com/e-library.aspx#howitworks_ .

Ormat Technologies Inc (2012) http://www.ormat.com.

Ozkan NY, Gokcen G (2010) Performance analysis of single flash geothermal power plants: gas removal system point of view. World Geothermal Congress.

Rogers GFC, Mayhew YR (1967) Engineering thermodynamics, work and heat transfer. Longman, London.

Ruths J (1924) Method and means of discharging heat storage chambers containing hot liquid used in steam power and heating plants. UK Patent 217, 952.

Sakai Y, Yamashita M, Sakata M (2000) Geothermal steam turbines with high efficiency, high reliability blades. GRC Transact 24: 521–526.

Sciubba E, Bastianoni S, Tiezzi E (2008) Exergy and extended exergy accounting of very large complex systems with an application to the province of Siena, Italy. J Environ Manage 86: 372.

Smith IK (1993) Development of the trilateral flash cycle system part 1: fundamental considerations. Proc Inst Mech Eng 207: 179–194.

Smith IK, Stosic N, Aldis C (1995) Trilateral flash cycle system – a high efficiency power plant for liquid resources. WGC, China.

Smith IK, Stosic N, Kavacevic A (2005) Screw expanders increase output and decrease the cost of geothermal binary power systems. Geother Resour Counc Trans 29: 787–794.

Sohel MI, Sellier M, Brackney LJ, Krumdieck S (2009) Efficiency improvement for geothermal power generation to meet summer peak demand. Energy Pol 37: 3370.

Sohel MI, Krumdieck S, Sellier M, Brackney LJ (2010) Dynamic modeling of an organic Rankine cycle unit of a geothermal power plant. In: Proceedings of World Geothermal Congress.

Thain IA, Carey B (2009) 50 years of power generation at Wairakei. Geothermics 38 (1): 407–413.

van Riemsdijk JT, Brown K (1980) The pictorial history of steam power. Octopus Books, London.

Welch P, Boyle P, Sells M, Murillo I (2010) Performance of new turbines for geothermal power plants. GRC Transact 34: 1091–1096.

Wood B (1970) Alternative fluids for power generation. Proc I Mech E 184 (1): 1969–1970.

Worley NG (1963) Steam cycles for advanced Magnox gas-cooled nuclear power reactors. Proc Inst Mech Eng 178 (Part 1, No 22): 1963–1964.

Wrangham DA (1948) The theory and practice of heat engines. Cambridge University Press, Cambridge.

12 蒸 汽 田

蒸汽田将生产井中的两相排放物输送到分离器，并从中将蒸汽输送到发电站，同时将分离出来的水输送到注入井中；获取蒸汽的蒸汽田和有机 Rankine 循环电厂两者之间原则上没有什么区别。鸟瞰图显示出非常细长的管道布置，沿着曲折的路线、一些成套设备，以及一些池塘和交通道路。这些管道可能有几千米长。考虑到在使用相对低温的热源时对热力学效率的关注程度，可能认为管道内的绝热和压降最小化是蒸汽田设计中的首要关注点。它们很重要，但同样要避免结垢沉积，两相管线中的段塞流、凝结水进入涡轮机和注入管线中的饱和水闪蒸，所有这些都有可能使发电站关闭，导致收入损失和昂贵的维修费用。必须根据电气负荷和其他干扰因素来设计对井的控制。闪蒸蒸汽发电厂可根据涡轮机入口压力进行选择，但只有在将所有连接到发电站的井都加以考虑后才能最终确定。本章概述了设计注意事项。

12.1 整体设计考虑

12.1.1 二氧化硅沉积

在第 11 章中仅讨论了闪蒸蒸汽发电厂的热力学问题，但分离水中的二氧化硅浓度是一个重要参数。在溶解于地热流体中的物质中，二氧化硅常常影响设计，因为它可沉积在设备上形成硬垢，其沉积量能完全堵塞管道。Brown（2011）的一篇论文介绍了背景，并包括化学防垢添加剂的讨论。其中一些化学剂最初是为多级闪蒸器海水淡化厂开发的，采用标准化的使用方法，但它们仅用于地热发电厂的特殊情况。

二氧化硅以石英的形式溶解在地热资源中未受干扰的水中，但如果它沉积在表面，则它就像无定形二氧化硅一样。溶液中二氧化硅的量是使用石英的溶解度和使用无定形二氧化硅的溶解度沉积的趋势确定的。如图 12.1 所示，两种形式的溶解度随着温度而急剧降低，而无定形二氧化硅的溶解度高于石英。当高温地热资源水到达地面时，其温度降低，并且无定形硅饱和水平非常重要。尽管它在相同温度下大于石英，但是由于在井中和分离器中闪蒸导致浓度增加，将失去一部分优势，它通过去除一部分水从而导致浓度增加。在所涉及的压力和温度下，二氧化硅在蒸汽中的溶解度对于目前情形来说可以忽略不计。石英和无定形二氧化硅的溶解度之间的差额有时可全部被忽略，使分离的水相对于无定形二氧化硅过饱和。然后它会沉积，但可能会缓慢并跟几个次要影响因素有关，如 pH 值，Brown（2011）进行了解释。溶解度在图 12.1 中进行了比较。

Fournier（1977）提出了两种形式溶解度的简单方程，其中式（12.1）用于无定形二氧化硅。后来他提出了 Brown（2011）引用的方程式，并在此显示为式（12.2），这里 T 非常明显，据推测是因为它在地质测温中的重要性。

$$无定形 \quad \lg C = -731/T + 4.52 \tag{12.1}$$

在 0 <T<250℃的温度范围内有效。

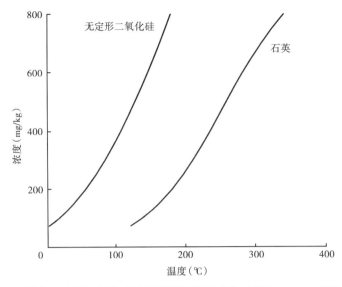

图 12.1　石英和无定形二氧化硅溶解度随温度的变化（据 Fournier，1977，1986）

$$T = -42.196 + 0.28831C - 3.6685E - 4C^2 + 3.1665E - 7C^3 + 77.034\lg C + 273.15 \qquad (12.2)$$

式中，C 为浓度，mg/kg；T 为温度，K。在 20℃<T<330℃的温度范围内有效。

式（8.23）给出了闪蒸时饱和水中溶解物质浓度的增加量：

$$C_f = \left(\frac{\dot{m}_D}{\dot{m}_f}\right) C_D = \frac{C_D}{(1 - X)} \qquad (8.23)$$

式中，C_D 和 C_f 分别为总的排放流体和分离水中的浓度；X 为干度分数。根据式（3.18），干度分数为：

$$X = \frac{h - h_f}{h_{fg}} \qquad (12.3)$$

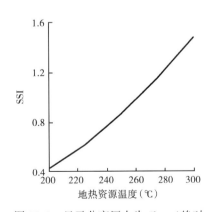

图 12.2　显示分离压力为 6bar（绝对压力）时，作为地热资源温度函数的二氧化硅饱和指数（SSI）

h_f 和 h_{fg} 是温度的函数，跟溶解度一样，所以 T 的变化很重要。考虑到所有相关过程，用于判断二氧化硅沉积可能性的参数是二氧化硅饱和指数（SSI），Brown（2011）将其定义为液体中二氧化硅浓度除以平衡时无定形二氧化硅在当前条件下的溶解度。图 12.2 说明了如果地热资源是饱和二氧化硅的流体，并且分离压力为 6bar（绝对压力）时，地热资源温度对二氧化硅饱和指数的影响。

在 300℃的温度范围内，石英的溶解度很高，并且在绝对压力为 6bar 的条件下使该地热资源流体闪蒸，会导致二氧化硅饱和指数值 SSI>1，表明会发生结垢。

如果地热井从含有两相流体的地层中排放，则溶液中石英的浓度取决于两相混合物的历史；在第 8.1.2 节中讨论了过量熔的起源。

蒸汽田的设计将在钻探所有生产井之前开始。通过在一个井场钻几口斜井可以获得经济效益，也许每个井场至少钻探和测试一口井，这样可以确定该部分资源的流体化学成分，并且能有一个合理的机会使得尚未钻探的井具有相同的化学特性。包括化学特性在内的排放特性已经充分确定，这样就能方便流体处理的决策，一次或两次闪蒸蒸汽和（或）有机 Rankine 循环发电厂，以及估计与发电站冷凝器设计相联系的总排放流体中的不可冷凝气体含量。二氧化硅饱和指数 1.0 可能是选择分离压力时的名义设计标准，但安全起见，有时可以超过该值。这是一个要求地球化学专业知识的特定地热资源问题，同时记住有影响的次生地球化学效应。

12.1.2 蒸汽田总体布置

在蒸汽田工程设计中涉及的许多任务都是重复且耗时的，尽管它们依赖于公开可用的研究资料，但专家倾向于与开发人员和咨询公司一道工作，而不是学术人员。处理工程中最常见的做法是先从一个设计开始，然后在需要一个新设计时将其外推，这是一个逐步改进的过程，其结果在商业上是保密的，而不是公开的。

这些井具有不同的排放特征和排放化学成分，但是通过标准化管道和分离器可以获得经济效益，因此在新的蒸汽田中，可以对生产井进行分组，使进入每个分离站点的总流量合理相近。这与 Wairakei 的原始设计完全不同，例如，它使用了井口分离器，现在有混合设计方法——参见 Thain 和 Carey（2009）。图 12.3 显示了一个假设的蒸汽田的组成部分，当作流程图。蒸汽田有三个分离器，每个分离器由三口生产井供给，并将分离的水排到三口注入井。井口分离是早期开发以液体为主的资源的惯用方法，包括 Wairakei，这样做是为了避免管输两相流体，但这意味着第二级闪蒸蒸汽需要长度与主蒸汽相等的蒸汽管道，这种做法是不经济的。James（1967）曾提出将 Wairakei 的所有两相井排放流体运输到发电站附近的分离器。日本 Otake 的 12.5MWe 地热发电站在同一年开始运行，采用相同的解决方案。Takahashi 等（1970）报道了两相管道实验的结果。自那时以来，两相管道变得越来越普遍，并为分离器站点的选址提供了一些自由度。是否使用单独的分离器取决于井的功率输出和可用的分离器设计，图 12.3 中所示的单个分离器可能是分离器站（分离器组）。分离器设计是经验性的，并且分离器不可能在从零到最大输入的全部流量范围内都能按说明书工作，因此可以在生产井输出管线上安装阀门以控制流量。生产井之间可能会发生变化，可能需要对井口压力进行一些单独的控制或设置。由于蒸汽田覆盖很长距离，因此适当地将一些阀门自动化是正确的，这样就可以从发电站远程且快速进行操作。这需要一个蒸汽田控制系统，可以手动操作以进行一些修改，但具有一些自动功能来处理意外变化情况，如故障。布局安排中的主要组成部分在流程和仪表图中绘制出来，Ciurli 和 Barelli（2009）提供了一个意大利 Monteverdi 蒸汽田示例，它是干蒸汽资源，因此不存在分离的水。Garcia-Guttierez 等（2012）展示了以液体占主导的地热资源 Cerro Prieto，它由非常广泛的蒸汽管网组成，但与 Wairakei 一样，这是一个老的开发项目。

需要一些备用生产井，这些井可以作为控制流向分离器站的辅助手段。备用注入能力也是必要的。图中显示了发电站的重复蒸汽管道，提醒大家"所有的鸡蛋不应该放在一个篮子里"，并允许在维护时可以中断，并提供备用的分离水和冷凝水注入能力。将冷凝物处理到

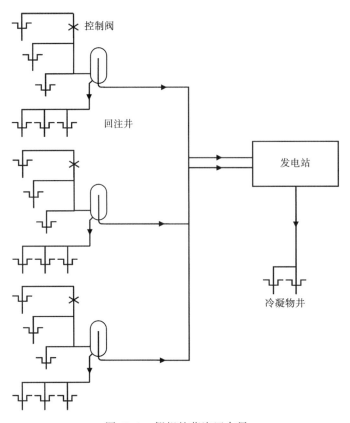

图 12.3　假想的蒸汽田布局

单独的冷凝井中；不要将它与分离的水混合，因为作为溶解气体通常具有很强的酸性。

　　资源评估有助于发电站的装机能力决策，井排放特性和化学成分将指导涡轮机进口压力的选择（本次讨论中，假设采用单级闪蒸汽轮机装置）。假定蒸汽在管道中的合理平均速度时，蒸汽管道的直径可以根据可用管道的直径范围和建议的管道数量来确定。全负荷输出时所需的井数可以从潜在供应商所指示的涡轮机的蒸汽消耗量来估算，并且还需要一些备用井。图 12.3 中一个分离器失效的后果是来自其他相连接的井的蒸汽供应量增加。这可能需要更多的井排放流体，每个井的井口压力都比正常时高，以得到通过一些蒸汽管线时的更高压降，它们必须传输比正常工作时更大的流速以弥补不工作的分离器站。还必须考虑井长期不工作的可能性，或者排放特征发生变化——一般而言，必须根据可能发生的事件列表，进行"万一发生"情况下相应的检查。

12.2　管道设计

12.2.1　蒸汽管道设计

　　在跨越野外的蒸汽管道设计中存在结构和工艺问题，可能是千米长，直径为 1.0m 甚至更大。作用在管道上的力是内部压力，这会产生环向和轴向应力，如第 5.4.1 节中对套管所讨论的那样，而这种力是由于流体经过弯曲管段时动量变化产生的，类似于已经在涡轮叶片设计中讨论的那些力和由于热膨胀引起的轴向应力。钢的线性热膨胀系数通常为 $12.0 \times 10^{-6}/℃$，因此在大气压条件下，用绝对压力为 6bar 的蒸汽填充冷的空蒸汽管道会导致长度增加 1.6%，或每 100m 增长 1.6m。这可以通过建立管道的可塑性来吸收长度变化，即可以通过斜的路线（图 12.4a，b）或引入波纹管（图 12.4c）来实现。这种"Z"形布局的可塑性对于建造坚固的管道已经足够。或者，可以使用较长、可塑性差的直管段，并在每个角处由波纹管提供附加的可塑性，波纹管是具有如图 12.4c 所示横截面的短的管道。只要支架设计合理，"Z"形布局可以随地面倾斜。如图 12.4b 所示，不需要波纹管的膨胀环路可以是垂直或水平的——如果是垂直的，在有运输工具通过管道两端时，则可以避免对桥梁或隧道的需要，但是需要更大的结构支撑。一般情况下，管道必须固定在稳定的支架上并保持在地面以上，以对它进行限位，但允许符合设计可塑性要求的轴向和旋转运动。管道路线总是由设计师实地调查并进行测量，并进行岩土工程评估以确保支撑的基础坚实。

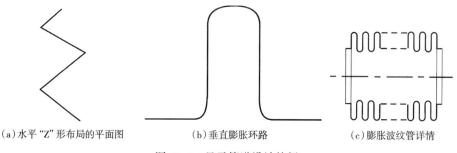

（a）水平"Z"形布局的平面图　　　　（b）垂直膨胀环路　　　　（c）膨胀波纹管详情

图 12.4　显示管道设计特征

地热管道应力分析通常符合 ANSI 标准 B31.1（2001），其中给出了壁厚公式、法兰和管件等的详细信息。需要采取措施来对管道进行过压保护，例如破裂盘装置。

由于摩擦压降，管道中的蒸汽流动会变湿，通过绝缘体的热量损失增加湿度。尽管这些过程在热力学上不利，但产生的冷凝物是有利的，它提供了从蒸汽中除去二氧化硅的方法，这一过程被称为洗涤。离开蒸汽井或分离器的蒸汽流携带少量干燥的液体喷雾，留下无定形二氧化硅液滴。它们聚集成水滴，这些水滴也溶解蒸汽流中的一部分不可冷凝气体。所得到的酸性溶液可以从管道底部排出，并收集起来。Freeston（1981）报道说，Wairakei 蒸汽管道中的蒸汽湿度通常高达 0.5%，进行了试验以改善从管道底部排出的水，并开发了一种排水罐设计，以一定的间隔放置在沿管道底部。Sulaiman 等（1995）详细介绍了印度尼西亚 Kamojang 地热田蒸汽管道中二氧化硅结垢的调研细节。

出于已经解释的原因，计算通过绝缘体的压降和热损失非常重要。蒸汽是一种单相流体——就压降而言，小的润湿度可以忽略不计，摩擦压降的计算方法在 4.3.4 节中列出。式（4.50）是一个相关式，由式（4.51）中 Fanning 摩擦系数定义。可以引入横截面流动面积 A，然后方程变为：

$$\frac{1}{2}\rho \vec{u}^2 \cdot f\pi d = A\frac{\mathrm{d}p}{\mathrm{d}x} \tag{12.4}$$

引入的质量流量为：

$$\dot{m} = \rho \bar{u} A \tag{12.5}$$

进行一些运算后，给压力梯度的计算留下了有用的形式：

$$\frac{\mathrm{d}P}{\mathrm{d}x} = \frac{2f}{\rho d}\left(\frac{\dot{m}}{A}\right)^2 \tag{12.6}$$

例如，假定蒸汽速度通常在30~50m/s范围内、600mm直径的管道中、在雷诺数大约为4.0×10^6的条件下流动，假设饱和蒸汽压力为6bar。这超出了由式（4.55）给出的平滑管道摩擦系数的范围，这是蒸汽和两相流动的地热管道的常见问题，因为大多数工业应用是在较小直径管道中以较高压力流动。McAdams（1954）给出了一个$Re = 3.0\times10^6$范围的版本，如下所示：

$$f = 0.00140 + \frac{0.125}{Re^{0.32}} \tag{12.7}$$

将层流方程式（4.53）和湍流方程式（4.55）、式（12.7）绘制在图12.5中；湍流流动是重合的。层流流动曲线与湍流曲线不连续，因为在层流与湍流过渡区域流动不稳定，雷诺数大约为2100。层流中剪切应力的动力水头的比例大于湍流，这一事实与直觉相反。两个湍流曲线都是光滑管道实验结果的相关式。一系列管道粗糙度的曲线族可以在许多流体力学文本中找到。

必须考虑到阀门和配件的压降。流动受到干扰并且损失增加，因此压降按比例大于所流经路径的长度。对于每种类型的配件，额外的压降是采用直管的等效长度，这样使得计算更容易。

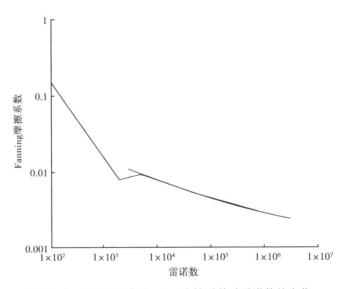

图12.5 光滑圆管中Fanning摩擦系数随雷诺数的变化

绝热部分通常由低热导率的纤维材料组成，它能圈闭空气并使其保持静止——因为它也具有低导热性，所以组合效果大。绝热必须保持干燥，通常情况下通过铝片将其包裹在管道周围。可以使用稳态、内部发热零形式的式（4.65）来计算通过管道上任何厚度绝热层的热损失的表达式，它是：

$$\frac{\mathrm{d}}{\mathrm{d}r}\left(r\frac{\mathrm{d}T}{\mathrm{d}r}\right) = 0 \tag{12.8}$$

管道半径可以作为绝热层的内径，并进行积分：

$$r\frac{\mathrm{d}T}{\mathrm{d}r} = B_1 \tag{12.9}$$

式中，B1 为常数。如果每米管道的总热损失为 Q_{loss}，则它可写成：

$$Q_{loss} = \lambda \cdot 2\pi a \cdot \left(\frac{\mathrm{d}T}{\mathrm{d}r}\right)_{r=a} \tag{12.10}$$

这相当于绝热层内表面的热通量：

$$\dot{q}_{r=a} = \frac{Q_{loss}}{2\pi a} \tag{12.11}$$

因此，

$$B_1 = \frac{a \cdot \dot{q}_{r=a}}{\lambda} \tag{12.12}$$

对式（12.9）进行第二次积分，得到作为通过绝热层半径的函数的温度的表达式：

$$T = B_1 \ln r + B_2 \tag{12.13}$$

并且在外半径 b 处引入环境温度外边界条件 T_{amb}，得出作为管壁热通量的热损失的表达式如下：

$$\dot{q}_{r=a} = \frac{\lambda \Delta T}{a\ln\left(\dfrac{a}{b}\right)} \tag{12.14}$$

式中，ΔT 为绝热层上的温差。

由于管道暴露在风和雨中，并且即使在静止的空气中也会有自然的对流羽流，但外边界条件严格意义上是应该对流的，但在局部环境处假设均匀的温度（T_{amb}）就足够了。尽管它在学术上会造成注意力分散，但是存在一个最大厚度，当超过这个厚度时，外表面积将增加热损失，其速度比增加的厚度抑制的热损失要快。Ovando-Castelar 等（2012）估计，通过 Cerro—Prieto 蒸汽管道的热量损失相当于发电站装机容量的 2.5%。

已经开发了各种模拟蒸汽管网性能的方法，并在文献中提到。也许首次是由 Marconcini 和 Neri（1978）提出。根本问题是，向发电站供应蒸汽的互连管道网络可能由大量的井供给。由井供给的蒸汽质量流量是井口压力的非线性函数，与图 8.1 类似，但具有恒定的比焓。每口井都有独特的特点。只需要稳态解。Ciurli 和 Barelli（2009）通过将这种方法应用于意大利 Monteverdi 地热田管网的重新配置，证明了该方法的有用性。

12.2.2 两相管道设计

蒸汽管道和两相管道的设计有许多相似之处——出现相同的结构问题，并且绝热的方法也是一样的。没有包含涤气过程。然而，两相流管道的设计比蒸汽管道的设计困难得多，所用的计算方法没有太多的公开发表。

在第 7.7 节中强调了两相流预测的经验特点。式（7.14）是为了表明两相流中的压力梯度可以被认为由三个分量组成，即摩擦、加速度和重力。预测稳态井排放特性的结果在第 8.5 节中得到证明。只是有些参数需要通过反复试验来调整，计算方法通常是可以接受的。

加速度分量比较小，并且注意到如果流体已经被加热，由于流体的热膨胀，加速度会更大；已经排放一段时间的井中的流动是绝热的，并且通过绝缘两相管道的流动实际上是相同的。工程科学数据部门（2002）对数据进行汇编，以辅助计算两相水平绝热流动中的摩擦压力梯度，认为在研究的许多实验中，加速度仅占总压降的 1%。

垂直井流动中，重力分量是最大的，图 8.13 显示它为总压降的 20%~80%。两相管线必须根据地面的情况，因此将有上坡段和下坡段，但通常在坡度适中的斜坡上，所以引力成分将会较少，但不能忽略不计。在给出一些指导的情况下，斜率可以保持在一定值。

压降计算的经验性质加上两相流本身的性质导致压降预测结果的不确定性增加。地热管道的直径要大于其他行业，它比用于制订经验计算方法的管道更大，因此，这个问题在地热管道中变得更加严重。在 ESDU 的 6453 个测量数据点中，只有 11 个来自一组管道直径为 0.3048m（12in）的实验，其余的都小得多。在一些蒸汽田中使用 0.75m 或更大直径的两相管道。Harrison（1974）提出的计算方法似乎在新西兰仍在使用；它基于在 Wairakei 进行的一系列实验，但使用的管道直径比现代实践中要求的要小。

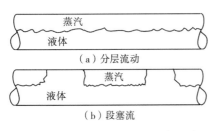

图 12.6　水平、绝热两相流中两种
可能的流态示意图

主要设计困难是由于段塞流动潜在的破坏性影响而出现的，并且无法准确预测其何时会发生。与图 7.6 所示的垂直两相流动的流态类比，图 12.6 显示了几种公认的水平流态中的两种。

在足够低的流速下，液体沿着管道的底部流动，但在适宜环境下，液体表面可能会产生波浪，它会上升并且完全充满管道，在它们之间圈闭蒸汽口袋。这些活塞状的水段塞具有相当大的动量，并且可以在弯曲处产生大的力。由于波浪上部的水受到重力的影响，管道的上坡段和下坡段可以想象能产生段塞。在已测量的蒸汽和水的表观速度下产生可识别流态的实验已经完成，足以在绘制的基准点状态图上画出这些流态之间的界限——流态图。Ghiaasiaan（2008）提出了一个观点，即由 Mandhane 等（1974）（Foong 等，2010）生成的具有表面气体和液体速度轴线的图表，可能是水平流动最广泛接受的图形。表面速度在第 7.7.2 节中进行了定义。

作为处理这个问题困难的一个例子，Foong 等（2010）解释了他们如何加强管道和支撑以承受段塞流动负载，而不是依靠使用流动图版、选择操作参数来避免段塞流，并且这种方法具有优越性。除了管道出现故障后发电站产量减少之外，由于溢出的分离水对植物群造成的环境破坏很大，留下一块可能需要很多年才能恢复到可种植状态的地表。

12.2.3　包括注入井在内的输水管线设计

在饱和条件下输送高二氧化硅含量分离水的管线是基于稳态运行设计的，与其他蒸汽田管道一样。在发生紧急情况时，必须有将它们倒入蓄水池中以防止结垢的预案，并且在准备时必须保持蓄水池中没有雨水。需要在低海拔地点提供排水管道。典型的水流速度高达 3m/s，压降计算方法与第 12.2.1 节采用的方法相同。在一些地热田中，必须将分离的水泵送到注入井中，这在过去会导致泵中二氧化硅沉积。Kotaka 等（2010）在文献中指出，在两个新西兰地热项目中使用了两级注入泵，以增加注入能力，这意味着这种方法可能是由于注入井成本，可注入的地热资源面积和地层渗透率优化研究的结果。

注入井的直径是一个可以选择的参数，而不是简单地接受 9⅝in 的标准生产井眼直径，因为需要首先知道接收注入水地层的渗透率和井中的静水位，所以第一口井可以选择标准的井眼直径。可以根据排放井特性、建议的闪蒸级数及其压力来估计待注入的分离水的总流量。在没有泵的情况下，将水注入地层的可用压头相当于当井正在接收流体时，关井时的静水位与注入管线中的水位之间的水位差——最大值可能为分离器水位。在给定的流速下，通过管道和套管进入地层产生的摩擦压降会损失部分水头，并且由于压差高于未受干扰的地层压力，故可以获得压力差平衡。使用 Theis 求解方法和上述蒸汽管道压降的摩擦压降计算方法，可以分析选择下一个较大尺寸的生产套管对拟建井的影响。应最大限度地利用地层吸收流体的能力，与注入井费用相一致——套管费用和相关钻井费用随井眼直径的增加而增加（套管成本为总井成本的 20%~25%），以及总增加量可以与钻标准井的成本进行比较。

在使用管式冷凝器的情况下，冷凝物将与冷却水分离。由于含有溶解气体，它会呈酸性，可能需要专用的冷凝物注入井进行处理。否则，在直接接触冷凝器的情况下，冷凝水与冷却水混合，而冷却水是添加了杀菌剂的淡水，以避免冷却塔和池塘（水坑）中生物的生长。通常会进行连续排放和更新冷凝液，并将溢流注入。

12.3 除管道外，蒸汽田设备还包括分离器和消声器

12.3.1 分离器

在以液体为主的地热开发中使用的分离器是旋流分离器，将高速两相流体在大约中等高度位置切向注入高的垂直圆柱体中。水在离心作用下运动到圆柱体的壁上，并在其旋转时向下流动，在圆柱体的底部形成水池，水从中排出。蒸汽被向上驱动到圆柱体的轴线，蒸汽在那里进入轴向管道并向下流动，进入到蒸汽管道中。许多行业都使用旋流分离器，尽管其中大部分尺寸比地热分离器要小。通常被引用的地热服务的分离效率为 99.95% 或更高，文献表明效率测量可以在 0.05% 以内。有关一般主题的文献非常多，但大多数适用于从固气两相流中分离固体。在石油工业中，液态两相流被分离出来，但是在许多情况下，采用不同方法时的条件是非常不同的。对于地热两相流，采用了一种标准布局安排，Bangma（1961）为此设计审查设定了场景。基本设计如图 12.7 所示，基于最初为 Wairakei 设计的分离器（Thain 和 Carey，2009）。蒸汽通过其底部离开容器。Cerini（1978）报道的旋转分离器是一个分离器和两相涡轮机的组合，Schilling（1981）报道了一种旋转入口的设计，它通过垂直向上发散喷嘴进入一个大直径的容器中，

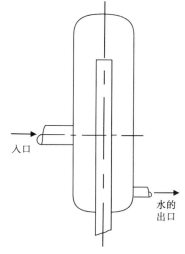

入口

水的出口

图 12.7 Bangma（1961）研究的垂直轴向分离器

干燥的蒸汽从容器顶部排出。Bangma 模式一直存在，但尺寸规模在增加。Pointon 等（2009）和 Purnanto 等（2012）应用了计算流体动力学建模技术。就过程而言，分离器的开发并不是从头开始设计的，其结构根据标准压力容器规范设计。Pointon 等人的部分研究涉及结构故障调查研究，认为中央蒸汽出口管的振动导致故障。

Bangma（1961）描述了一系列测试，例如，包括螺旋入口而不是切向，它一直以来是最基本设计，如图 12.7 所示。

Bangma 建议设计的比例为，圆柱体内径是蒸汽出口管道直径的 3 倍，两相入口为容器顶部下方蒸汽管道直径的 7 倍。在他的试验中，容器直径为 0.38m，所使用的最大两相流量为 126kg/s。相比之下，由 Pointon 等（2009）研究的分离器直径为 3.3m，两相进口流量为 520kg/s；在流量增加 4 倍时，直径增加了 8 倍。在这两项贡献之间，Lazalde - Crabtree（1984）对设计方法进行了回顾，并针对分离器和蒸汽干燥器提出了设计建议。

在大多数设计中，分离出的水不会离开主分离容器并直接进入注入或下一级闪蒸管道。取而代之的是它进入一个很方便建成的主容器底部的集水罐。这个罐中的水位对于系统由于故障引起的瞬态行为而言非常重要。

12.3.2 消声器

消声器在第 8 章中进行了介绍，如上一节所述，其本质上是一个分离器，但顶部是开放的，以便在大气压条件下发生分离。在 Wairakei 和其他地方都使用了消声器，Thain 和 Carey（2009）对它们进行了说明。它们通常用于流量测量，材料通常由钣金构成，可能用木制板条圆柱体；然而，它们不是第 8.4.4 节中描述的化学示踪方法所必需的，这是该方法的主要优点。在完整的开发中，永久性消声器是合理的，通常完全由混凝土建成，为井的排放和测试做好长期准备。消声器没有压力，这些结构设计比分离器和管道的要求要低。

12.3.3 蒸汽排放消声器

用于单相流体的消声器由打眼的管子组成，管子被可渗透材料包围，扩散和衰减穿过孔眼进入压力波。例如，Nishiwaki 等（1970）为地热发电厂设计了一种用于发电厂蒸汽排放消声的方法，Clayton 和 Cramer（1979）提出了用于非常大流量的化石燃料发电站的高压蒸汽。将水注入蒸汽流可能会产生一定的消声效果，并且，地热资源可能可以采用标准的排放消声器和再循环注入的水进行消音处理。

对于长时间的大质量流量，通常使用不同的方法，被称为岩石消声器；该设备也可以用于两相流。它由几个短的分支结束的管道制成，每个分支都有一个封闭的端部，并穿有许多孔，与割缝衬管不同，它通常为圆孔。管道被引入到一个坑里，分支被岩石覆盖，因此而得名。设计标准由 Zein 等（2010）制定，他们考虑了便携版本。这些标准包括允许有足够大的孔眼以允许亚音速流过它们，这将降低地热资源的噪声水平。

12.4 井、蒸汽田和发电厂站的瞬态特征

通常把整个系统设计在基本负荷发电厂运行条件，但是，当出现故障的时候，设计的系统必须能够适应它们。除了诸如安全阀和破裂盘这些末级设备外，还需要一套控制系统。

12.4.1 水锤

从家庭到工业规模，包括用于水力发电站的大型水管，水锤是所有液体和两相混合物管道中的潜在问题。阀门的突然关闭或某种其他类型的流动干扰导致压缩波（冲击波）沿着管道行进，从封闭的末端分支处弹回等等，并且增加了管道及其配件上的应力。它出现在输送纯液体的管道中，温度远远低于饱和温度，这种现象的条件可进行合理预测，因此管道可适当加强。它也发生在液体含有溶解气体或接近饱和的地方，即发生柱式分离，在管道中形成气孔或气泡混合物（气穴现象），并且，预测柱式分离及其影响的方法很差。

据 Bergant 等（2006）称，水击物理学在 1858 年首次在法国得到认可，下游阀门的突然关闭是研究的第一个系统，由俄罗斯 Joukowski（1897）完成。他们举了一个供应日本水力发电站的管道故障的例子——高压波和低压波引起管道中的流动空化导致涡轮机的混凝土管汇裂开，并造成管道向内垮塌。意外的下游阀门突然关闭引发了这些事件。

撇开柱式分离，充分代表直管的水锤分析方程是连续性方程和轴向动量方程。对于轴对称管道中流动的可压缩流体，连续性方程为式（4.6）写成轴向坐标形式：

$$\frac{\partial \rho}{\partial t} + \frac{\partial (\rho u)}{\partial x} + \frac{1}{r}\frac{\partial (\rho v)}{\partial r} = 0 \tag{12.15}$$

相应的动量方程为式（4.8）。对于冲击波，忽略黏度的影响，剩下的等式为：

$$\rho \frac{\mathrm{D} u}{\mathrm{D} t} = \rho \left(\frac{\partial u}{\partial t} + u \frac{\partial u}{\partial x} + v \frac{\partial u}{\partial r} \right) = -\frac{\partial P}{\partial x} \tag{12.16}$$

径向速度和变化可以忽略不计，变成一个一维问题。假设流体具有小的可压缩性，式（4.81）用于多孔介质流动的发展，它可以用来进一步简化式（12.15），其中 ρ 可以取消，得到：

$$\rho c \frac{\partial P}{\partial t} + \frac{\partial u}{\partial x} = 0 \tag{12.17}$$

结合下式进行求解：

$$\rho \frac{\partial u}{\partial t} = -\frac{\partial P}{\partial x} \tag{12.18}$$

请注意，x 方向上的动量对流项已被忽略，可忽略不计。Streeter 和 Wylie（1967）在数值上解决了这一对方程，其中包括在动量方程中加入一个新项，以解释壁面摩擦，并具体为一个摩擦系数，已经有几种商业化的水锤软件包，Bergant 等（2006）对这几种进行了研究。

式（12.17）和式（12.18）的简单形式，可能会引起人们的怀疑，其可以预测长度为几千米，有弯头、阀门和配件的实际管道中的事件。在他们的书的介绍中，Sharp 和 Sharp（1995）指出，单相流体的基本理论已经很完善，但是确实发生了明显的径向变化，并且摩擦不能通过上述方法充分体现出来。它们似乎对数值求解中采用的简化很关键。对于设计人员来说，补救措施似乎是进行水锤分析，并以结果为指导，缓解阀门和机械运动部件的响应，并用破裂盘来保护系统。

12.4.2 出现故障时，分离水管线出现闪蒸的可能性

饱和温度下的水几乎可以爆炸性地闪蒸，因为蒸汽的比容比水高几个数量级；与化石燃

料发电站相连的携带蒸汽的短管道，特别是锅炉给水泵入口管道方面吸引了设计上的注意。冷凝水从冷凝器输送到锅炉顶部高度处的储罐，然后通过基本上垂直的管道流向锅炉给水泵，是带有弯头和阀门；选择储罐高度以在泵上提供足够的压力，使它超过其吸入压头。Dartnell（1985）展示了典型的500MWe发电厂的布局。该罐通过供应蒸汽将水保持在饱和温度而起到"除气器"的作用——罐保持在高达10bar绝对压力下并且是密封的压力容器，有大量的饱和蒸汽在饱和水面上。如果涡轮机脱离其设计的稳定运行状态，则可能会减少罐中蒸汽的供应量，罐中的水可能会冷却，随后蒸汽在水面以上的冷凝可能导致罐中的压力下降。然后，供水泵的吸力可以将下降流中的水压降低到水闪蒸的水平，并且形成的蒸汽气泡最终破坏，形成第7.5节中讨论的结果。Wilkinson和Dartnell（1980）列举了英国发电站在20年内由于蒸汽气泡破裂导致的这类管道和阀门中的9个灾难性故障。

与此相关的是，当某些上游事件导致供应压力下降时，饱和温度下的水可能沿管道传输。压力变化以声音的速度在流体中传播，与流动的速度相比实际上是瞬时的，所以在沿着管道，当压力降至饱和点以下时，水闪蒸并形成一定量的蒸汽。如果压力再次升高时，蒸汽将突然冷凝，可能会产生冲击波，以水锤的方式破坏管道或其配件。Dartnell（1985）在他的系统中，采用的水的典型传播时间为25s。在1.0km的注入管线中，通常需要5min，并且需要采取措施控制管线中绝对压力的下降速率。Gage（1951）已经提出了一种设计方法来避免发电站锅炉给水泵系统中的类似问题，Watson等（1996）描述了地热蒸汽田中问题的解决方案。

重点在于分离器压力，因为它控制含有饱和水的分离水管道中的绝对压力分布。

图12.8显示了通过两条注入管道排水的简单分离器。首先考虑标记为A的情形，管线长度为L，向下倾斜到注射井，高程损失为Δz。在稳态条件下，注入井口的压力为：

$$P_{\text{wh}} = P_{\text{sep}} + \rho g \Delta z - \Delta P_{\text{fric}} \tag{12.19}$$

式中，ΔP_{fric}为管道上沿程摩擦压降。如果通过管线的水的输送时间是τ，且分离器压力以$\left(\dfrac{\mathrm{d}p}{\mathrm{d}t}\right)_{\text{sep}}$的速率变化，到达注入井口的水单元上的压力为：

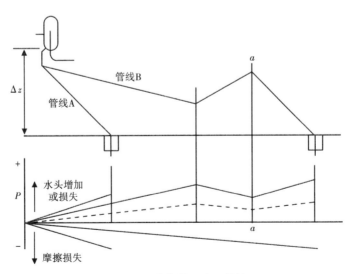

图12.8 分离器和注入管线

$$P = P_{\mathrm{sep},t=0} + \rho g \Delta z - \Delta P_{\mathrm{fric}} - \tau \left(\frac{\mathrm{d}P}{\mathrm{d}t}\right)_{\mathrm{sep}} \qquad (12.20)$$

如果管线是绝热的,那么没有热损失,为避免闪蒸,到达井口的水必须为 $P = P_{\mathrm{sep},t=0}$,这就要求:

$$\left(\frac{\mathrm{d}P}{\mathrm{d}t}\right)_{\mathrm{sep}} = \frac{1}{\tau}(\rho g \Delta z - \Delta P_{\mathrm{fric}}) \qquad (12.21)$$

如果管道摩擦系数为 f,则方程可以重新整理为:

$$\left(\frac{\mathrm{d}P}{\mathrm{d}t}\right)_{\mathrm{sep}} = g\left(\frac{\Delta z}{L}\right)\left(\frac{\dot{m}}{A}\right) - \frac{2f}{\rho^2 \mathrm{d}}\left(\frac{\dot{m}}{A}\right)^3 \qquad (12.22)$$

其目的是尽可能快地使流体单元通过管道,因为分离器压力有可能下降(压力增加不是问题),但是由于摩擦随轴向流动速度增加,轴向压力降低。这个方程式平衡了这两种效应,图 12.8 下半部分的压头图表显示了它们之间的精确平衡。穿越野外的注入管线必须根据土地的走势,它可能上升或下降,如 B 线所示,它达到标记为 a 的最高海拔点。压头图表显示了一个代表净压头的虚线,即摩擦与重力压头之间的差值,在 a 点处值最小。由于 B 线额外长度的影响,允许的分离器压力下降率将小于 A 线。

分离器与三个管道相连,分别是蒸汽、两相井排放流体和分离水的管道,以下事件可能会改变其压力:

(1)由于电力负荷的变化,涡轮机蒸汽需求的稳定变化,例如负荷大幅增加;

(2)电力负荷和蒸汽流量突然丧失;

(3)其他发电站设备故障,可能改变蒸汽需求;

(4)两相管道中的破裂盘故障。

通过在蒸汽主管道中引入控制阀,可以保护分离器压力免受蒸汽流量变化的影响。在图 12.9 中,一个单独的分离器给一个涡轮机供给蒸汽,位于蒸汽管道中的自动控制阀(蝶阀)能够打开或关闭,以保持分离器压力在一定的变化率范围内,从而保护其注入管线。该管线可以表示为两个体积,即控制阀的上游和下游,称为高压和低压(下角分别为 hp 和 lp),各自的质量平衡方程式分别为:

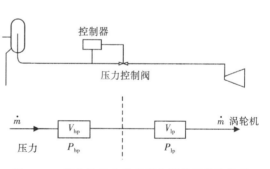

图 12.9　简化的单个分离器和涡轮机蒸汽管道

$$V_{\mathrm{hp}}\frac{\partial \rho_{\mathrm{hp}}}{\partial t} = \dot{m}_{\mathrm{hpin}} - \dot{m}_{\mathrm{hpout}} \qquad (12.23)$$

$$V_{\mathrm{lp}}\frac{\partial \rho_{\mathrm{lp}}}{\partial t} = \dot{m}_{\mathrm{lpin}} - \dot{m}_{\mathrm{lpout}} \qquad (12.24)$$

该管线每个部分的体积是 V_{hp} 和 V_{lp},并且它们有各自的入口和出口质量流量。假定蒸汽是饱和的,并且需要其密度表达式;对于这种计算所要求的精度水平,假设 P/ρ 是常数并且在所需压力范围内从蒸汽表中找到该常数可能就足够了。这样可以将等式左边的项密度变化率写成压力变化率。现在可以定义进入每段各自的进口和出口质量流量。对于汽轮机的蒸汽质量流量，威兰斯线，即图11.13和式（11.1）所述，将质量流量与电负载相关联，并且可以假设质量流量与涡轮机入口压力之间为线性关系。这些定义了 $\dot{m}_{lpout}$。进入低压段的质量流量是流出高压部分的质量流量，并由控制阀控制——它具有压降与质量流量之间的关系式：

$$\dot{m} = \Psi(\theta, P_{hp}, P_{lp}) \tag{12.25}$$

式中，Ψ 为给定函数，θ 为阀角；这些可从正在考虑的阀的制造商处获得。该阀根据上游压力而被驱动，它代表分离器压力，并且在求解中进行了准备。

这两个方程可以从稳定流动条件开始数值求解，即时间 $t=0$，之后发生其中一个事件，Watson 等（1996）使用了一个四阶 Runge-Kutta 求解程序。没有理由限制将蒸汽管线分成两部分进行分析。直线长度可以被分成许多段，它们之间的质量流量与摩擦系数有关，雷诺数关系适用，而压降是两节点压力之间的压力差值，类似于第13章解的传导问题有限差分解。该求解方法类似于瞬态蒸汽田模拟器，原则上可用于设计蒸汽场控制系统。

参 考 文 献

ANSI（2001）American National Standard. Power piping；code for pressure piping，ASME B31. 1-2001.

Bangma P（1961）The development and performance of a steam-water separator for use on geothermal bores. In：Proceedings of UN Conference on new sources of energy，Vol 2 Geothermal Energy Agenda item II. A. 2.

Bergant A，Simpson AR，Tijsseling AS（2006）Water hammer with column separation；a historical view. J Fluids Struct 22：135.

Brown K（2011）Thermodynamics and kinetics of silica scaling. In：Proceedings of International Workshop on mineral scaling，Manila，Philippines.

Cerini DJ（1978）Geothermal rotary separator field tests. Geoth Res Trans 2：75-78.

Ciurli M，Barelli A（2009）Simulation of the steam pipeline network in the Monteverdi geothermal field. Geoth Res Council Trans 33：1047-1052.

Clayton JK，Cramer SH（1979）Development work on steam vent pipe silencing. Proc I Mech E 193（1）：245-251.

Dartnell L（1985）The thermal-hydraulic design of main feed water pump suction systems for large thermal power plant. Proc I Mech E 199（A4）.

Engineering Sciences Data Unit（2002）Frictional pressure gradient in adiabatic flows of gas-liquid mixtures in horizontal pipes：prediction using empirical correlations and database ESDU 01014.

Foong KC，Valavil J，Rock M（2010）Design and construction of the Kawerau steamfield. In：Proceedings of World Geothermal Congress.

Fournier RO（1977）Chemical geothermometers and mixing models for geothermal systems. Geothermics 5（1-4）：41-50.

Fournier RO（1986）Geology and geochemistry of epithermal systems. In：Reviews in economic geology, vol 2, Society of Economic Geologists.

Freeston DH (1981) Condensation pot design. Geoth Res Council Trans 5: 421-424.

Gage A (1951) Critére des conditions d'aspiration des pompes alimentaires IV Congres Int. du Chauffage Industriel, Paris.

Garcia-Guttierez A, Martinez-Estrella JI, Ovando-Castellar R, Canchola-Felix I, Mora-Percy O, Guttierez-Espericueta SA (2012) Improved energy utilisation in the Cerro-Prieto geothermal field fluid transportation network. GRC Trans 36: 1061-1066.

Ghiaasiaan SM (2008) Two-phase, boiling, and condensation in conventional and miniature systems. Cambridge University Press, Cambridge.

Harrison RF (1974) Methods for the analysis of geothermal two-phase flow. Master of Engineering Thesis, Department of Mechanical Engineering, University of Auckland.

James R (1967) Pipeline transmission of steam-water mixtures for geothermal power. Geothermal Circ RJ-6 DSIR, New Zealand.

Kotaka H, Mills TD, Gray T (2010) LP separator level control by variable speed and multi-stage brine reinjection pumps at Kawerau and Nga Awa Purua geothermal projects, New Zealand. In: Proceedings of World Geothermal Congress.

Lazalde-Crabtree H (1984) Design approach of steam-water separators and steam dryers for geothermal applications. Geoth Res Council Bull 13: 11.

Mandhane JM, Gregory G, Aziz K (1974) A flow pattern map for gas-liquid flow in horizontal-pipes. Int J Multiphase Flow 1: 537.

Marconcini R, Neri G (1978) Numerical simulation of a steam pipeline network. Geothermics 7 (1): 17-27.

McAdams WH (1954) Heat transmission. McGraw Sill series in Chemical Engineering.

Nishiwaki N, Hirata M, Iwamizu T, Ohnaka I, Obata T (1970) Studies on noise reduction problems in electric power plants utilizing geothermal fluids. Geothermics 2: 1629-1631 (Special Issue).

Ovando-Castelar R, Martinez-Estrella JI, Garci-Gutierez A, Canahola-Felix I, Miranda-Herrera CA, Jacobo-Galvan VP (2012) Estimation of pipeline network heat losses at the Cerro-Prieto geothermal field based on pipeline thermal insulation conditions. Geotherm Res Council Trans, 36: 1111-1118.

Pointon A, Mills TD, Seil G, Zhang Q (2009) Computational fluid dynamic techniques for validating geothermal separator sizing. Geth Res Counc Trans 33: 943-948.

Purnanto MH, Zarrouk S, Cater JE (2012) CFD modeling of two-phase flow inside geothermal steam-water separators. NZ Geothermal Workshop.

Schilling JR (1981) The diverging vortex separator: description and operations. Geotherm Res Counc Trans 5: 445.

Sharp BB, Sharp DB (1995) Water hammer: practical solutions. Elsevier, Amsterdam.

Streeter VL, Wylie EB (1967) Hydraulic transients. McGraw-Hill, New York.

Sulaiman S, Suwani A, Ruslan G, Suari S (1995) Scale in steam transmission lines at the Kamojang geothermal field. World Geothermal Congress.

Takahashi Y, Hayashida T, Soezima S, Aramaki S, Soda M (1970) An experiment on pipeline transportation of steam-water mixtures at Otake geothermal field. UN Symposium on the Development and Utilization of geothermal resources, Pisa.

Thain IA, Carey B (2009) 50 years of power generation at Wairakei. Geothermics 38: 48.

Watson A, Brodie AJ, Lory PJ (1996) The process design of steamfield pipeline systems for transient operation from liquid dominated reservoirs. In: Proceedings of 18th NZ Geoth Workshop.

Wilkinson DH, Dartnell LM (1980) Water hammer phenomena in thermal power station feed water systems. Proc I Mech E 194 (3): 17-25.

Zein A, Taylor PA, Indrinanto Y, Dwiyudha H (2010) Portable rock muffler tank for well testing purpose. In: Proceedings of World Geothermal Congress.

13 地热资源开发方案

本章将介绍地热发电项目概念的可能场景，然后讨论如何使用基本方法估算发电站的发电量。作为一种规划和预测工具，对储层数值模拟进行了介绍，在回到确定项目主要阶段和典型环境影响之前，对其数学基础进行了概述。

13.1 开发设计第一阶段

在开始开发的时候，所有可能知道的事情是，在可用的土地面积下面存在地热资源，需要电力并且能够传输电力。有关地热资源利用的立法已经确定。在该计划完成时，向负责作出决定的当局提交报告，发电站选址、输电线路走廊、将要钻井的土地面积和大致的管道路线都将明确。初始动力在这个阶段通常还没有确定，但必须充分了解所有主要的地面设备，以评估其对环境的影响。根据勘探许可证，已经钻了足够的井数来说服银行为企业提供资金，但并不是说该项目在商业上没有风险；政府将理解这一点，但只要发展符合国家利益，且环境影响是可以接受的，则可以批准许可。新西兰的情况就是这样（许可证被称为资源利用许可），并且可能在任何地方，情况都是类似的。

如果要建造一座化石燃料发电厂，程序将是相同的，下一步将是对它进行设计，从主要参数到最终建成的具体细节。设备功能的详细描述——每个组件都是为特定目的而设计的，其性能可从工程计算和实验室测试中获知。相比之下，天然地热资源在每个细节上都是独一无二的——它可能是可认知的物理过程的结果，但是流体如何流动及对钻井、生产和注入的响应必须进行勘探和测量。必须能够接受资源不能供应热量，以及估计的流体流量存在的这些风险。极度谨慎是无益的，因为特定地热工厂相对于化石燃料替代方案的经济优势可能很小，但谨慎不足的情况下，会导致本该亏本出售的工厂闲置。

制订计划的时间顺序通常如下：

（1）地表地质勘探和进行地球物理研究，以帮助评估地质地层和构造，并确定系统的可能边界。

（2）对地表排放流体进行地球化学调查，以帮助确定其水文和温度分布；这将包括规划能提供充足信息所需的井的位置和数量，并将涉及科学家和工程师。确定好以后易于使用的井场是首要任务。

（3）了解周边地区及其用途，制订提取地热资源流体并在较低温度下进行注入的策略，其中包括如何应对未来这些井能量输出减少的可能方案。这是开发数值储层模拟的主要任务，但对于步骤（2）也是有用的。

（4）决定发电站的容量和类型。储层模拟器在这一步起到作用，但更早的一种更简单的方法被称为储热估计。

13.2 储热评价

总的来说，资源评估试图回答"资源能够提供多大的发电能力，从而为项目资金贷款做出评估"。在许多井完钻和测试之前，可能会问到这个问题。直到 20 世纪 80 年代，存储的热量评价是提供答案的常用方式，并且仍然是一个有价值的工作。

英国的咨询公司 Merz 和 Mclellan（1956）根据与新西兰政府签订的 Wairakei 开发合同，报道称其得到在一个阶段可能安装 69MWe 以上发电能力的承诺。有人指出，自 1953 年以来，钻井成功率起伏不定，最初的深井钻井取得了成功，但随后在每口井产量方面落后于浅层钻井，最终恢复到比以前更为成功的水平。当时井口有足够的蒸汽来支持 150MWe 的发电能力。有人说，很高的钻井成功率绝不能无限地持续下去。新西兰科学和工业研究部曾建议 250~500MWe 的容量，而 Merz 和 Mclellan 则建议将此范围中的最低值作为最大指标，并将 20% 的容量作为井口蒸汽供给，即准备生产的备用井。他们的报告措辞谨慎，但没有涉及任何所采用的方法，也没有对资源可能出现下降进行讨论——该资源生产能力仍为 150MWe，60 年后仍有 95% 的可利用，因此，可以认为得到的评价是有效的，但仍然存在的一个事实是，他们提出的资源能力建议没有涉及任何方法介绍。

资源评估的核心问题是热水、蒸汽或两者同时从裂隙热岩体中采出，并且采出速度远高于补给速度。从整体上看，在任何明显的蒸汽温度下降出现之前，所含流体的质量减少了 2/3，这表明在经过长时间的缓慢稳定下降之后，生产井可能会在几乎没有任何警告的情况下出现产量下降。Whiting 和 Ramey（1969）利用整个资源的热量和质量平衡方程证明了这一点，Watson 和 Maunder（1982）重复了这一研究，如图 13.1 所示。

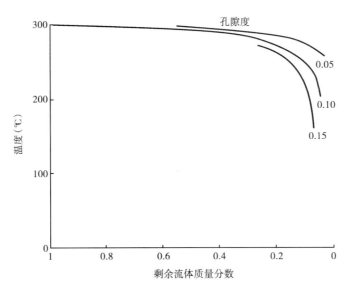

图 13.1　当物质从认为是饱和水的单一储罐地热资源中采出时，蒸汽条件下降示意图
（据 Watson 和 Maunder，1982）

Muffler 和 Cataldi（1978）对储热预测进行了说明。资源面积根据其电阻率边界定义，其厚度取岩石温度为 180℃ 和钻进深度以下 500m 之间的距离；180℃ 被认为是最低可利用温

度。储存在这块岩石中的一定比例的热量被认为是可以开发利用的，并且规定了开发的热量转化为电力的百分比。正如 Watson 和 Maunder（1982）所述，多家组织曾使用存储热量研究方法，他们指出所采用的最低温度在 180~200℃ 之间变化，采收率为 25%~100%，转换百分比范围为 7.5%~10%。

典型的计算如下。假定井完全加热后的温度分布表征了附近区域的地层温度。图 13.2 是一个简单的例子，其中温度分布 540~1800m（500m 以下井段长深度为 1300m）近似为 255℃，而从 200m 处的 180℃ 至 540m 处的 255℃ 呈线性变化，它的拟合方程式为：

$$T = 0.2206z + 135.9 \tag{13.1}$$

式中，z 为地表以下的深度，m。

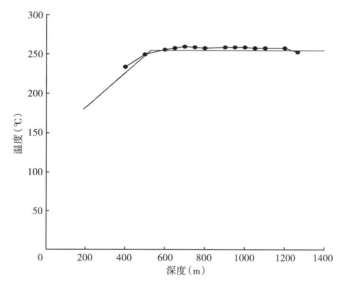

图 13.2　测得的井温分布近似为储存热量计算的两个线性部分

如果采用温度标准，资源可以从 200m 的深度开始使用，但假定生产的最小实际深度为 400m。该资源可被视为两块厚板：540m 以下部分，统一温度为 255℃；另一部分为 400~540m，根据式（13.1）计算的平均温度 $\bar{T}$ 为 239.6℃。

每立方米孔隙度的地热资源岩石储存了由岩石和孔隙中的水而产生的热量成分，对于平均温度为 $\bar{T}$ 的岩石，180℃ 以上的总储热量为 Q kJ/m³：

$$Q = [(1 - \phi)\rho_R Cp_R + \phi\rho_f Cp_f](\bar{T} - 180) \tag{13.2}$$

$$= \left[1 + \frac{\rho_f Cp_f \phi}{\rho_R Cp_R (1 - \phi)}\right]\rho_R Cp_R (1 - \phi)(\bar{T} - 180) \tag{13.3}$$

$$= \Lambda\rho_R Cp_R (\bar{T} - 180)(\text{kJ/m}^3) \tag{13.4}$$

组 Λ（无量纲）已被收集起来，因为，如果假设它是一定的，则可以仅使用岩石特性来计算储存的热量。使用典型的岩石特性，Λ 在一定范围的孔隙度和水压下的变化见表 13.1。

表 13.1　显示 Λ 系数随压力和孔隙度变化

压力（bar，绝对压力）	$\phi = 0.05$	$\phi = 0.10$	$\phi = 0.15$
100	1.037	1.074	1.111
150	1.035	1.070	1.105
200	1.034	1.067	1.100

Λ 的值在 1.0~1.1 之间，假定它为 1.0，则表示与纯粹估计的采收率和利用因子相比，确定性较小。换句话说，资源中的储存热量可以假定为岩石中的热量。

回到图 13.2 的例子，假设 $\phi = 0.05$，$\rho_R = 2600 kg/m^3$，$Cp_R = 0.9 kJ/（kg \cdot K）$ 和 $\Lambda = 1.0$，则使用式（13.4），表面积为 1km 的资源体中存储的热量为：

$$2600 \times 0.9 \times 1.0 \times 10^6 \left[（239.6-180）\times（540-400）+（255-180）\times（1800-540）\right]$$
$$= 240.6 \times 10^{12} J/km^2$$

如果假定 50% 的热量可利用，10% 可转化为电力，那么电能的总能量为 $12.03 \times 10^{12} J/km^2$。假设在 25 年内稳定地开发出这些能量，那么对于每平方千米具有如图 13.2 所示温度分布的资源，发电率将为：

$$12.03 \times 10^{12} /（25 \times 8760 \times 3600）We/km^2 = 15.3 MWe/km^2$$

可以在已钻的每个井眼周围绘制 1km² 面积的圆，并根据加热的温度分布得出每口井的发电能力图。井中有向下流动时，由于模糊了地层温度，使计算复杂化。

储热计算非常简单，但正因为操作起来很简单，所以即使在今天也没有理由不这样做。Watson 和 Maunder（1982）得出的结论在写出 30 年之后仍然有意义，除了集中参数模型被数值模拟所取代这一例外。它们是在作者正努力处理现实中的任务时所撰写的，文中写道：

当达成决策点时，开发人员会发现自己拥有几组弱连接的信息。储热计算已经完成，因为它相对没有成本。已经进行了模拟，并且可能产生了对地热田输出递减的预测，它可以与已知的发电厂性能结合，得出电厂寿命期内的电力输出。这些评估都会纳入无法证实的假设中。与这些无关的是井的功率输出测量，它不直接表明该地热田的总功率输出，而是用来显示为给定的发电厂提供能量需要多少井。安装一台小型涡轮机，比如说 1.5~3MWe 时，可以在 2 年内提供足够的信息，以便构建集成参数模型。把这些数据集联系起来的唯一方法是通过项目的经济分析。在基本水平上，应该基于蒸汽田特征的各种合理模式进行敏感性研究——需要新井的频率、修井、涡轮机停运、回注问题等。在将所有信息汇总在一起的同时，这种类型的分析降低了建模或储热评估中所做假设的重要性。试图将保守的科学和工程假设应用于油藏评估是不够的，油藏容量的不确定性必须转化并量化为财务风险。

Sanyal 等（2011）介绍了有关印度尼西亚地热资源的开发风险评估，该地区已钻了足够多的井，可以提供合理的统计样本。他们的论文涉及印度尼西亚政府计划在该国扩大地热发电，并调查了在 100 个资源点钻探的 215 口井。得出的结论是，在印度尼西亚地热资源评价和钻探方面有足够的经验，总体资源风险应该低于其他国家。

13.3　油藏数值模拟

模拟地热资源的方法是一组用空间和时间作为独立变量、压力和温度作为因变量表达的方程来对它进行描述，并针对适当的边界条件对它们进行求解。在许多工程领域都采用这一通用做法，包括以有限差分形式写出控制方程并对其进行数值求解。1960 年左右，研究人员可以使用快速执行数值程序的计算机；虽然至少有一台机械模拟计算机在 20 世纪 30 年代被开发出来，它是由 Hartree 设计出来用于空气动力学研究的，但偏微分方程组的数值求解程序在更早的时候已经被开发出来，并且需要手工完成计算。20 世纪 70 年代末开发了用于油藏的数值模拟器。对于石油、地下水和地热油藏模拟，方程式是描述通过可渗透（多孔）介质的流体流动的方程式，包括达西定律。与其他工程领域的数值模拟器一样，整个程序如此庞大而复杂，以至于控制方程组对于用户来说是不可见的，而是通过提供一个程序界面，允许将描述问题的数据作为输入文件写入主计算机程序。提供初始压力和温度分布，并根据井排放和注入计算出其变化，并随时间发生变化。在用户发出请求计算的指定后，可以检查变量的空间分布。计算将按照时间步长自动进行，并且可对时间步长进行调整以确保求解的准确性。虽然使用油藏模拟器作为计划工具是重点，因为它是预测资源流体被采出和注入时如何响应的唯一可用方法，但它们也可用于研究详细过程，例如，作为第 9 章中介绍的瞬态压力试井的一部分（O'Sullivan，1987），他通过解释流动焓的变化，建立了地层中的两相流模型及确定的地层性质。

1979 年，美国能源部安排国际主要研究团队确定了六个涉及地热资源单相和双相流动的问题，然后邀请这些团体参加竞赛，以了解哪个模拟器最好。Molloy 和 Sorey（1981）描述了这一过程和结果，表明当时有几种不同的可靠模拟器可供使用，换句话说，一些程序确立了不可见处理过程的整体有效性。O'Sullivan 等（2009）通过介绍 Wairakei 的数值建模，提供了模拟器及其前身集成参数模型的历史视角。

为了实现本书的目标，有必要了解模拟器的工作方法。有几本关于油藏模拟的教科书，例如 Critchlow（1977）详细介绍了数值程序，但经过 30 多年的发展和验证，大部分有关该主题的文献都与应用有关，在下一节中给出了一个基本介绍。Gelegenis 等（1989）详细介绍了在他们自己的地热油藏模拟器中使用的计算程序，他们的论文可能构成下一个研究层次。TOUGH2 模拟器可能是今天最常使用的模拟器，并且有各种相关的手册，如 Pruess（1987），给用户提供了包含一些计算细节的信息。

13.3.1 地热油藏模拟器数学基础

控制方程是一偏微分方程组，必须将其转换为数值集，或离散化，然后同时求解。这个过程可以通过检查式（13.5）说明，其中描述了发生在一个长金属棒中的热量传导，绝热并且初始时温度均匀，当时间 $t = 0$ 时，热源被施加到它的一端上，可以得出沿金属棒任何时候的温度分布。这个方程的更一般的形式如式（4.65）所示，其中没有热源项并简化为一维形式：

$$\frac{\partial T}{\partial t} = \kappa \frac{\partial^2 T}{\partial x^2} \tag{13.5}$$

把这个方程式转换成数字形式的正式方法是写出一个 T 及其梯度与 x 的泰勒级数展开式：

$$T' = \frac{\partial T}{\partial x}, \ \ T'' = \frac{\partial^2 T}{\partial x^2}, \ \ T''' = \frac{\partial^3 T}{\partial x^3}, \ \ \cdots$$

即：

$$T(x + \Delta x) = T(x) + \Delta x T'(x) + \frac{1}{2}\Delta x^2 T''(x) + \frac{1}{6}\Delta x^3 T'''(x)\cdots \qquad (13.6)$$

$$T(x - \Delta x) = T(x) + \Delta x T'(x) + \frac{1}{2}\Delta x^2 T''(x) - \frac{1}{6}\Delta x^3 T'''(x)\cdots \qquad (13.7)$$

忽略包含 Δx^3 和更高幂的所有项，可以消除或重新整理这两个方程的剩余项，以获得温度梯度 T' 的三个表达式和一个二阶导数 T'' 的表达式，并且对它们命名如下：

$$T' = \frac{T(x + \Delta x) - T(x)}{\Delta x} \quad \text{向前差分} \qquad (13.8)$$

$$T' = \frac{T(x) - T(x - \Delta x)}{\Delta x} \quad \text{向后差分} \qquad (13.9)$$

$$T' = \frac{T(x + \Delta x) - T(x - \Delta x)}{\Delta x} \quad \text{中心差分} \qquad (13.10)$$

$$T'' = \frac{T(x + \Delta x) + T(x - \Delta x) - 2T(x)}{\Delta x^2} \qquad (13.11)$$

随着时间的推移，T 的梯度可以采用相同的方法。式（13.11）现在可以代入式（13.5）的右边。但有一个温度随时间一阶导数的表达式的选择，类似于式（13.8）和式（13.9）。需要得到温度是如何随时间变化，因此向前差异形式是直观的选择，对它而言，式（13.5）的离散形式为：

$$\frac{T_i^{n+1} - T_i^n}{\Delta t} = \kappa \frac{T_{i+1}^n + T_{i-1}^n - 2T_i^n}{\Delta x^2} \qquad (13.12)$$

式中，T_i^n 为时间 n 时位置 i 处的温度。这些位置被称为节点，节点之间的距离是 Δx，从 n 到 $n+1$ 的时间步长是 Δt。图 13.3 显示了解如何随时间变化。

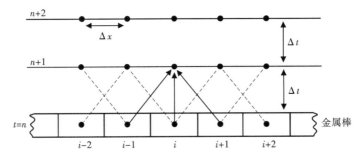

图 13.3　一维瞬态热传导的有限差分解中节点值的影响

选择 Δx 和 Δt 值的基本原理是基于将式（13.12）重组为如下形式：

$$T_i^{n+1} = \left(\frac{\kappa \Delta t}{\Delta x^2}\right)(T_{i+1}^n + T_{i-1}^n - 2T_i^n) + T_i^n$$

$$= F\left[T_{i+1}^n + T_{i-1}^n + \left(\frac{1}{F} - 2\right)T_i^n\right] \qquad (13.13)$$

因为 F 是式（4.67）的傅里叶数，已经对这个方程进行重新整理，在这里写成：

$$F = \frac{k\Delta t}{\Delta x^2} \tag{13.14}$$

式（13.13）表明，如果 $F = 1/2$，节点 i 处温度的影响就会消失，这显然是不合理的（图13.3），因此，求解方法只适用于 F 小于这个值的情形。Δx 的选择会导致 Δt 的选择，反之亦然。可以应用边界条件，既可以通过节点上的固定温度，也可以通过金属棒末端人造节点上固定的梯度。这种方法可以使用电子数据表来设置，因为它是显式的，也就是说，下一个时间点的值仅取决于已知信息，而不取决于新时间点的相邻值。新时间点的值分别计算。

期望 T_i^{n+1} 不会受到 T_{i-1}^{n+1} 和 T_{i+1}^{n+1} 的影响在物理上是不合理的，并且纠正这个问题使得必须采用隐式方法进行求解，也就是说，新时间步的每个节点的值必须同时求解，因为它们之间互相依赖。式（13.5）可以用新时间步长的未知节点值来表示，前一时间步长的影响仍然通过最邻近值 T_i^n 来表示：

$$\frac{T_i^{n+1} - T_i^n}{\Delta t} = \kappa \frac{(T_{i+1}^{n+1} + T_{i-1}^{n+1} - 2T_i^{n+1})}{\Delta x^2} \tag{13.15}$$

这个方程可以归纳为：

$$a_{i-1}T_{i-1}^{n+1} + b_iT_i^{n+1} + c_{i+1}T_{i+1}^{n+1} = d_i \tag{13.16}$$

式中，a，b，c 和 d 为每个节点的已知系数，包含 T 的先前值和傅里叶数。围绕每个节点的一组这种类型的方程可以写成：

$$
\begin{aligned}
a_{i-1}T_{i-1}^{n+1} &+ b_{i-1}T_{i-1}^{n+1} &+ c_{i-1}T_i^{n+1} & &= d_{i-1} \\
a_iT_{i-1}^{n+1} &+ b_iT_i^{n+1} &+ c_iT_{i+1}^{n+1} & &= d_i \\
&a_{i+1}T_i^{n+1} &+ b_{i+1}T_{i+1}^{n+1} &+ c_{i+1}T_{i+1}^{n+1} &= d_{i+1} \\
& & &\cdots &= d_{i+2}
\end{aligned} \tag{13.17}
$$

已经发展了求解像这样方程组的计算技术，这些方程形成三对角矩阵，并且也可以用于不那么规律的方程组，例如描述地热资源中流动的方程。

这个介绍已经解决了只有一个方程——能量方程的求解方案，因为它适用于固体材料。对于可渗透介质中的流动，需要求解两个方程，一个是代表质量和动量的连续性，结合达西定律，如式（4.78）；另一个是能量方程，它们需要写成用于可渗透介质和两相流体。为了说明这些方程并用模拟有关文献中的术语来表达它们，表达质量守恒的式（4.77）是一个合适的起点：

$$\phi\frac{\partial\rho}{\partial t} + \left[\frac{\partial(\rho u)}{\partial x} + \frac{\partial(\rho v)}{\partial y} + \frac{\partial(\rho w)}{\partial z}\right] = 0 \tag{13.18}$$

第一项表示控制体积中每单位体积的流体质量，第二项表示三个方向中每一个方向的净流量（质量流量）。控制量可以被视为一个格块。为了包括生产或注入的可能性，必须包含汇或源项，等式表达如下：

$$\frac{\partial A_{\mathrm{m}}}{\partial t} + \boldsymbol{\nabla} F_{\mathrm{m}} + \dot{q}_{\mathrm{m}} = 0 \tag{13.19}$$

式中，$A_{\mathrm{m}} = \phi\ (S_{\mathrm{v}}\rho_{\mathrm{v}} + S_{\mathrm{l}}\rho_{\mathrm{l}})$，为格块中每单位体积的流体质量；$S_{\mathrm{v}}$ 和 S_{l} 分别为蒸汽和液体的饱和度（体积分数）；$\boldsymbol{\nabla}$ 为算子 $\frac{\partial}{\partial x} + \frac{\partial}{\partial y} + \frac{\partial}{\partial z}$；$F_{\mathrm{m}}$ 为穿过格块边界的质量通量（每单位面积的流量）；$\dot{q}_{\mathrm{m}}$ 为质量源的产出速度。

接下来引入达西定律以耦合质量方程的动量和连续性。动量方程中忽略重力项，因为迄今为止主要应用于中等厚度的水平地层，但是当考虑整个地热资源时，必须包括它，并且为规范起见，它也应该包括在每个方向的方程组中，因为采用的是数值解，而不是解析解，g 在三个方向中的两个方向设为零。因此，质量流量可写成蒸汽相和液相：

$$F_{\mathrm{mg}} = -\rho_{\mathrm{g}} k \frac{k_{\mathrm{rg}}}{\mu_{\mathrm{g}}} (\boldsymbol{\nabla} P - \rho_{\mathrm{g}} g) \tag{13.20}$$

$$F_{\mathrm{mf}} = -\rho_{\mathrm{f}} k \frac{k_{\mathrm{rf}}}{\mu_{\mathrm{f}}} (\boldsymbol{\nabla} P - \rho_{\mathrm{f}} g) \tag{13.21}$$

能量方程可以类似地处理，使用类似于式（4.23）比内能方法，但采用式（13.19）的格式。然而，岩石中的能量必须包括在内：

$$\frac{\partial A_{\mathrm{e}}}{\partial t} + \boldsymbol{\nabla} F_{\mathrm{e}} + \dot{q}_{\mathrm{e}} = 0 \tag{13.22}$$

这里：

$$A_{\mathrm{e}} = (1 - \phi)\rho_{\mathrm{r}} U_{\mathrm{r}} + \phi(S_{\mathrm{g}} \rho_{\mathrm{g}} U_{\mathrm{g}} + S_{\mathrm{f}} \rho_{\mathrm{f}} U_{\mathrm{f}}) \tag{13.23}$$

并且：

$$F_{\mathrm{e}} = -\rho_{\mathrm{g}} h_{\mathrm{g}} \frac{k k_{\mathrm{rg}}}{\mu_{\mathrm{g}}} (\boldsymbol{\nabla} P - \rho_{\mathrm{g}} g) - \rho_{\mathrm{f}} h_{\mathrm{f}} \frac{k k_{\mathrm{rf}}}{\mu_{\mathrm{f}}} (\boldsymbol{\nabla} P - \rho_{\mathrm{f}} g) - \kappa \boldsymbol{\nabla} T \tag{13.24}$$

现在必须对式（13.19）和式（13.22）进行离散化，资源模型的每个格块（节点）是成对的，并且因为它们在待确定的变量中是隐式、非线性的，系数是 P 和 T 的函数，它们必须迭代求解。出于这个原因，它们被写入每个节点和时间步长的残差中。因此，对于时间步 $n+1$ 的节点 i 处：

$$\left(\frac{\partial A_{\mathrm{m}}}{\partial t} + \boldsymbol{\nabla} F_{\mathrm{m}} + \dot{q}_{\mathrm{m}}\right)_i^{n+1} = (R_{\mathrm{m}})_i^{n+1} \tag{13.25}$$

$$\left(\frac{\partial A_{\mathrm{e}}}{\partial t} + \boldsymbol{\nabla} F_{\mathrm{e}} + \dot{q}_{\mathrm{e}}\right)_i^{n+1} = (R)_i^{n+1} \tag{13.26}$$

通过调整时间步长，残差可以最小化，直到达到可接受的很小的值。

包含溶解在储层流体中的气体需要第三个方程，Zyvoloski 和 O'Sullivan（1980）增加了 CO_2 气相，显著地增加了数值复杂性。

到目前为止的解释都假设整个感兴趣区域的节点有规律的模式。对于流量最为复杂的资源部分，采用密集间隔对大规模资源进行划分，将导致需要求解的方程式数量过多。

Narasimhan 和 Witherspoon（1976）介绍了一种能够处理任意不规则节点分布的数值形式，称为集成有限差分法。这对嵌入格块系统非常方便，该体系与第 9.4.3 节所述的双孔隙体系的概念相匹配（Pruess，1990）。Pruess（1991）解释说，使用该方法的 TOUGH2 模拟器具有根据其体积、与相邻格块的界面面积和从节点到界面的距离定义的格块。在 TOUGH2 中，使用后向差异来进行时间离散，并加入二氧化碳，并且非线性方程组具有通常为自变量的强函数的系数。迭代同时求解是必要的，并且使用牛顿—拉夫逊方法。该程序具有自动步长控制，Δt 由最初用户设定，但会自动变化以保持准确性或避免浪费计算时间。

13.3.2 油藏模拟应用

图 13.4 显示了 Wairakei 地热资源最新模型的总体布局。

左侧的图形显示了地热资源分割为格块的平面图——请注意，它们的形状各不相同，如积分有限差分法所允许的那样。在特别感兴趣的区域，格块的尺寸更小。图右侧列显示了地层的垂直分布，根据它们对结果的影响和与流体流动的相互作用程度而变化。该模型延伸至近 3500m 的深度，但 Wairakei 井的平均井深约为 1100m，因此大多数生产和注入流动发生在这个深度以上的地层中，钻井和井的测量资料允许对模型的定义比这个范围更大。

该模型最初是基于钻探结果获得的地质信息构建的，并且结合电阻率边界平面指示的资源面积。与资源相交的主要断层可以在模型的格块结构中体现出来，尽管在图 13.4 中未显示出这一点。首先建立未扰动资源从热源分布到相对稳定状态的自然演化初始模型。该模型提供了压力和温度的初始分布，以及流体状态。接下来将确定未受干扰的储层温度和压力分布的井测量结果与模型结果进行比较。对于已经生产多年的资源情况，可以比较最近的井的

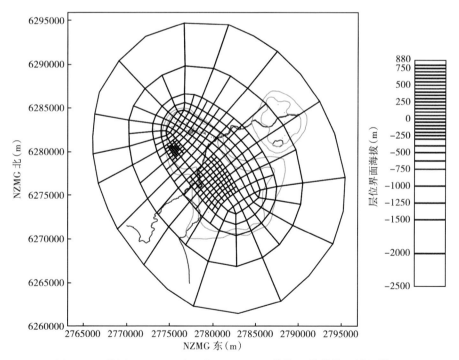

图 13.4 使用 TOUGH2 建立的 Wairakei 地热资源数值储层模拟模型
（据 O'Sullivan 等，2009）

测量数据；在这个阶段需要进行仔细的测量解释，以确保井中的内部流量不会产生误导。图 13.5 显示了 Wairakei 资源中一口特定井的测量结果和预测之间进行比较的案例。它体现了很好的一致性。对近地表地层和地表排放进行模拟是特别困难的，这可能是由接近表面处的流动路径和材料特性的多样性造成的；与较深的深度相比，接近地表的岩石静压相对较小。

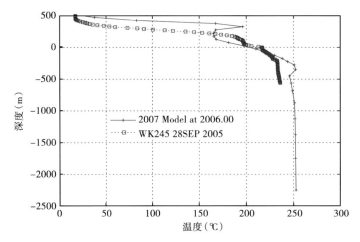

图 13.5　Wairakei 地热资源的一口井中，其垂直温度测量结果与该井所在格块的模型预测结果之间的比较（据 O'Sullivan 等，2009）

以上所示的 Wairakei 模型是 20 世纪 80 年代以来不断发展的结果，对于模拟器和用作输入数据的现场测量都是如此，它在资源模型范围的细节方面处于最末端。在文献中可以找到地热使用中各个阶段、不同领域有关模型的大量例子（IGA，2012）。建模的起点是资源中可流动路径的概念，包括渗透性地层和断层，影响流动的边界条件可能提供不渗透屏障或非常好的渗透性，从而具有恒定的压力。资源如何利用的理念被称为概念模型——它相当于一幅图表，显示化石燃料锅炉或一台机器中的流动路径和加热表面。资源岩石与地热流体之间的化学相互作用是任何地热资源的重要特征，有时这种相互作用的结果是对资源的流体力学进行修正，例如堵塞孔隙的固体沉积和封闭断层。化学相互作用和测量为发生的物理过程提供线索，并直接有助于理解资源的全部运作，但目前仅对概念模型有间接影响；包括化学反应在内的建模正处于发展阶段。然而，溶液中二氧化碳浓度的变化是常规模拟的物理变化。

O'Sullivan 等（2001）评估了现有技术水平，并报告称使用了多达 6000 格块的模型，最小格块厚度为 100m，最小水平尺寸为 200m。它们指的是确定建模方法，或者更确切地说，是调整概念的参数以使模拟重现观察到的特征；这包括从过去很久的起点开始运行模型，并确保变化趋势随着用于达到概念模型目的的测量变量（压力、温度和流体状态）的分布而结束。

在建模过程中，前瞻性预测在资源的使用寿命过半或更长时间以后最可靠，在开始时最不可靠，因为这时总生产量和注入量较小，作业历史较短或甚至不存在时，这些都不是模型的错误。尽管如此，模型还是用于项目的初始规划。已经提到调整地层特性以拟合排出井的流动熔，并且 O'Sullivan 等（2001）提到了井产量下降测量时使用相同的方法——如果生产和注入不足导致资源范围广泛变化，单井的行为将是唯一的选择。该论文指出了正确模拟表面活动变化的难度。

经过大约 35 年的发展，油藏模拟现在是管理大规模地热资源利用的重要组成部分。程序的数值细节可以合理地保持对用户不可见，并且作为副产品，关于该主题的文献通常是可读的，侧重于测量和预测的比较，因为物理过程在软件已经体现，并且数学上是可靠的。软件包总是存在风险，因为输入数据的定义很明确，假设一旦提供了这些数据，就不需要进一步的技能。要使用模拟器并获得可靠的结果，需要直观地了解资源中的流动物理特性，以及经验和能力。

13.4 项目总体方案

在计划使用大规模地热资源之前，必须获得一些信息，因此不能确保向资金方承诺这些支出能够收回。这些费用可能被称为项目设立成本。开发组织最有可能拥有地热资源开发的先前经验，或者政府组织着手启动资源使用。它很可能拥有自己合格且经验丰富的科学和工程人员，但不可能立即获得一个甚至几十兆瓦电力的流量项目所需现金，所以需要其他方必须参与其中。

分阶段开发是最小化财务风险的常用方法。25 MWe 的地热开发项目可能会在 5~10 年内为第二阶段开发提供足够的信息，这时的风险低于第一阶段。现场测量将允许开发储层模型，并在处理井排放流体的化学方面中获得经验。另一方面，中等规模资源第一阶段的安全投入可能会造成成本增加；最佳的开发规模可能会更大。模块化有机 Rankine 循环工厂被列入原动机竞争者名单中。

13.4.1 参与方

大多数情况下，地热开发是单一公司的工作。有时候这种准备如图 10.5 所示，其中一个资源公司指定向一家发电公司出售蒸汽。无论哪种情况，与电力供应公司的讨论都会在计划的早期进行，以确保有潜在的市场。发电的市场性取决于发电成本，但现在就此作出适当的估计还为时过早。

图 10.5 显示了开发商和银行寻求的许多第三方意见。这是因为资源尚未开发——可能只钻了几口井，但井数不是很多，因为如果没有现成的方法来回收资金，就需要尽量减少资金支出。根据新西兰地热协会（2009）使用的报告，表 13.2 说明了 50MWe 地热发电站开发的成本构成，单位为百万美元。

表 13.2　50MWe 地热开发项目在 2007 年的相对成本构成
（据新西兰地热协会授权使用，2009）

成本项	细节	成本（百万美元）
项目启动	地质勘探、资源开发批准、场地准备	2.5
钻井	2500m 生产井	3.6／井
	2000m 注入井	2.9／井
蒸汽田	双闪蒸	27
发电站	单机组，通入冷凝蒸汽	74
每年操作和维护费用		2.7/年

生产井的输出可以在 3~25MWe 之间变化，尽管上面的数字是一个例外，但是不能精确估计到井的数量。

首先估算的是最合适的原动机类型，蒸汽或有机 Rankine 循环，以及是否有任何重大障碍难以在可用港口运抵重型机械、陆上运输或与实际电站安装就位的问题，考虑到当地的岩土条件和环境影响。输电线路是确定的。这样的研究首先会形成一个短的、但涉及范围较广的报告，随着讨论的进行，更多的细节会增添进去。

使用第 10 章中介绍的方法，将开始进行财务导向的项目分析。银行将更容易贷款给一家在地热工程方面有经验或至少在能源供应行业有经验的公司，同时拥有大量的财务资源和资产，以便在必要时可以通过出售资产回收贷款。可能需要确保开发商收入的长期售电合同。贷款人一般对新技术持谨慎态度，所以工厂和设备、建设和操作程序都应该已经得到充分证明。

13.4.2 项目阶段划分

地热项目可以分解为几个阶段。顺序很重要，但不大可能在一开始就定义它，所以需要确定不返回节点及关键路径。项目团队必须在项目经理的指导下成立。项目完成后，将需要一个营运组织，并且该项目将在施工期间根据需要配备人员，以期保留一些施工人员作为操作人员。因为每项活动都有与之相关的成本，无论是在现场还是在办公桌上进行，都必须持续审查每个步骤的时间安排；每一步都会有一个最后的承诺日期，在这个日期之后，改变想法的代价将非常昂贵。一个典型的项目步骤如下：

（1）地面勘探；

（2）资源能力首次预测；

（3）钻第一口井；

（4）对第一口钻井结果进行审查后进一步钻井；

（5）初步资源评估；

（6）安排土地获取或购买；

（7）初步工程设计；

（8）获取资源开发许可；

（9）计划项目，现金流量，工作内容和决策点，并以甘特图的形式制订计划；

（10）做出商业安排并寻求资金；

（11）进一步设计，招标或直接与供应商谈判；

（12）如果需要，进行评标和人力规划；

（13）进行基准的环境调查；

（14）开始施工现场工作。

13.5 环境影响评估

在任何国家，在允许大规模使用地热资源之前，都需要依法获得资源开发许可。环境影响在审查项目的清单上非常重要，并且必然涉及科学家和工程师，但是以一个陌生的角色参与。第 14 章提供了根据当地立法，在新西兰当局与开发商之间互动的例子。目前，地热资源利用的主要环境影响是众所周知的，但其中一些是国家和资源特有的。本节的其余部分介绍其中最重要的部分。

13.5.1　地热地表特征的影响

热水和蒸汽的地面排放在世界范围内非常罕见，所以当地居民和游客通常会对这样的资源感兴趣；日本的自然特色和温泉就是一个很好的例子。从资源中采出流体降低了资源内的压力，通常导致水位下降。由于新水位以上的岩石仍然很热，因此热量仍然可能会以蒸汽的形式突破地表，但温泉的化学成分和外观可能完全发生改变；由于上部地层充满蒸汽和地热气体，排放中性 pH 值氯化物水的温泉可能变为排放酸性 pH 值的硫酸盐水，其中硫化氢最为明显。喷气孔可能会取代温泉。地表特征受到科学家们的重视，因为仍然有很多东西需要了解，如响应深成岩体到来，以及部分人口引起的土地自然演变，这些人群的祖先记录了使用地热满足基本需求，例如取暖、烹饪、沐浴和一系列文化活动，它们依赖于目前一般形式存在的特征而不是特定的排放水平。在某些情况下，它们已经被前几代人改变了。由于地表排放是大多数地热资源共有的特征，因此开发建议必须解决对其的影响，这是一项艰巨的任务，因为地表特征的流体力学难以在油藏模拟模型中进行描述。需要注入分离的水以避免水流通道污染并保持资源压力，尽管不一定足以实现后一目标。

13.5.2　对全球和当地空气质量影响

在有地热活动的地方会产生硫化氢和二氧化碳，并且它们通过排放井以更大的流量生产出来。这些都是不凝结的气体，在发电站冷凝器中收集，必须不断移除以保持真空。二氧化碳是一个全球变暖的问题，但两种气体都可以在一定的浓度下清除掉，即使浓度非常低，硫化氢也是显而易见的，也是令人不快的。

许多作者都引用了使用不同热源发电站的二氧化碳排放量，表 13.3 对他们的数据进行了比较。

表 13.3　不同作者引用的不同类型燃料 CO_2 排放率比较

单位：t CO_2/（GW·h）

资料来源	煤	石油	天然气	地热
Bloomfield 和 Moore（1999）	967	708	468	82
Thain 和 Dunstall（2001）	915	760	345	69~100
Contact Energy（2003）	930		340	10

由于特定工厂的效率和燃料的质量而有所不同。Contact Energy（2003）的数据是针对新西兰单个发电站的，地热发电站是 Wairakei，而 Bloomfield 和 Moore（1999）展示了美国全国性调查的结果。Thain 和 Dunstall（2001）将印度尼西亚地热发电厂 580MWE 的平均输出量定为 69.2t CO_2/（GW·h），菲律宾地热发电厂的 1124MWe 时为 94.1t CO_2/（GW·h）。地热资源发电时产生的二氧化碳，平均为煤炭产生量的 11%、燃气产生量的 25%。据称，地热二元循环工厂不排放二氧化碳，但那些在热交换器中凝结地热蒸汽的系统释放不可凝析气体，通常将它们注入到空气冷凝汽器上方的上升羽流中。

资源所在地空气中的气体浓度可能会受到关注。在大气压和温度条件下，因二氧化碳密度比空气密度大，在只有高处通风的密闭空间内和地面凹陷处会很危险，但在类似情况下，硫化氢威胁性更大。井口地窖需要在低水平位置通风，并且可能需要监测资源地区的寓所。

在低浓度下，H₂S 的气味可能是一件麻烦事。Fisher（1999）审查了新西兰的天然水平和开发许可考量。在没有任何天然气源的地区，具有 $7\mu g/m^3$ 的浓度是典型的"不能超越"的指导方针，对于那些有排放的地方，比如地热地表排放的地区则为 $70\mu g/m^3$。他报告说，新西兰 Rotorua 的一个城镇，地面上有大量的温泉排放，浓度通常在 $50\sim400\mu g/m^3$ 之间。

新西兰资源许可听证会上提供的证据通常包括在现场进行风力测量的大气建模。来自冷凝器的压缩气体通常立即从冷却塔上方的一个或多个竖直管道排出，在蒸汽或热空气的上升羽流内。必须为模型指定冷却塔的确切位置和形式，可用于场地选择中。开发前的背景（基线）读数是必需的。在 Ohaaki 这一迄今为止唯一已知的混凝土自然通风地热冷却塔，将不凝气体排入塔内导致钢筋混凝土受到一些酸损坏。

13.5.3 地表沉降

地面沉降是由于地质储层的压实而导致的海拔高度下降。如果发生这种情况，这是一个难以评估的问题，因为对沉降发生的物理过程知之甚少。它并不局限于地热资源开发，也发生在地下水和石油的开采过程中——Bloomer 和 Currie（2001）回顾了这三种开发活动的国际经验。在新西兰地热开发地点，地层沉降一直是个问题。在 Kawerau，地热资源是在 20 世纪 50 年代作为该地区纸浆和造纸工业供应能源而开发的。纸张的长度很长，通过几十米长的一系列高速滚筒。滚筒的排列必须精确稳定，但地面因井内流体产出而下沉。Kawerau 的沉降相对较小且整体均匀，而在 Wairakei，沉降在大面积范围内是小而均匀的，但在极少数地方地层下降非常大，高达 20m（下一章将对此进行更详细讨论）。

Reddish 等（1994）解决了油气藏沉降问题，并开发了数值计算程序，指出沉降至少需要下列情况之一：

（1）储层压力显著下降；

（2）非常厚的储层；

（3）储层岩石脆弱和胶结疏松；

（4）与其厚度相比，储层的面积相当大。

直到最近的一段时间，地热开发的做法已经发生（1）这种情况。许多地层是由分层的喷发碎屑组成的，通常会遇到情况（3），但（2）和（4）较少出现。当孔隙压力降低或孔隙流体温度降低时可能会出现压实。Geertsma（1973）提出了一个理论，并提供了一个该问题的解析解，用于预测埋藏在指定深度、均匀厚度圆形的压实材料产生的压实导致沉降。圆形地层的压实作用使得上覆地层下沉，形成一个边缘光滑的碗形。碗的边缘比圆形地层的半径更大，并且压实比例是埋藏深度和压缩系数的函数。圆形地层的压实比最终的沉降要大得多。这种解析解的特点是适用 Reddish 等所述的情形（4），Geertsma 认为，要使沉降达到与压实相同的程度，深度为 1000m 的储层，要求其表面面积不小于 $50km^2$。总之，在均质地层中，局部压实比沉降大得多，可能形成范围广的较浅沉降。虽然 Geertsma 的理论存在非均匀性，但是该理论已经应用于地热资源。

13.5.4 诱发地震

任何断层和断裂性地热资源由于热收缩和静水压力下降，都容易发生移动（与地层沉降相反），产生微地震，但是将特定事件与地热开发活动的任何确定性联系起来是非常困难的。大多数地热开发都位于构造活动地点，自然容易发生地震。在地热资源开发方面，许多微地震活动案例被引用，例如 Bromley 等（1983）引用的菲律宾 Puhagan 案例。在文献后面，报道称，在生产的前几年，诱导事件发生频率约为每天 100 次，但随后减少到开发之前的水平，通常为每天 1 次，震级达到 2.4 级，它可以在当地感觉到但不会造成任何损害。微地震活动可以很容易地进行监测，通常不会造成严重的环境影响。

13.5.5　对当地地下水资源的影响

几种影响是可识别的。如果地面植被已被清除，施工时，雨水会形成自然水道的侵蚀和淤积，同时破坏动植物群。有关暴雨控制的当地知识和注意可以避免该问题，并且可以定义并附加一些约束条件到资源开发许可中。

偶尔需要处理大流量的受污染的水，例如冷却塔水池可能需要清空并重新补充清水，并且可能需要清空水池中的钻井液和最初的井排放流体。在发电厂停电较长的情况下，注入管道中分离水必须清空以避免水在冷却时发生二氧化硅的沉积，并且必须依次清空蓄水池为日后停电做准备。由于地下水已经与地热污染物接触，在地热区可能经常出现地面浸渍；一个替代的办法是，它能够以受控的速度从有内衬的蓄水池排放到水道中，在该速度下污染物的浓度几乎不会造成损害。怀拉基从 20 世纪 50 年代开始生产直至现在，一直允许将全部分离出来的生产水排放到河流中，但是这种情况可能在即将更新的资源许可中终止。在菲律宾 Tiwi，从 1979 年到 20 世纪 90 年代中期，分离出的水和冷凝水被排入海中。在墨西哥的 Cerro Prieto，在注入之前，分离的水通过蒸发减少水量。在当今时代，许多组织正在采取零排放政策，将所有液体废物注入深层。

连续注入废水不是没有问题。注入是从资源中尽可能多地采出热量的一个组成部分——这是一种保持压力并确保热量从岩石传递到水的方式，这种方法更为有效，因为传热系数更高，水的热容量大于蒸汽。资源将通过电阻率调查在区域内进行定义，并利用钻探结果，制订将哪些区域指定为生产区域、哪些区域指定为注入区域的计划。应避免注入水从生产井返回，因为水的温度可能会更低，并有更高的固体溶解度。淡水可能位于地热资源之上，可能受不透水地层分隔，但是不能保证绝对不渗透，因为地热地区通常是有断层的。由于地下水资源污染的可能性和诱发地震活动的风险，注入不宜产生压力的大幅上升。

13.5.6　生态影响

某些植物种类适合在平均地表热通量较高的地区生长，并被称为耐热物种。由于地热表面活动地区本身很少，因此在那里生长的耐热物种也很少见，并且被认为值得保护。泉眼中排出的热水进入溪流，这些溪流沿途也可能是耐热物种生长的地方。通过增加蒸汽流量减少水的排放和增加表面温度，在两者共同作用下会减少耐热物种的栖息地面积，地面变凉和趋于正常，造成其他非特定物种的入侵，或者太热以至于没有任何物种可以生长。

地热污染物对空气和水污染的次要影响必须从生态学角度加以考虑。

13.5.7　由于噪声、社会干扰、交通和景观等方面造成重大影响的可能性

噪声源在建设阶段和开发运营阶段之间有所不同。钻井是噪声的重要来源，在夜间不能停止，钻一口井可能持续 4 周或更长时间。短时间排放的排放测试可能比长期排放测试噪声更大，这时有足够的理由安装更复杂的消声设备。必要时，土方设备和重型工程设施施工的典型噪声可限制在白天。监测建议场地的背景噪声水平，形成一个比较基准。在电站运行期

间，来自强制通风冷却塔的噪声可能会是主要的噪声来源。通过景观设计修改可以减少邻近地区的噪声。

社会干扰跟特定场所密切相关。在一些发展中国家，人口密度足够高的地区能够为电力供应带来益处，尽管它比较偏远。资源区可能被茂密的森林所覆盖，并且开辟道路以允许运载钻井平台的大型卡车进入，这也使当地民众能够深入该地区。随后可能会对当地生态造成损害，曾经与外界隔绝的当地人可能会接触到大量的工人。无论如何，社会变化都会随着电力供应而发生，但变化速度可能比预期的更为突然。

在发达国家可能发生交通问题，解决方案可能只是扩大路口以便大型车辆或类似交通工具安全通行。

地热开发对景观的影响本质上是由发电站、管道、井和相关蒸汽塔引起的视觉上变化。必须清理土地以提供钻井井场和管线线路，但可以美化外观。

<h1 style="text-align:center">参 考 文 献</h1>

Bloomer A，Currie S（2001）Effects of geothermal induced subsidence. In：Proceedings of the 23rd New Zealand geothermal workshop，University of Auckland，Auckland.

Bloomfield KK，Moore JN（1999）Production of greenhouse gases from geothermal power plants. Geoth Res Counc Trans 23：221-223.

Bromley CJ，Rigor DM（1983）Microseismic studies in Tongonan and Southern Negros. In：Proceedings of the 5th NZ Geoth Wkshop. Univ of Auckland，pp 91-96.

Contact Energy（2003）Geothermal energy：developing a sustainable management framework for a unique resource. Company Brochure，Aug 2003.

Critchlow HB（1977）Modern reservoir engineering：a simulation approach，Prentice-Hall.

Fisher GW（1999）Natural levels of hydrogen sulphide in New Zealand. Atmos Environ 33（18）：3078-3079.

Geertsma J（1973）Land subsidence above compacting oil and gas reservoirs. Jnl Pet. Tech，June：734-744.

Gelegenis JJ，Lygerou VA，Koumoutsos NG（1989）A numerical method for the solution of geothermal reservoir model equations. Geothermics 18（3）：377-391.

IGA（International Geothermal Association）（2012）http：//www. geothermal-energy. org.

McDonald WJP，Muffler LJP（1972）Recent geophysical exploration of the Kawerau geothermal field，North Island，New Zealand. NZ Jnl Geol and Geophys 15（3）：303.

Merz and McLellan（London）（1957）Wairakei geothermal project：report on power plant extensions. Govt. Printers，Wellington，New Zealand.

Molloy MW，Sorey MJ（1981）Code comparison project - a contribution to confidence in geothermal reservoir simulators. Geoth Res Counc Trans 5：189-192.

Muffler P，Cataldi R（1978）Methods of regional assessment of geothermal resources. Geothermics 7（2-4）：53-89.

Narasimhan TN，Witherspoon PA（1976）An Integrated Finite Difference Method for Analyzing Fluid Flow in Porous Media. Water Resources Research 12（1）：57-64.

O'Sullivan MJ（1987）Modeling of enthalpy transients for geothermal wells. In：Proceedings of the

9th New Zealand geothermal workshop.

O'Sullivan MJ, Pruess K, Lippman MJ (2001) State of the art of geothermal reservoir simulation. Geothermics 30 (4): 395-429.

O'Sullivan MJ, Yeh A, Mannington W (2009) A history of numerical modeling of the Wairakei geothermal field. Geothermics 38 (1): 155-168.

Pruess K (1987) Tough user's guide. LBL-20700. Lawrence Berkeley Laboratory, University of California, Berkeley, CA.

Pruess K (1990) Modeling of geothermal reservoirs: fundamental processes. Computer simulations and field applications geothermics 19 (1): 3-15.

Pruess K (1991) TOUGH2- A Gerenal-Purpose numerical simulator for multiphase fluid and heat flow. Lawrence Berkeley Laboratory, University of California, LBL-229400, UC-251.

Reddish DI, Yao XL, Waller MD (1994) Computerised prediction of subsidence over oil and gas fields. SPE 28105, Rock mechanics in petroleum engineering conference, Delft.

Sanyal SK, Morrow JW, Jayawardena MS, Berrah N, Fei Li S, Suryadarma (2011) Geothermal resource risk in Indonesia - a statistical enquiry. In: Proceedings of the 36th workshop on geothermal reservoir engineering, Stanford University, Stanford, CA.

Thain I, Dunstall M (2001) Potential clean development mechanism incentives for geothermal power projects in developing countries. In: Proceedings of the 5th INAGA Annual Science Conference and Exhibition, Yogyakarta.

Watson A, Maunder BR (1982) Geothermal resource assessment for power station planning. In: Proceedings of pacific geothermal conference 1982, incorporating the 4th New Zealand geothermal workshop, University of Auckland, Auckland.

Whiting RL and Ramey HJ (1969) Application of material and energy balances to geothermal steam production. Jnl Pet TEch. July 893.

NZGA (New Zealand Geothermal Association) (2009) Report prepared by SKM "Assessment of current costs of geothermal power generation in New Zealand (2007 basis)". http://www. nzgeothermal. org. nz.

Zyvoloski GA, O'Sullivan MJ (1980) Simulation of a gas dominated two-phase geothermal. reservoir. Soc Pet Eng J 20: 52-58.

14 资源应用和保护之争：新西兰实例

任何地方大规模使用地热资源都可能是涉及该国政府的事情。在新西兰地热资源问题的法律史中，Boast（1995）将这些问题称为在法院和法庭面前展开的"法律战争"。这些武器是由专家证人提出的科学和工程思想。多年来，获得许可（许可证和执照在新西兰通常被称为资源开发许可证）一直是一种对抗性的公开程序，也就是说，赞成和反对该提案的人会向委员会或法院提交证据以支持其观点。开发人员通常会提供所有的科学背景，以显示资源被充分理解并能对开发结果进行预测。通常有三个独立的小组：商业立场上的赞成方和反对方，环境保护立场上的反对方。专家证人虽然由特定一方付费，但对法院负有专业责任——他们不是律师，也不是法律专家，是法院期望其观点对其客户不偏袒的专家。

在新西兰历史上，地热资源保护在资源许可过程中一直没有得到充分体现。这可能是由于很长一段时间以来，地热资源在环境问题开始引起国际关注之前，已经在那里开发利用。无论如何，它引发了本书中涉及的一些有趣问题的公开听证会。本章的目的是回顾新西兰地热立法，并用 Rotorua、Wairakei 和 Ngawha 地热田的例子说明开发中的具体科学和工程问题。

14.1 新西兰对地热资源利用立法管理的背景

新西兰的土地面积与日本或英国相似，但人口仅有 450 万。在公元 1200 年前没有任何人类居住证据；距离最近的大陆是 2000km 外的澳大利亚，与波利尼西亚群岛距离相近。最终，波利尼西亚人——毛利人在上面定居。King（2003）解释说，因为太平洋的大陆由非常小的分散岛屿组成，所以波利尼西亚人有必要发展长距离航行的能力。新西兰最后在太平洋稳定下来，向南经历很长一段距离，他大胆提出，在到达那里后，毛利人为其人口规模找到了大量资源，于是放弃了长途航行。因此，在 1769 年，当英国探险家 Cook 到达时，毛利人没有统一的部落社会，没有任何书面语言或金属技术，因此，他们没有与世界上人口稠密的地区有过接触或存在资源竞争。在 19 世纪，欧洲移民进展缓慢，新西兰作为英国的领土，采用英国的准则进行统治，与澳大利亚的地位一样，但从一开始，根据 King（2003）的说法，对土著人比对澳大利亚人更富有同情心。《Waitangi 条约》由英国第一任总督起草，1843 年被毛利族部落首领和英国人所接受。它与地热资源的使用有关。新西兰有总督，他是英国君主的代表。1975 年，Waitangi 法庭成立，以解决毛利人的不满，认为该条约的原则在一些交易中被忽略。

传统上毛利人居住在温泉附近，并将其用于烹饪、沐浴和药用，以及用于编织用亚麻的制备。他们挖掘游泳池，例如在 Ngawha，也似乎修建了水渠进行短距离引入热泉，例如在 Rotorua 和人口稠密的 Taupo 火山带中心。非常值得现代思考的是，地热表面活动在精神信仰方面具有重要意义。除此之外，早期欧洲移民使用地热泉的用途与毛利人非常相似。地热表面活动和特征，如粉红色和白色梯田，与土耳其 Pamukkale（棉花堡）的现况类似，吸引了欧洲游客。直到很晚才发现地热与电力的联系。

新西兰从未研发过新的发电方法，但很快就采用了现有的技术，包括具有很大潜力的水力发电技术。因为有黄金开采活动，Bullendale 的一个水力发电站早在 1886 年就建成了（Martin，1998），到 20 世纪 20 年代，大型水电大坝和方案正在建设之中。虽然第一个发电厂是由私营公司安装和拥有的，但政府在 1987 年私有化之前发挥了主要作用。随着人口和商业活动水平的增长，对电力的需求增加，因此需要采取有组织的供给方式，新西兰电力部门于 1959 年成立。

由于需要海外采购，发电厂无法利用，电力供应受到第二次世界大战的限制。由于新水电站的规划和建设周期较长，电力在 20 世纪 50 年代初仍然供不应求。第 1 章提到的意大利地热发电并没有被忽视，而且为了相同的目的，开发利用中央北岛地热资源的想法在 1924 年提出；然而，当时仍然有较好的水力发电机会。科学兴趣导致在 20 世纪 30 年代在 Rotorua、Taupo 和 Tokaanu 的 Taupo 火山带钻探地热井，排出流体用于加热和沐浴。电力短缺使得政府于 1949 年成立了地热咨询委员会，以及其他问题使得立即选择 Wairakei 进行开发。直到 20 世纪 70 年代，对整个 Taupo 火山带资源的调查才完成。

14.2　与地热有关的议会法案

如上所述，Boast（1995）从法律角度出发呈现了地热立法的历史，但本部分只涉及与地热工程有关的方面。

14.2.1　1952 年《地热蒸汽法案》

该法案的目的是为了使受政府控制的地热能发电；它通过政府与被许可人之间合同形式的许可证，允许私有发电。在地热发电开始时就已经从其措辞中显而易见——它显示了企图在不知道会发生什么的情况下覆盖所有的可能性。因此，蒸汽被定义为"蒸汽、水、水蒸气、每一种气体，以及它们中的所有或任何一种的混合物，已经被地球的自然热量加热"，"井眼"被定义为"用于勘查、勘探、获得或生产地热蒸汽，或者开发或可能开发地热蒸汽的任何钻井，钻探或埋入地下的井、孔或管道，包括开发地热蒸汽的任何孔眼"。地热蒸汽（使用法案的定义）已经被用于非电力商业目的，自 1881 年以来就如此，当政府有意通过当年的温泉区法案鼓励它，旨在促进旅游业。1952 年法案通过定义"地热蒸汽区"而不提及任何物理属性，以非技术方式处理这种现有用途。根据该法的定义，任何曾经或被认为是地热蒸汽源的地区都可以通过总督宣布成为地热蒸汽区，之后在那里使用地热蒸汽和井眼需要部长的许可，可全权酌情撤销，并有他指定的使用条件。只有在部长同意"考虑到公共利益"的情况下，才允许现有用户继续未经同意使用。

14.2.2　1953 年《地热能法案》

《地热蒸汽法案》在 1 年后废止，并由 1953 年的地热能源法案取代，这是一份 16 页的文件，代替了以前的 6 份文件，体现了更广泛和明确的政府控制。该法令在 1991 年颁布《资源管理法令》之前一直有效。新法令的主要目的是相同的——为政府保留地热能源的唯一权利并控制其使用。1952 年《蒸汽法案》对地热蒸汽复杂难懂的定义被地热能的定义所取代，这种定义或许只是偶然的，似乎在科学上足够准确，足以为政府涵盖所有从井眼中采出的物质，包括从天然通道涌出的物质。因此，它似乎涵盖了当时未考虑的贵金属和嗜热细菌（尽管这是工程师而非律师的意见）。地热能钻井和使用需要得到部长（即法案中的工程部长）的许可，除少数例外。1953 年，地热钻井实践仍在发展之中，地热钻井实践规范直到 1991 年才作为新西兰标准出现。部长有权要求将不安全的井封存——现行的实践准则规定了封存井为报废，并列出工程要求。

该法案的措辞规定了使用地热能源的收费标准，在一系列可能不时更改的法规中进行了定义。该法赋予部长撤销同意的权力，以回应不符合任何附带条件的行为，或者作业对公众构成安全威胁。地热能源的使用在 1953 年还处于起步阶段，它比诸如已经提及的《新西兰钻井法》操作规范和供新西兰当局使用的《美国检测和材料标准》要早几十年。

该法案已多次修订，1957 年的第一次修订，显然是因为 1953 年法令为那些已经在使用地热能的人提供了延续性，但排除了那些有一口早前已经使用过地热能而当时没有使用的井的人。后来的修正案是为了回应 Rotorua 事件，需要对它进行解释。

14.2.3　开发与环境保护

政府组织了一项包括地热能源在内的国家地质资产调查，并由新西兰地质调查局（1974）提交了一份报告。它包括标题为"地热能资源评估"的章节。关于环境价值的指导似乎只是从地质科学界内部非正式地产生。由于有了 Rotorua 和 Wairakei 的经验，在 20 世纪 70 年代后期保护地热地表特征免受发展影响开始受到关注。Houghton 等（1980）最终编制了一份报告，根据其开发状况和保护优先级将 Taupo 火山带的地热资源置于一个等级中，资源管理法最终要求包含环境价值的区域规划。

1978 年，工程和发展部根据《水土保持法》，该法在当时控制了天然水的使用，申请在 Taupo 火山带的 Rerewhakaaitu 钻一口井。在私人拥有的木材加工厂可以找到合适的场地，申请包括开采量为每天 2500t，使用时间为 5 年。该地区位于 Kaingaroa 森林的边缘，该森林是国内和出口市场木材的主要来源，并且已决定锯木和木材处理应以森林周边为基础，以减少运输成本和影响。如果水井能够生产，目的是能源部将根据 1953 年的地热能源法向场地所有者提供排放流体许可，通过将井排放到含有原木和必要化学品的压力容器对木材进行处理。实际上，该项目继续实施，钻成后成为地热生产井，并开始处理木材。这个地方距 Waimangu 山谷约 3km，这是一个没有开发的地热旅游景点，有许多壮观的地貌。与此同时，Houghton 等（1980）的论文合著者 R. Keam 启动了一个复杂的申诉流程——由于被带到了越来越高层的法院处理，这个过程变得复杂起来。作为第一次上诉的结果，取消原来同意的钻井取液的理由为该项目于大型地热田的某一点进行随机勘探，开采产生的效益可能不足以对 Waimangu 地面排放可能造成的损害做出合理评价。《地热能源法案》将地热能定义为包括加热到 70℃ 以上的水，而《水土保持法》只解决了天然水的问题，对于哪些适用于颁发地热资源开发许可证存在不确定性。上诉法院（1982）最终对该申诉进行了裁决。根据《地热能源法案》颁发的许可证及根据《水土保持法》同意取水的许可均是开发商要求的。Rerewhakaaitu 井被废弃，优先考虑资源保护；然而，Rotorua 的后续事件再次表明，各个政府部门和地方政府在环保与发展问题上缺乏协调。

14.2.4　1991 年《资源管理法案》

1991 年《资源管理法案》（RMA）将地热资源视为水资源；它涉及土地、空气和水的使用，并具体说明了它们的管理原则和使用分配情况，强调可持续利用的需要。责任归属于地方政府，它负责发布和管理所有使用地热资源的同意书。根据该法案，每个地区政府都需要制订区域计划，确定该地区的特定资源和如何管理这些资源；它是区域政策的定义。对该法案进行了各种修改，其中一项重要意见是承认虽然在区域内进行管理，但考虑到国家利益可以分配资源。这意味着，考虑到整个国家的利益，可以评估 Taupo 火山带中地热发电站项目的申请。对于那些在寻求同意过程中提供专家证人的人，附表 4 列出了在评估对环境的影响时应该考虑的事项。

14.3　Rotorua

在展现 Rotorua 任何地热利用历史时，唯一最重要的问题是使用地热井利用资源与保护其自然特征之间的矛盾。早在 1938 年这种冲突就已经出现了，但直到 20 世纪 70 年代才成为公众讨论的焦点，在 20 世纪 80 年代达到高潮。最终在新西兰其他地热资源地区也出现了同样的矛盾，但在其他地方不存在 Rotorua 如此众多的小型用户。有超过 350 井眼（井），共计超过 25000t/d 的排放量，分别供应给住户、宾馆、汽车旅馆、两家医院、毛利研究所和政府研究所。使用热量效率不高，排出的水采用地面浸渍返回而不是注入地下。

Rotorua 地热利用的早期历史由前新西兰地质调查局 Rotorua 地区地质学家 J. F. Healey（1980）着手研究。他记录了 1880 年代著名的欧洲水疗中心，其自然资源量相当少，成为非常受欢迎的旅游景点。《温泉区法案》（1881）被引入，国土部长宣布，Rotorua 的土地将成为首批公开选择的土地，"以便不失时机地把 Rotorua 湖附近具有非常好治疗特性的矿泉提供给大家"。

该法令序言指出，通过土地殖民化进行开放并可供定居，这对于拥有地热温泉的殖民地和毛利人土地拥有者是有利的，并且赋予总督权力以实现这一目的，包括政府向毛利人购买土地，或协助毛利人出售或租赁土地给定居者。毛利人的权利有时被忽略，这是 1975 年建立 Waitangi 法庭纠正不公的原因。这个三页的法案没有限制温泉的使用方式，也没有任何科学措辞。受意大利所取成就的鼓舞，新西兰农业部在 1933 年建议钻探热水和蒸汽，而 DSIR 地质调查局的意见是，在整个 Taupo 火山带都可能取得成功。在 Rotorua 钻了两口 23m 和 59m 深的井，促使卫生部、工业和商业部、旅游和宣传部门就水井生产是否会减少疗养院（医院）的泉水产量供应展开辩论。因此，到了 20 世纪 80 年代，全国范围内对该事件的关注事项，其实在 1938 年之前已记录在案。Healey 记录道，DSIR 提供了一个量化的回复，即由于每天约抽出 2700t 的泉水，没有任何超采迹象，可以在不衰竭资源的情况下采出更多的资源，这一说法不太可能得到今天可以接受的任何证据的支持。

1948 年电力短缺引发了 Rotorua 市议会委员会的成立，该委员会负责在该镇开发地热采暖。其制订了一个热水网格化计划草案，并且理事会起草了立法，根据该计划，可以钻井和构建网格化计划，并通过产量为这些活动筹集资金。Healey 指出，延迟向政府提交立法草案是由理事会旅游部发起的，理由是它应该包括，而其中实际没有包括保护泉水的规定。他记录道，1945 年，《旅游和疗养度假村管理法》通过增加条款进行了修改，使总督能够宣布任何热泉地区为热水区，在未获得书面许可的情况下不能钻开采地热的井，并在与负责 DSIR 的部长磋商后获得批准。显然，该法的修改从未使用过。Wairakei 的开发促成了 1953 年的《地热能源法案》，通过该法案，对新西兰全境的地热钻井和生产进行了控制。这项法令使部长能够授权一些权力，而对于 Rotorua 而言，他们最终根据名为《1967 年 Rotorua 市赋权法案》的立法授予区议会。《1967 年 Rotorua 市赋权法案》赋予委员会颁发许可证、赋予钻井的权力，但是，尽管直到 20 世纪 70 年代末期钻探了许多井眼，却没有颁发钻井许可证。当关于重要地表特征的保护问题最终出现在法院之前时，有人批评指出，理事会错过了本来可从签发许可证收取已经用于资源调查费用的机会。该社区分为自然保护主义和不良用户。事后看来，如果这些团体曾经存在过，就不应该受到指责。历届政府已通过立法和资助研究计划，旨在鼓励采出和使用地热能，但未提供保护指导。已经在 Rotorua 完钻了比通常更深和更大的生产井，以供应 Forest 研究所，这是一个政府机构，负责研究木材生产，它是一个大型出口行业。主要旅游特色是间歇泉 Pohutu，到 20 世纪 70 年代后期，其动态表现不太规律；它是一小组热泉中的主要组成部分。从井眼中对它进行开采受到指责。21 世纪初，喷泉在钻井之前，以及在科学仪器和已有理解可用来对这种现象进行解释之前就停止了喷水，但在没有任何干预的情况下又重新开始喷发。当地政府部门科学家似乎没有听到当局的声音；当在 20 世纪 70 年代后期最终获得关注时，由于认为地面活动和资源使用的历史测量不够充分，行动被推迟了。公众对间歇喷泉的关注引起了政府的反应，并且在不可避免的关于谁应该支付的政治辩论之后，制订了一个冗长、新的科学计划。到 1986 年，每日采样中得到的年度变化证据与生产地层中资源压力的变化有关，这些变化是由几口监测井中的水位变化来测量的，其中一个监测井非常接近间歇泉 Pohutu。决定对 Pohutu 周围 1.5km 半径范围内的井排放量实行限制，最初仅限于夏季使用，在没有其他替代能源的情况下，则允许例外；但最终，要求 1.5km 区域内的所有地热井全部关闭。被强加了惩罚性的能源许可费后，使得地热加热不经济。

Rotorua 地热用户协会是一群国内的地热井业主，他们质疑部长有权通过高等法院的行动来介绍这些变化。为准备这些诉讼程序，协会聘请了 KRTA 咨询公司审查部长的行动证据，并询问是否需要关闭这些井眼。该报告得出的结论是，Rotorua 的衰竭确实太大，有些井必须关闭；然而，政府科学家提出的证据存在几个弱点：第一，生产地层中的压力是作为一些井的水位变化被测量的，它们是开着的但没有排放的井，即之前提到的监测井。使用井作为压力计依赖于温度，因此，流体密度分布是恒定的；但没有对它进行核验。第二，1.5km 半径范围内的老井套管最近出现故障，导致形成火山口并连续喷发式排放。这被政府部门科学家归类为泉水而不是井，其对地层压力的影响被忽略——事实上，任何已公布的政府调查都没有讨论过这些井对地层压力的影响。在井喷和井喷后不久的监测井水位变化检查，以及 Theis 求解方法的应用表明井喷造成了井的水位下降。第三，没有给出采用 1.5km 半径范围内关井的科学原因。该协会对高等法院提出的质疑是基于 1.5km 半径闭合区的任意性，并且部长超越了他的权限。该法律赋予部长权力关闭"部长认为有害的其他特定井眼……或指定的旅游景点"的井（井眼）。法院擅长确定关键问题，但需要专家证人的指导；用户协会指出没有专家证人。书面判决（RGUA，1987）表明法院在陈述时留下的理解水平：

我可以想象，一些事情可能由 1.5km 范围内某些井眼的效率组成，它会对可能造成的影响给出不同的考虑。

并在讨论关于 1.5km 半径是任意的投诉：

接近（对 Pohutu 地区来说）是最相关的因素，一旦我认为确定其关系为接近，则随意性的问题就不存在了。

如何说服法院确定 Pohutu 邻近地区是评估未知排放井效果最重要的因素，因为法庭程序仍为机密。许多井的生产对特定地点地层压力的影响是一个标准的试井问题，通过在每个井的排放速度下 Theis 解的叠加方法来解决。KRTA 报告解决了这个问题，该报告得出结论认为，距离间歇泉 2km 的一些大型生产井（其中一些由政府组织拥有）可能比在 1.5km 以内的许多私人地热井造成 Pohutu 地区间歇泉更大的压力递减。正是由于这方面因素，该协会反对关于采用 1.5km 半径闭合区的建议提出上诉；它的许多成员都在关注环境影响。从纯粹的地热工程角度来看，可以设计出更公平的解决方案来满足保护资源的需求，由 KRTA 提出；然而，这种呼吁下降了，1.5km 范围内的所有井都被关闭了。

资源总产量的减少经过 2~3 年使得水位恢复（资源压力）。Pohutu 和邻近间歇泉的排放频率从未体现绝对规律，即几乎连续增加到排放点。Rotorua 地区由于过度生产而造成热的地区温度下降，而在恢复后又变热了，引起了热液喷发、地面塌陷和一些财产损失。许多地区的地表热泉排放速度提高了，并出现了新的排放。关井被誉为是成功的，这是环保对商业化的胜利。这种情况已经得到挽救，但是很笨拙，已不必要地招致个人和纳税人的经济损失，进而造成机会丧失。从 20 世纪 60 年代到 1986 年的 Rotorua 资源利用的令人遗憾的历史可合理地视为科学家和地热工程师未能认识到即将出现的问题、设计解决方案和对地方政府施加影响的结果。

14.4　Wairakei

14.4.1　1956—2001 年初始发展阶段

Bolton（2009）解释了 Wairakei 资源开发的起源，他在其中扮演了重要的工程角色。它起初是英国和新西兰政府之间的一个联合项目，前者希望为其核计划生产重水提供廉价热源和电力，后者仅需要更多的电力。联合发电和处理厂的涡轮机订购之后不久，英国对重水的需求下降，新西兰政府继续单独开发。这部分地导致了电站由许多小型涡轮发电机构成，其在双重闪蒸系统上运行，但具有三个不同的涡轮机入口压力。在六台 11.2MWe 容量的涡轮机中，其中两台作为背压涡轮交流发电机组运行，其他几台作为冷凝机组。此外，还有三台单机 30 MWe 容量的过冷凝机组、一台 4MWe 背压机组和一台 Ormat 公司的二元设备。这些蒸汽动力装置于 1958—1963 年投入使用，14MWe Ormat 有机 Rankine 循环装置于 2005 年投入使用（Thain 和 Carey，2009）。

到 20 世纪 90 年代，所有井每天的地热流体产量已经达到 1.4×10^5 t。直到那段时间，没有任何产出的流体返回到资源中，结果导致地面活动特征发生了不可逆转的变化。沸水排放的主要区域是喷泉谷，一个旅游景点据说有数十个间歇泉和更多已命名的泉水；Glover（1998）给出了详细的说明，指出由于大规模生产，深层储层的中性氯化物水不再流动。地面活动从沸腾的泉水和蒸汽加热的特征变为酸性的泉水，并且蒸汽地面面积和热量产出增加。对分离的水进行闪蒸的方案作了各种修改，以提高效率。高压蒸汽供应开始减少，1982年，高压机组被移走供其他地方使用，将装机容量减少到 157.2MWe。资源及其运营尤其体现了它是地球科学家持续研究和开发的项目，奥克兰大学正在进行油藏模拟研究，成果正用于动态预测。

14.4.2　1988—1997 年 Poihipi 地热开发

1987 年，新西兰的电力工业发生了重大变化。政府电力部门成为名叫新西兰电力公司

（ECNZ）的国有企业，允许商业公司发电。许多国家所有的地区配电局成为私人公司，一些有资金投入。当地商人和企业家 Alistair McLachlan 先生在位于 Wairakei 资源边缘的土地上有一个小农场。电阻率边界将他的土地分成两半，据估计，约 1km² 位于浅水蒸汽地带之上（图 14.1 所示的两个蒸汽地层中最大的一个），它属于 Wairakei 采水延伸范围内；一个用于温室采暖的浅井产生的蒸汽与钻遇浅层蒸汽地层的蒸汽一致，Alistair McLachlan 先生已同意生产 1800t/d 蒸汽。1988 年，他为其公司地热能源有限公司申请资源开发许可证，每天生产上限为 44000t，并每天注入 40000t，同时从电阻率边界之外采出较少量的淡水用于冷却，并随蒸汽冷凝物注入方式进行处理。政府旅游和自然保护部门有四项反对意见，理由是地面活动会导致旅游和保护价值减少，基于文化和机会丧失考虑的当地毛利族部落信托，以及新西兰电力公司出于会影响生产的商业原因。

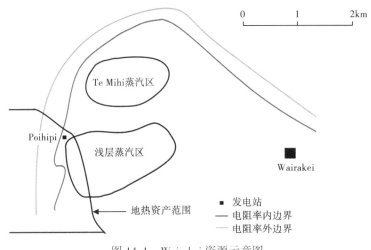

图 14.1　Wairakei 资源示意图

显示 Wairakei 和 Poihipi 发电站的两个蒸汽地层，显示了电阻率
边界的不确定性，也就是地热资产的范围

　　区域主管部门同意每天生产 1×10^4t，其中不超过 3000t/d 来自浅层蒸汽地层，因为这是新西兰电力公司的现有生产层位，并且是具有旅游和保护价值的地面活动的蒸汽来源。

　　新西兰电力公司对这一同意书提出申诉，这意味着该实施被提交给规划法庭（后来成为环境法院）。环境法院的裁决只能以法律为由而上诉，而不能在科学或工程问题上提起上诉。新西兰电力公司担心注入分离的水，这些水必须注入资源中，而不是注入到周围的淡水层中。该地区断层非常严重，关于冷却注入水流向何处的争论颇多；如果它回流到 Wairakei 生产地区，会减少 Wairakei 的产量。法庭的判决是，地热能源公司的注入区域必须位于电阻率边界附近，且位于其内部，其生产井必须位于它和新西兰电力公司部分资源区域之间，并下套管至蒸汽地层底部以下。如果注入的流体朝着新西兰电力公司的生产方向移动，那么首先会影响地热资源公司的生产。产量保持在 10000t/d，其中 3000t/d 来自蒸汽地层。任何井都不得穿越地热能源公司资产的垂直投影边界，这是新西兰同意书中的一项标准条款。

　　地热资源公司继续在蒸汽地层钻井，这些井都是很好的生产井。它可以选择在间歇泉地热田（加利福尼亚州）购买满负荷需求的翻新蒸汽涡轮发电站，这可以通过浅蒸汽地层所允许的 4800t/d 蒸汽满足（原始 1800t/d 加上规划法庭批准的 3000t/d）。资本的投资回收期

214

不到 10 年，这是一个有吸引力的项目建议，但有可能在收回投资之前，蒸汽地层的压力会有下降到地热资源公司资产压力之下的风险。唯一重要的油藏模拟是为新西兰电力公司进行的，他们认为仅在几年内蒸汽地层压力就会急剧下降。代表地热资源公司，KRTA 咨询公司仅限于根据蒸汽地层的厚度（约 125m）和渗透率估算流入地热资源公司生产井的流量，假设蒸汽源位于新西兰电力公司的部分区域。对地热资源公司来说，指标是积极的，但由于对其来源的了解太少，所以计算结果仍有不确定性。与此同时，奥克兰地区的电力分销商 Mercury Energy 与地热资源公司建立了合作关系，并建造了 55MWe（总容量）的 Poihipi 发电站，这是一台带有独立（管状）冷凝器的单一涡轮机。安装这个发电厂的决策不能基于地热资源公司提供的同意书，因为只有蒸汽地层生产得到了证实，毫无疑问涉及更广泛的商业考虑因素。其满负荷蒸汽需求量为 10700t/d，或者说是允许的 4800t/d 的两倍多，而由 Mercury Geotherm 公司运营的产量在一天之内有所变化。新西兰电力公司拥有新西兰所有主要的地热和水电站，随后被拆分成较小的单位并出售，而 Wairakei 和 Poihipi 目前由 Contact Energy 公司所有。

可用于地热资源公司的资源部分模拟的基础资料非常少，因为之前没有钻入蒸汽地层的井。关于蒸汽区域边缘的位置存在不确定性，最终直接证明了蒸汽地层边缘是高浓度不可凝析气体（CO_2），如果蒸汽区域扩展到较冷的地方，那么蒸汽便会冷凝并留下气体，这是可以理解的。最近 Zarrouk 等（2007）利用该发电站的可变负荷操作来检验最适合井测量的渗透率模型的类型。他们表明，该电站的输出功率为 29MWe，每天约 5h 以非常有规律的阶跃变化到 8MWe，同时还有一个很小但非常规则的 7MWe 脉冲叠加。通过模拟生产井和监测井对脉冲排放的响应，他们得出结论认为，蒸汽地层由裂缝网络供给，该裂缝网络产生显著的垂直流动。无疑，由于这种先前未知的提高了的渗透率，浅层蒸汽地层压力并没有下降到最初预测的程度。

14.4.3　首次建议开发 Tauhara

Wairakei 资源的电阻率边界不是围绕 Wairakei 的一个封闭的圆，而是缩小然后再次扩大、围绕所谓的 Tauhara 资源——这两个资源通过一个相对较窄的颈部连接在一个电阻率边界上。Taupo 镇部分坐落在脖子上，部分位于当时已经认识到的 Tauhara 资源部分，这些资源是通过钻井进行勘探的，当时 Wairakei 已经打井，并且这些井没有被利用，所以用来作为监测井。Wairakei 产量的影响被视为深部储层压力下降，这一点可以通过上层水位下降加以解释。该地区的地质情况可以想象为一个由可渗透层和不可渗透层组合的三明治，因此，通过流向 Wairakei 的下层泄流导致紧邻三明治的上面层位发生泄流，然后接下来另一层发生泄流。在 Taupo 钻了浅井用于生活热水供应，并检测到三明治各层的独立水位。Brockbank 等（2011）展示了来自大量不同深度的井的三个层位及其压力测量结果，发现一些处于液体中，另一些处于液位之上的蒸汽填充地层中。在 Wairakei 开发以前，蒸汽地区就已存在，但在 20 世纪 70 年代，热量输出开始上升；它达到峰值并且后来恢复正常，被称为热脉冲。所有这一切都与 Wairakei 附近 Tauhara 部分的资源压力下降相一致，并且已有根据 Bixley 生成的数据并绘制的图 14.2 为证。实线显示了生产深度的平均压力，从开始生产时到 20 世纪 90 年代末开始注水时的最小值；从那以后它一直在上升。图中这些点是 Tauhara 地区中井的测量结果——虽然压力较高，但与 Wairakei 测量得到的数据趋势相同，表明流体从 Tauhara 流向 Wairakei。

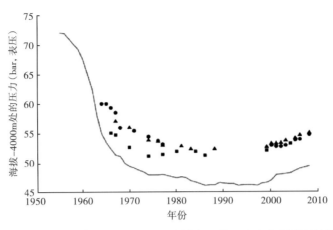

图 14.2　Wairakei（实线）和 Tauhara（离散点）是一定生产深度下的压力关系

　　Poihipi 的开发受到商业化发电的推动；它起初是一个人的想法，但不久之后，大型组织开始涉足并可能开始为预期的政府分拆和出售新西兰电力公司而进行自身定位。Tauhara 地区被认为与 Wairakei 存在"不良关系"，但现在出现了三个使用它建立发电站的申请。Contact Energy 申请一座 50MWe 的蒸汽发电厂和一座 20MWe 的有机 Rankine 循环电厂，一家 Maori 集团与一家当地的发电机/零售商一起，申请 60MWe 发电站。已经拥有一座小型水电站的 Taupo 区委员会提出另一项提案，与 Mercury Energy 联合开发 100MWe 发电站，提交之后又撤回。经过一段时间后，除 Contact Energy 之外的所有申请人都退出了，结果是 Environment Court（2000）授权了一个名义上 15MWe 的发电站，其采出和注入能力为 20000t/d。在这里，法院的裁决很重要，因为它解决了与获得同意书需要很长时间相比，在非常慢的速度下出现一些环境影响的问题。当时有效的《资源管理法》规定最长为 35 年。辩论的起因是因为在 Wairakei 生产近 50 年后该地区正在发生的沉降事件，并且人们对它的了解仍然很少。该法要求所建议的地热开发的潜在影响与社区范围内的潜在利益相平衡。如果首次同意使用 Wairakei 资源引起沉降仍在地面出现，那么新增加使用量的方案造成的影响应该与什么参照进行比较呢？同意书中明文规定，要求拨出一笔钱来赔偿公众遭受的任何损害。是否由 Wairakei 新的同意书持有人和电力开发所有者支付刚刚出现的损失，但是这种损害实际上是由于新西兰政府拥有和经营时在其运营过程中产生的？是否有可能以足够的准确度分析沉降，将未来的沉降与特定的资源使用联系起来？

　　Tauhara 听证会决定（Environment Court，2000）规定了这些原则，表述如下：

　　"我们认为应该考虑到现在实际存在的环境影响，包括过去从系统中采出地热流体的影响，无论是 Contact Energy 还是其他人。在考虑未来允许建议的开发影响时，我们认为必须考虑环境，因为它可能会不时考虑过去开采造成的进一步影响，以及目前同意书授权的持有人，如 Contact Energy 或他人进一步开采的影响，……。"

　　这部分决定承认难以找出造成任何特定环境影响的原因，并确立指导原则。

14.4.4　续约 Wairakei 同意书和 Te Mihi 发电站

　　原始 Wairakei 同意书在 2001 年到期，Contact Energy 寻求续约。根据原始许可，可向 Waikato 河处理分离的水，但这种做法已经不可能再被接受——已经有明显的证据并引发争论，但 Contact Energy 方面提交的建议是在 10 年内逐步淘汰这种做法，将水注入资源的电阻率边界内部和外部。由于法院倾向于蒸汽田外部注入而不是回注，因此引发了淡水水体污染问题的担心，并且内部注入成为与沉降和 Tauhara 决定中确立的现有环境原则相关的问题。

Wairakei 沉降案例已被引用多年，因为它是世界上同类问题中的最大之一，但它只是在少数地区发生。图 14.3 是大约 2001 年测量的地面沉降图，但沉降需要反转过来，所以地面坑洼在这里显示为峰值。位于图形顶部的一条弯曲的粗线表示 Waikato 河，Wairakei 电站位于其最大沉降附近的岸边。同一条线在它向图的底部分叉之后，标志着 Taupo 湖的湖岸线。图示中的点标记为测量点。总体来说，电阻率边界内的整个区域沉降还是非常小，只有一个地方超过 9m，创造了世界纪录，离东部钻井区和发电站不远。它在 Taupo 的郊区也很明显（河流的曲流部分）。这个区域中的位置被称为电阻率边界的颈部。

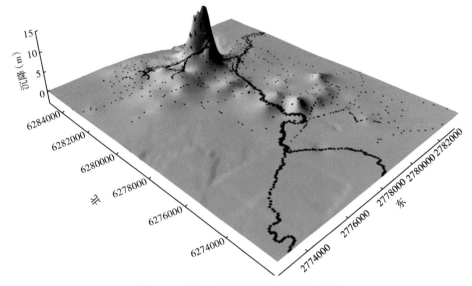

图 14.3　怀拉基地热资源的沉降分布图
数值是反转的，因此最大沉降（最小高程）显示为一个峰值

在重建听证会期间，人们注意到 Taupo 镇上被称为皇冠路的建筑部分出现的一个新的碗形沉降。房屋遭受了破坏，但尚不清楚是因为沉降还是建筑物欠佳造成的，似乎有些房屋是建在充满锯木厂废弃物的沟壑上的，这些房屋没有坚实的基础，使得这件事变得更加不清楚。然而，碗形沉降的深度和范围都在增加，尽管它在图中太小显示不出来。

沉降经常会被监测多年，原来的科学和工业研究部（DSIR）及其现代形式的地质和核科学研究所（GNS）已经建立了一系列测量点。Allis（Allis 和 Zhan，2000）已经开发了一种使用一维模型预测沉降的方法。沉降被认为是由于存在一个或多个具有非常脆弱基质的地层，当由于生产导致地层流体压力下降时，该基质被压实。然而，整个 Wairakei 部分的资源压力已经相当均匀地下降了，这样得出的结论就是已经知道弱胶结地层的位置且其面积很小。作者提出的证据表明，浅层地层的低温向下流动可能已经自流进入蒸汽占据的地层，冷凝地层并降低流体压力，形成几乎真空状态。井中向下低温流的热容量非常大，如果进入蒸汽区，通过渗透介质的水流速度可能不足以缓解形成的真空（CO_2 的饱和蒸气压），地层会出现坍塌。东部井场有许多井出现套管破损，最大的沉降发生该地区。Hunt（1970）已经证明，Wairakei 资源中，由于生产引起地层饱和度的变化可以通过重力测量来检测到；蒸汽的存在降低了物质的密度，从而降低了它的重力吸引力，当地层充满大量的冷水时，反之亦然。大约在听证会进行的同时，Hunt 等（2003）在 Tauhara 独立地测量了重力场变化，并在井中发现了一个已知的向下流动。无论如何，在 Wairakei，最大沉降面积是非常局部的，这表明存在一个非常局部和特别脆弱的地层，或者是一个非常特殊和尚未证实的物理过程发生的适宜条件（像热液喷发所需罕见的条件一样的方式）。Allis 和 Bromley（2009）发表的论文没有就这一机制给出确切的结论。

最大沉降面积与一个无人居住、局部且非常陡峭的沟谷相吻合，在那里，高程和坡度的变化仅因二次影响而变得明显——一条小溪回流并形成一个池塘，一条混凝土渠道将分离的水引入河里，改变了地表坡度，电线杆之间的电线变紧。

为了听证会，并反对续签同意书，Taupo 区议会委托编写专家证人陈述，其中包括使用基于土力学程序的二维沉降模型进行预测，White 等（2005）对这一点进行了介绍。由于使用了数值软件，选择二维模型似乎接受了不必要的限制条件。地质学家经常画出二维横截面，如果材料是固体的话，它们会传达准确的信息。许多流体力学问题在二维空间上进行了研究，其解与二维流动进行了比较。如果写成二维方程来表示三维流场的横截面，实际上，则第三维中的梯度设置为零。一些地层的厚度明显均匀，并且可能具有二维流动模式，但是在几何形状更接近三维的地区更为有兴趣。然而，这些沉降研究与地质与核科学研究所（Alls 和 Zhan，2000）的主要区别在于，Taupo 区议会的证据是基于这样的观点：压实作用发生在深部地层，即怀拉基主要产层的上层；而地质与核科学研究所证据表明它发生在浅层。所有人都清楚，压实的结果是整个资源的压力分布发生变化，产生垂直运动，缓慢向上运动，最终使地面下降。鉴于早期的 Tauhara 决定中认识到当前存在的问题，法院旨在如何减少沉降的影响。Taupo 区议会的建议是在 Taupo 镇下面注入流体，使压力分布恢复到20世纪50年代 Wairakei 开始生产之前的水平。然而，法院采用了负责资源管理的地区政府环境 Waikato 组织提出的方法。这个建议是在电阻率边界的颈部注入流体，目的是保持该区域原有的压力分布。Taupo 之下的压力分布可以被视为现有的环境——快到期的同意书中的分布状况。在重新提出的 Wairakei 同意书中规定了 Contact Energy 需要提供保证金，当因 Wairakei 作业导致沉陷造成财产损失时可取用。在听证会上，双方之间进行了相当详细的科学和工程讨论，包括将定向注入井与向该地区输送流体所需的新管道路线的组合，以及应如何定义和测量资源压力。法院的决定是根据 Daysh 和 Chrisp（2009）所述的一系列条件续签同意书。

续约后不久，Contact Energy 宣布打算在 Wairakei 资源上建立一个新的发电站，称为 Te Mihi 发电站，并逐步淘汰原始 Wairakei 发电厂的一部分。《资源管理法》是建立在由地区当局授权同意使用自然资源的想法基础之上，如果符合国家利益，则直接向中央政府提出申请，在这种情况下，由中央政府选定并由 Environment Court 法官担任主席的调查委员会进行听证。Te Mihi 发电站和 Tauhara 新开发项目 Tauhara II 的申请由这样的委员会评审。

14.4.5　Tauhara II 提案

Contact Energy 已经获得 Tauhara II 提案的同意书，在这里将作为计划新资源的一个例子。根据 Bixley 给 Contact Energy 的证据图［完整内容包含在书面的调查委员会决定（2010）中］，建议书如图 14.4 所示。图中显示了 Wairakei 和 Tauhara 资源腰部或颈部的电阻率边界。

几十年来一直推测，Wairakei 和 Tauhara 有独立的热水从地层深部向上流动，因为尽管 Wairakei 生产的影响已显著扩散到 Tauhara 地热井中，但一些地表活动仍未受影响。该决定记录了进一步的钻探发现可能有两个单独的向上流动。电阻率边界接近 Rotokawa 资源，与 Taupo 火山带中相当密集但明显独立的资源一致，如图 2.8 所示。Te Mihi、Wairakei、Poihipi 和两个位于 Rotokawa 的发电站都位于建议的新发电站 10km 范围内，该发电站将是一个双闪蒸系统，有一个直接接触冷凝器，总发电量为 240MWe。

图中显示了生产和注入区域，在允许注入电阻率边界之外。生产区和 Taupo 之间的目标注入区域将维持城区下方的压力恒定，这只是近似的指示。Wairakei—Tauhara 的数值油藏模型已经扩展并覆盖新的开发区域，并包括一些新钻井的数据。该模型假定热量是通过砂岩基底的热传导提供的；值得注意的是，从传热的角度来看，这足以提供已找到的高温资源，而无需其他对流供给（向上流动）。

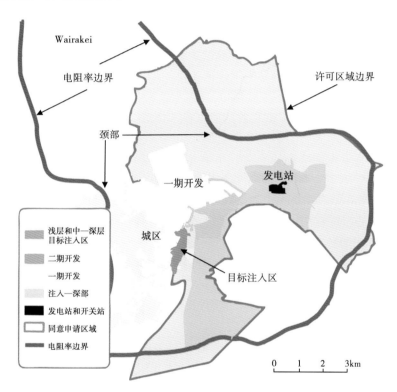

图 14.4 Tauhara Ⅱ 地热开发项目提出的 Tauhara Ⅱ 开发规划图
显示了前面提到的电阻率边界的颈部

14.5 Ngawha

Ngawha 是一个对地表活动非常关心的地热资源开发实例，并且在发电方面取得了成功。如果考虑到勘探和开发的全部开支，其经济上的成功是有问题的，这是因为这些地热井是由政府钻探的，作为闲置投资空置了 15 年或更长时间。毫无疑问，现有的作业在经济上是成功的。Ngawha 位于 Taupo 火山带以北几百千米处，显然是一个孤立的、异常的地热资源，被认为是一个冒险的勘探项目。尽管如此，它最大的测量井温度为 320℃，但 220℃ 是更具代表性的平均资源温度。

新西兰北部的构造历史是一个活跃的辩论主题［参见 Schellart（2012），他以与 2.2.2 节中类似的方式对可能的俯冲模式进行了研究］。从工程角度来看，资源的地质情况非常简单；一层约 600m 厚的海相沉积物覆盖在灰砂岩上，位于钻井深度 2300m 之下。沉积物是异地的，也就是说，它们在别的地方沉积，并且整个岩块被构造过程产生的力推移到了它的当前位置。灰砂岩有很多裂缝，但主要由矿物沉积填充胶结。井测量显示沉积物和灰砂岩之间，以及灰砂岩体内局部区域之间有渗透性，并表明渗透率由断层提供的。

该地区有较小型的表面温泉；它们不是 Taupo 火山带的剧烈局部排放。热水是毛利人所熟知的，通过在地下挖水池，并允许热水渗流填满水池，用于治疗性沐浴。水中含有从沉积物中继承到的矿物质，今天温泉池仍在使用。水的汞含量也很高，20 世纪早期，在 Ngawha 开采朱砂（汞矿）（Mongillo，1985）。对地热工程师来说，最重要的特征可能是液态水资源流体中溶解的二氧化碳量和资源的几何形状简单性——然而，这并不能简化油藏模拟。有高浓度的硼，并且在井中发生方解石结垢。虽然资源流体仅出现在极少数地方的地表，但二氧化碳出现的地区更广泛，尽管不足以妨碍植被生长。特别是二氧化碳的集中排放被认为是在资源的一个地方形成湖泊的原因，其中气体流速已经足以产生很深的洼地，地表水排入其中而成（Simmons 等，2005）。

Mongillo（1985）收集了关于该资源的所有科学信息，新西兰工程和发展部于 1980 年在该地热资源进行钻井。尽管当时奥克兰以北的人口很少且行业稀少，但任何电力负载的增加都会产生问题，因为发电距离数百千米，并且通过奥克兰地峡的输电线路很少。开发推迟了，上述电力行业发生了结构性变化，获得资源开发许可证并建立发电站的决定最终导致前地方配电公司 Top Energy 于 1992 年提交申请。这些井是能源部的财产，自 1980 年至 1982 年完成钻井以来一直处于闲置状态。申请的注入量高达 40000t/d，由于该资源过去没有大量排放，因此，没有详细的科学依据。当地毛利人非常担心地面温泉可能会像在 Wairakei 一样消失，并向 Waitangi 法庭宣称毛利人对整个资源拥有所有权。法院拒绝了该项请求，但是建议保留温泉，这成为当地政府北兰地区委员会（NRC）最终签发同意书的条件，它在 10 年内的时间可注入 10000t/d。第一年的时间将用于收集基准环境数据，因为该地区包括具有保护价值的湿地和温泉。

泉水的地热水含量可以通过氯离子浓度来确定，并且在同意书中提出了对泉水进行保护，条件是如果泉水中的平均氯离子浓度超出其正常变化范围，那么发电站必须停止使用资源。泉水中的氯离子浓度有相当大的随机变化，可能是由于 600m 厚的沉积物长距离到达地表，然后与地表附近的雨水混合。尽管如此，这种情况给开发商带来了风险，因为只有 9 年的许可期限来偿还贷款。购买了这些地热井之后，在 1998 年投入 10MWe 容量的 Ormat 有机 Rankine 循环装置，在该资源的另外一边进行生产和注入。使用了两个生产井和两个注入井，注入水温度为 90℃。

经过 5 年的运营，Top Energy 向北兰地区委员会表示，在同意书过期后希望续约经营许可，并将产量提高到 25000t/d，电站容量增加到 25 MWe。灰砂岩的孔隙度只有几个百分点，因此资源中的总水量很小，井下压力从生产之初就几乎开始下降。其中一口生产井 Ng13 位于泉水附近，专门用于监测资源压力；由于含气量，其井口压力保持较高。到 2004 年，所有地热井的测量结果都显示出资源压力持续下降的趋势，每年下降约 0.3bar。泉水中的氯化物浓度与生产前相同，表现出相同的随机变化，没有任何证据表明产量流体中浓度有任何下降。尽管如此，该公司对该问题的看法比较保守，并在新的申请中，它建议额外注入足够的淡水以保持 NG13 的井口压力稳定；估计注入量为 1600t/d——这是针对该资源类型的一种新想法。奥克兰大学的 O'Sullivan 教授开发了一个 4000 个网格块 TOUGH2 储层模拟模型，并随着时间的推移而进一步完善。在申请时（2004 年），没有对额外的注水进行测试，在没有按计划进行工作的情况下，必须依靠模型预测，这是基于没有额外注入的情况下收集的实地数据。预测油藏压力将持续下降，直到 2017 年后才会缓慢上升。预测和测量的压力变化如图 14.5 所示。

随着生产流体在整个资源中脱气、注入、再加热和再循环回来，储层流体中的 CO_2 浓度发生变化，并且该效应包括在模型中。据称，预测的信心水平在 2008 年之前一直很高，在此之后信心较低——该资源没有很长的开发利用时间来完善模型。图 14.5 表明，一个重要的平衡结果是在 2018 年出现最小的储层压力，此后它将缓慢增加。这在保护泉水方面令人鼓舞，但最低压力值出现在 2008 年高可信度极限之后太长时间。因此，北兰地区委员会拒绝了增加产量的申请，但同意将现有的 10000t/d 的产量再延长 15 年，其中包括注入高出排放量 10% 的水。Top Energy 呼吁，但最终采取了不寻常的行动方式，并得到了北兰地

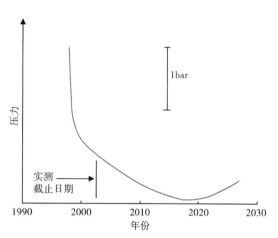

图 14.5　2003 年制作的 Ngawha 资源压力变化预测草图

显示了当时测量的范围，测量和预测在"测量极限"标记之前都吻合很好

区委员会的支持。根据《资源管理法案》的规定，Environment Court 同意在上诉中延迟 6 个月，同意进行注水试验，其结果将在上诉听证会上提交给法院。试验包括通过距离监测井约 500m 的未使用井注入额定 1000t/d 额外的水，同时测量监测井的压力上升情况。每天的注射速度不能保持不变，但是必须记录这些变化并用作模拟模型的输入；输出是与测量值相比较的压力上升图。监测井压力在注入开始后大约 10h 有明显反应。模型预测表明压力上升速度比测量到的上升速度快得多，但开始上升之后的一致性很好。对于相同的听证会，建立了一个简单的泉水数值模型，这表明如果储层压力保持在 ±1bar 以内，储层水对泉水的供应变化将使氯离子浓度变化保持在记录中的自然变化范围之内。法院批准延长和增加产量至 25000t/d，并批准增加装机容量至 25MWe。这份长达 25 页的决议提供了详细信息（Environment Court，2006）。额外注入的水量增加到 3000t/d，以便提供高于 1600t/d 的一些余量，预计该余量足够应对。

参　考　文　献

Allis R，Bromley C（2009）Unraveling the subsidence at Wairakei，New Zealand. GRC Trans 33：299-302.

Allis RJ，Zhan X（2000）Predicting subsidence at Wairakei and Ohaaki fields. Geothermics 29（4-5）：479-497.

Board of Inquiry report and final decision (2010) Tauhara II geothermal development project. http：//www. epa. govt. nz/applications/tauhara-ii/.

Boast RP (1995) Geothermal resources in New Zealand：a legal history. Canterbury Law Review 6：1-24.

Bolton RS (2009) The early history of Wairakei (with some brief notes on unforeseen outcomes). Geothermics 38 (1)：11-29.

Brockbank K, Bromley CJ, Glynn-Morris T (2011) Overview of the Wairakei-Tauhara subsidence investigation program. In：Proceedings of the 36th workshop on geothermal reservoir engineering, Stanford.

Court of Appeal (1982) Keam v Minister of Works and Development [1982], 1, NZLR 319.

Daysh S, Chrisp M (2009) Environmental planning and consenting for Wairakei 1953 - 2008. Geothermics 38 (1)：192-199.

Environment Court (2000) Contact Energy Ltd v Waikato Regional Council and Taupo District Council, Decision NO A 04/2000.

Environment Court (2006) Ngawha Geothermal Resource Company Ltd v Northland Regional Council, Environment Court, Decision A 117/2006.

Glover RB (1998) Changes in the chemistry of Wairakei fluids 1929 to 1997. In：Proceedings of the 20th New Zealand geothermal workshop, University of Auckland, Auckland.

Healey J (1980) The geothermal story. Chapter in a book published by the Rotorua Historical Society, New Zealand.

Houghton BF, Lloyd EF, Keam RF (1980) The preservation of hydrothermal system features of scientific and other interest. Report to the New Zealand geological survey on behalf of the Nature Conservation Council, Wellington.

Hunt TM (1970) Net mass loss from the Wairakei geothermal field, New Zealand. Geothermics 2 Pt 1：487-491.

Hunt T, Graham D, Kuroda T (2003) Gravity changes at Tauhara geothermal field. In：Proceeding of the New Zealand geothermal workshop.

King M (2003) The Penguin history of New Zealand. Penguin, Auckland.

Martin, JE (ed) (1998) People politics and power stations：electric power generation in NZ 1880-1998. Electricity Corporation of NZ and the Historical Branch, Department of Internal Affairs.

Mongillo MA (ed) (1985) The Ngawha geothermal field：new and updated scientific investigations. DSIR geothermal report no. 8.

NZGS (1974) Minerals of New Zealand (Part D Geothermal), New Zealand Geological Survey, 38D.

RGUA (1987) Rotorua Geothermal Users Association Inc v Minister of Energy - Attorney General, High Court Wellington Registry, 13 May 1987, CP543/86 (Heron J) .

Schellart WP (2012) Comments on "Geochemistry of the Early Miocene volcanic succession of Northland", New Zealand, and implications for the evolution of subduction in the SW Pacific" by Booden, M. A., Smith, I. E. M., Black, P. M. and Mauk, J. L. J Volcanal Geoth. Res 211-212：112-117.

Simmons SF, Harris SP, Cassidy J (2005) Lake filled depressions resulting from cold gas discharge in the Ngawha geothermal field. J Volcanal Geoth Res 147 (3-4): 329-341.

Thain, I. A. and Carey, B. (2009) 50 years of power generation at Wairakei. Geothermics 38 (1): 48-63.

White PJ, Lawless JV, Terzaghi S, Okada W (2005) Advances in subsidence modeling of exploited geothermal fields. In: Proceedings of the world geothermal congress.

Zarrouk S, O'Sullivan MJ, Croucher A, Mannington W (2007) Numerical modelling of production from the Poihipi dry steam zone: Wairakei geothermal system, New Zealand. Geothermics36: 289-303.

附录 A 水从三点到临界点的饱和特征

  IAPWS 于 1992 年 9 月修订的关于普通水体饱和特性的补充版本列出了下列等式，它们提供了饱和液体和饱和蒸汽的饱和压力、密度、比焓和比熵的值。这些值被认为与 1985 年 IAPS 骨架表中列出的值相同，并且该版本取代了 1986 年的版本。这些方程式依赖于三点和临界点的值，由于 1990 年对绝对温标作了一次修正，这些数值略有修正，被称为 ITS-90。

  IAPWS 采用 '来表示饱和液体，这已被下面的后缀 f 所取代，这在本书中一直使用。它也用来表示饱和蒸汽，这里用后缀 g 代替。

  该版本简要讨论了保持给定常量的位数的重要性。

术语（限于本附录）

h—比焓，$kJ/(kg \cdot K)$；

p—饱和压力，MPa（这里指井）；

s—比熵，$kJ/(kg \cdot K)$；

T—温度，K；

u—比内能，kJ/kg；

ρ—密度，kg/m^3；

α—比焓的辅助量；

ϕ—比熵的辅助量；

Θ—T/T_c；

τ—$1-\Theta$。

下标：

c—在临界点；

f—饱和液态水；

t—在三相点；

g—饱和蒸汽。

参考常数

$T_c = 647.096K$

$p_c = 22.064MPa$

$\rho_c = 322kg/m^3$

$\alpha_0 = 1000J/kg$

$\phi_0 = \alpha_0/T_c$

饱和压力：

$$\ln\left(\frac{p}{p_c}\right) = \frac{T_c}{T}(a_1\tau + a_2\tau^{1.5} + a_3\tau^3 + a_4\tau^{3.5} + a_5\tau^4 + a_6\tau^{7.5}) \tag{A.1}$$

式中，$a_1 = -7.85951783$；$a_2 = 1.84408259$；$a_3 = -11.7866497$；$a_4 = 22.6807411$；$a_5 = -15.9618719$；$a_6 = 1.80122502$。

饱和流体密度：

$$\frac{\rho_f}{\rho_c} = 1 + b_1\tau^{1/3} + b_2\tau^{2/3} + b_3\tau^{5/3} + b_4\tau^{16/3} + b_5\tau^{43/3} + b_6\tau^{110/3} \tag{A.2}$$

式中，$b_1 = 1.99274064$；$b_2 = 1.09965342$；$b_3 = -0.510839303$；$b_4 = -1.75493479$；$b_5 = -45.5170352$；$b_6 = -6.7469445 \times 10^5$。

饱和蒸汽密度：

$$\ln\left(\frac{\rho_g}{\rho_c}\right) = c_1\tau^{2/6} + c_2\tau^{4/6} + c_3\tau^{8/6} + c_4\tau^{18/6} + c_5\tau^{37/6} + c_6\tau^{71/6} \tag{A.3}$$

式中，$c_1 = -2.03150240$；$c_2 = -2.68302940$；$c_3 = -5.38626492$；$c_4 = -17.2991605$；$c_5 = -44.7586581$；$c_6 = -63.9201063$。

比焓和比熵都取决于以下辅助方程：

$$\frac{\alpha}{\alpha_0} = d_\alpha + d_1\Theta^{-19} + d_2\Theta + d_3\Theta^{4.5} + d_3\Theta^5 + d_5\Theta^{54.5} \tag{A.4}$$

$$\frac{\phi}{\phi_0} = d_\phi + \frac{19}{20}d_1\Theta^{-20} + d_2\ln\Theta + \frac{9}{7}d_3\Theta^{3.5} + \frac{5}{4}d_4\Theta^4 + \frac{109}{107}d_5\Theta^{53.5} \tag{A.5}$$

式中，$d_1 = -5.65134998 \times 10^{-8}$；$d_2 = 2690.66631$；$d_3 = 127.287297$；$d_4 = -135.003439$；$d_5 = 0.981825814$；$d_\alpha = -1135.905627715$；$d_\phi = 2319.5246$。

饱和液体和饱和蒸汽的比：

$$h_f = \alpha + \frac{T}{\rho_f}\left(\frac{dp}{dT}\right) \tag{A.6}$$

$$h_g = \alpha + \frac{T}{\rho_g}\left(\frac{dp}{dT}\right) \tag{A.7}$$

从式（A.1）、式（A.2）或式（A.3）中找到差值，并从式（A.4）中找到 α 值。

饱和液体和饱和蒸汽的比熵：

$$s_f = \phi + \frac{1}{\rho_f}\left(\frac{dp}{dT}\right) \tag{A.8}$$

$$s_g = \phi + \frac{1}{\rho_g}\left(\frac{dp}{dT}\right) \tag{A.9}$$

从式（A.1）、式（A.2）或式（A.3）中找到差值，并从式（A.5）中找到 ϕ 值。

附录 B 0~100℃ 和 0~1000bar 水的压缩性

以下是 Fine RA，Millero FJ（1973）给出的水的压缩性与压力和温度的函数关系。

可压缩性定义为：

$$c = \frac{1}{\rho}\left(\frac{\partial \rho}{\partial P}\right)_T \tag{B.1}$$

$$= \frac{V^0(B - A_2 P^2)}{V^P(B + A_1 P + A_2 P^2)^2} \tag{B.2}$$

其中，

$$B = 19654.320 + 147.037T - 2.21554T^2 + 1.0478 \times 10^{-2}T^3 - 2.2789 \times 10^{-5}T^4 \tag{B.3}$$

$$A_1 = 3.2891 - 2.3910 \times 10^{-3}T + 2.8446 \times 10^{-4}T^2 - 2.8200 \times 10^{-6}T^3 + 8.477 \times 10^{-9}T^4 \tag{B.4}$$

$$A_2 = 6.245 \times 10^{-5} - 3.913 \times 10^{-6}T - 3.499 \times 10^{-8}T^2 + 7.942 \times 10^{-10}T^3 - 3.299 \times 10^{-12}T^4 \tag{B.5}$$

$$V^0 = (1 + 18.159725 \times 10^{-3}T) / (0.9998396 + 18.224944 \times 10^{-3}T -$$

$$7.922210 \times 10^{-6}T^2 - 55.44846 \times 10^{-9}T^3 + 149.7562 \times 10^{-12}T^4 - 393.2952 \times 10^{-15}T^5) \tag{B.6}$$

$$V^P = V^0 - V^0 P / (B + A_1 P + A_2 P^2) \tag{B.7}$$

式中，T 为温度，℃；P 为压力，bar；c 为可压缩性，1/bar；V^P 为在压力 P 时的比容，cm^3/g；V^0 由式（B.6）得到的比容；比容 V^P 和 V^0 由方程确定，它们的单位与 c 的计算无关。

附录 C　沸点与深度关系曲线

深度 （m）	T_{sat} （℃）	P_{sat} （bar，绝对压力）	深度 （m）	T_{sat} （℃）	P_{sat} （bar，绝对压力）
0	100.00	1.01	150.0	195.99	14.29
5.0	110.99	1.48	155.0	197.37	14.71
10.0	119.36	1.95	160.0	198.72	15.14
15.0	126.18	2.41	165.0	200.03	15.56
20.0	131.98	2.87	170.0	201.32	15.98
25.0	137.04	3.32	175.0	202.58	16.41
30.0	141.56	3.78	180.0	203.01	16.83
35.0	145.63	4.23	185.0	205.02	17.25
40.0	149.36	4.68	190.0	206.20	17.67
45.0	152.80	5.13	195.0	207.36	18.09
50.0	155.99	5.58	200.0	208.50	18.51
55.0	158.98	6.02	205.0	209.01	18.93
60.0	161.78	6.47	210.0	210.70	19.35
65.0	164.43	6.91	215.0	211.78	19.76
70.0	166.94	7.35	220.0	212.83	20.18
75.0	169.33	7.79	225.0	213.87	20.60
80.0	171.60	8.23	230.0	214.89	21.01
85.0	173.78	8.67	235.0	215.89	21.43
90.0	175.87	9.11	240.0	216.87	21.84
95.0	177.87	9.55	245.0	217.84	22.26
100.0	179.80	9.98	250.0	218.80	22.67
105.0	181.66	10.42	255.0	219.74	23.08
110.0	183.45	10.85	260.0	220.66	23.49
115.0	185.19	11.28	265.0	221.57	23.91
120.0	186.87	11.71	270.0	222.47	24.32
125.0	188.50	12.10	275.0	223.36	24.73
130.0	190.08	12.57	280.0	224.23	25.14
135.0	191.62	13.00	285.0	225.09	25.54
140.0	193.11	13.43	290.0	225.94	25.95
145.0	194.57	13.86	295.0	226.78	26.36

深度 （m）	T_{sat} （℃）	P_{sat} （bar，绝对压力）	深度 （m）	T_{sat} （℃）	P_{sat} （bar，绝对压力）
300.0	227.61	26.77	480.0	251.97	41.11
305.0	228.42	27.18	485.0	252.53	41.50
310.0	229.23	27.58	490.0	253.09	41.89
315.0	230.02	27.99	495.0	253.64	42.28
320.0	230.81	28.39	500.0	254.20	42.67
325.0	231.59	28.80	505.0	254.74	43.06
330.0	232.35	29.20	510.0	255.28	43.45
335.0	233.11	29.61	515.0	255.32	43.84
340.0	233.86	30.01	520.0	256.35	44.22
345.0	234.60	30.41	525.0	256.88	44.61
350.0	235.33	30.81	530.0	257.41	45.00
355.0	236.06	31.22	535.0	257.93	45.38
360.0	236.77	31.62	540.0	258.45	45.77
365.0	237.48	32.02	545.0	258.96	46.16
370.0	238.18	32.42	550.0	259.47	46.54
375.0	238.82	32.82	555.0	259.98	46.93
380.0	239.56	33.22	560.0	260.48	47.31
385.0	240.24	33.62	565.0	260.98	47.69
390.0	240.91	34.02	570.0	261.47	48.08
395.0	241.50	34.42	575.0	261.96	48.46
400.0	242.23	34.81	580.0	262.45	48.84
405.0	242.88	35.21	585.0	262.94	49.22
410.0	243.53	35.61	590.0	263.42	49.61
415.0	244.17	36.00	595.0	263.90	49.99
420.0	244.80	36.40	600.0	264.37	50.37
425.0	245.43	36.79	605.0	264.84	50.75
430.0	246.05	37.19	610.0	265.31	51.13
435.0	246.67	37.58	615.0	265.78	51.51
440.0	247.28	37.98	620.0	266.24	51.89
445.0	247.88	38.37	625.0	266.70	52.27
450.0	248.48	38.76	630.0	267.15	52.65
455.0	249.07	39.16	635.0	267.61	53.03
460.0	249.66	39.55	640.0	268.06	53.41
465.0	250.25	39.94	645.0	268.51	53.78
470.0	250.82	40.33	650.0	268.95	54.16
475.0	251.40	40.72	655.0	269.39	54.54

深度 （m）	T_{sat} （℃）	P_{sat} （bar，绝对压力）	深度 （m）	T_{sat} （℃）	P_{sat} （bar，绝对压力）
660.0	269.83	54.91	840.0	284.08	68.25
665.0	270.27	55.29	845.0	284.44	68.61
670.0	270.70	55.67	850.0	284.80	68.98
675.0	271.13	56.04	855.0	285.15	69.34
680.0	271.56	56.42	860.0	285.50	69.70
685.0	271.99	56.79	865.0	285.85	70.07
690.0	272.41	57.17	870.0	286.20	70.43
695.0	272.83	57.54	875.0	286.55	70.79
700.0	273.25	57.92	880.0	286.90	71.15
705.0	273.67	53.29	885.0	287.24	71.52
710.0	274.08	58.66	890.0	287.59	71.88
715.0	274.49	59.04	895.0	287.93	72.24
720.0	274.90	59.41	900.0	288.27	72.60
725.0	275.31	59.78	905.0	288.60	72.96
730.0	275.71	60.15	910.0	288.94	73.32
735.0	276.12	60.52	915.0	289.28	73.68
740.0	276.52	60.89	920	289.6	74.0
745.0	276.91	61.27	925	289.9	74.4
750.0	277.31	61.64	930	290.3	74.8
755.0	277.70	62.01	935	290.6	75.1
760.0	278.09	62.38	940	290.9	75.5
765.0	278.48	62.75	945	291.3	75.8
770.0	278.87	63.11	950	291.6	76.2
775.0	279.26	63.48	955	291.9	76.5
780.0	279.64	63.85	960	292.2	76.9
785.0	280.02	64.22	965	292.5	77.3
790.0	280.40	64.59	970	292.9	77.6
795.0	280.77	64.96	975	293.2	78.0
800.0	281.15	65.32	980	293.5	78.3
805.0	281.52	65.69	985	293.8	78.7
810.0	281.89	66.06	990	294.1	79.0
815.0	282.26	66.42	995	294.4	79.4
820.0	282.63	66.79	1000	294.7	79.7
825.0	283.00	67.15	1010	295.4	80.5
830.0	283.36	67.52	1020	296.0	81.2
835.0	283.72	67.80	1030	295.6	81.9

深度 （m）	T_{sat} （℃）	P_{sat} （bar，绝对压力）	深度 （m）	T_{sat} （℃）	P_{sat} （bar，绝对压力）
1040	297.2	82.5	1400	316.1	107.2
1050	297.8	83.3	1410	316.6	107.8
1060	298.4	84.0	1420	317.0	108.5
1070	299.0	84.7	1430	317.5	109.2
1080	299.5	85.4	1440	317.9	109.8
1090	300.1	86.1	1450	318.4	110.5
1100	300.7	86.8	1460	318.8	111.1
1110	301.3	87.5	1470	319.3	111.8
1120	301.8	88.2	1480	319.7	112.4
1130	302.4	88.9	1490	320.1	113.1
1140	303.0	89.6	1500	320.6	113.8
1150	303.5	90.2	1510	321.0	114.4
1160	304.1	90.9	1520	321.4	115.1
1170	304.6	91.6	1530	321.9	115.7
1180	305.1	92.3	1540	322.3	116.4
1190	305.7	93.0	1550	322.7	117.0
1200	306.2	93.7	1560	323.1	117.7
1210	306.7	94.4	1570	323.6	118.3
1220	307.2	95.1	1580	324.0	118.9
1230	307.8	95.7	1590	324.4	119.6
1240	308.3	96.4	1600	324.8	120.2
1250	308.8	97.1	1610	325.2	120.9
1260	309.3	97.8	1620	325.6	121.5
1270	309.8	98.5	1630	326.0	122.2
1280	310.3	99.1	1640	326.4	122.8
1290	310.8	99.8	1650	326.8	123.4
1300	311.3	100.5	1660	327.2	124.1
1310	311.8	101.2	1670	327.6	124.7
1320	312.3	101.8	1680	328.0	125.3
1330	312.8	102.5	1700	328.8	126.6
1340	313.3	103.2	1720	329.5	127.9
1350	313.7	103.8	1740	330.3	129.1
1360	314.2	104.5	1760	331.0	130.4
1370	314.7	105.2	1780	331.8	131.6
1380	315.2	105.6	1800	332.5	132.9
1390	315.6	106.5	1820	333.3	134.1

深度 （m）	T_{sat} （℃）	P_{sat} （bar，绝对压力）	深度 （m）	T_{sat} （℃）	P_{sat} （bar，绝对压力）
1840	334.0	135.3	2180	345.1	155.7
1860	334.7	136.6	2200	345.7	156.9
1880	335.4	137.8	2220	346.3	158.0
1900	336.1	139.0	2240	346.9	159.2
1920	336.8	140.2	2260	347.5	160.3
1940	337.5	141.4	2280	348.1	161.5
1960	338.1	142.7	2300	348.6	162.6
1980	338.8	143.9	2320	349.2	163.7
2000	339.5	145.1	2340	349.8	164.9
2020	340.1	146.3	2360	350.3	166.0
2040	340.8	147.5	2380	350.9	167.1
2060	341.4	148.7	2400	351.4	168.2
2080	342.0	149.8	2420	351.9	169.3
2100	342.7	151.0	2440	352.5	170.5
2120	343.3	152.2	2460	303.0	171.6
2140	343.9	153.4	2480	353.5	172.7
2160	344.5	154.5	2500	354.1	173.8